化学工业出版社“十四五”普通高等教育本科规划教材

Inorganic Chemistry Experiment

无机化学实验

● 王丽丽　主编　● 郭丽　曹晶晶　副主编
● 陈春霞　主审

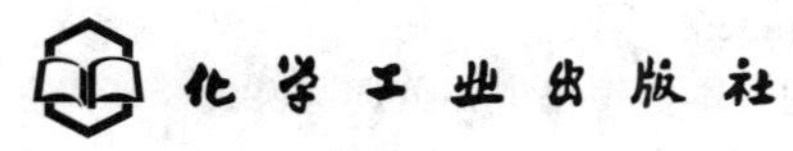

·北京·

内 容 简 介

《无机化学实验》共分九章，包括绪论、实验数据处理、无机化学实验室常用仪器及其基本操作、无机化学实验基本操作、无机化合物的提纯和制备、化学反应基本原理、一些物理常数的测定、元素化合物的性质、综合实验和设计实验。本书编写的思考题可以激发学生思考；综合实验部分是本教研室教师最新的科研成果，以达到培养学生分析问题、解决问题和提升科研能力的目的。

《无机化学实验》可作为高等院校化学、应用化学、化工、食品、环境、材料、生物类等专业无机化学实验的教材，也可供相关人员参考。

图书在版编目（CIP）数据

无机化学实验 / 王丽丽主编；郭丽，曹晶晶副主编. -- 北京：化学工业出版社，2023.1

化学工业出版社“十四五”普通高等教育本科规划教材

ISBN 978-7-122-42431-0

Ⅰ.①无… Ⅱ.①王… ②郭… ③曹… Ⅲ.①无机化学－化学实验－高等学校－教材 Ⅳ.①O61-33

中国版本图书馆 CIP 数据核字（2022）第 200018 号

责任编辑：刘俊之　汪　靓　　装帧设计：韩　飞

责任校对：王鹏飞

出版发行：化学工业出版社（北京市东城区青年湖南街 13 号　邮政编码 100011）

印　　刷：三河市航远印刷有限公司

装　　订：三河市宇新装订厂

787mm×1092mm　1/16　印张 14¼　字数 359 千字　2022 年 12 月北京第 1 版第 1 次印刷

购书咨询：010-64518888　　售后服务：010-64518899

网　　址：http://www.cip.com.cn

凡购买本书，如有缺损质量问题，本社销售中心负责调换。

定　　价：36.00 元

前言

化学是一门以实验为基础的学科，无机化学实验课程使学生对化学知识获得感性认识，对无机化学理论知识的巩固和加深，以及对物质化学变化规律的理解起着重要作用。通过无机化学实验内容的学习可以掌握无机化学的实验方法、基本操作和技能技巧，培养学生严谨的科学态度和良好的实验素养以及分析问题和解决问题的能力，并能够培养学生的观察能力和思维能力，获得实验数据和结果处理的方法，培养独立的工作能力。

本书在内容编写上加强启发性和思考性，力求实验内容阐述明确、精练。在实验完成后，增加实验习题，激发学生的思考，积极启发学生思维。本书是在东北林业大学无机化学教研室教师胡忠勤、韩福芹、邓卫平、贾佩云、张志民、陈英海、周志强等的帮助下，并结合多年的实验教学实践编写而成，在此特向以上对本教材编写有帮助的每位教师表示由衷的感谢。全书共分九章，参加本书编写与修订的有：王丽丽（第1章、第3章、第4章、第8章），郭丽（第2章、第7章、第9章），曹晶晶（第5章、附录），陈春霞（第6章，并对全书进行了审阅）。

本书在编写过程中得到黑龙江省高等教育教学改革项目（项目编号：SJGY20210049，SJGY20210050）基金、东北林业大学教育教学研究项目（DGY2021-35）基金和东北林业大学重点专业建设基金资助，在此表示衷心感谢。

限于编者水平，书中可能有不当之处，肯请广大读者批评指正，编者将不胜感激。

编者

2022年7月

目录

1 绪论 1

2 实验数据处理 8

1

绪论

1.1 无机化学实验目的

无机化学是化学、化工、应用化学、食品科学、生命科学、环境科学、材料科学等专业重要的专业基础课。无机化学实验是与其配套的一门重要的实验课，它是无机化学理论课程的重要补充，是学好无机化学的一个重要环节，也是高等院校化学、化工、应用化学、食品、生命、环境、材料等专业一年级学生必修的基础课程之一。该课程的主要目的是：通过无机化学实验，巩固并加深对无机化学基本概念和基本理论的理解；掌握无机化学实验的基本操作和基本技能；学会正确记录、分析、处理实验数据，表达实验结果；培养学生独立思考、分析问题和解决问题的能力，以及创新能力；培养学生实事求是、严谨认真的科学态度和整洁卫生的习惯，为学生学好后续的分析化学、有机化学、物理化学等各类专业课程及其实验课程，以及今后参加工作和开展科学研究打下良好的基础。

1.2 无机化学实验学习方法

学好无机化学实验这门课程，首先要有明确的学习目的，端正的学习态度，扎实的无机化学理论知识，还要有好的学习方法。无机化学实验的学习方法大致包括：认真预习并完成预习报告，认真做好实验并如实记录实验现象及数据，写好实验报告。

1.2.1 认真预习并完成预习报告

(1) 认真钻研无机化学教材及实验教材中的有关内容；

(2) 明确实验目的及要求，并弄懂实验原理；

(3) 熟悉实验内容、基本操作、操作步骤、仪器使用方法和注意事项；

(4) 写好预习报告，主要包括实验目的、实验原理、仪器及药品、操作步骤、注意事项及有关的实验安全问题等。

1.2.2 认真做好实验并如实记录实验现象及数据

(1) 按照实验教材规定的实验方法、操作步骤、试剂用量及操作规程进行实验，要做到：认真操作，仔细观察并如实记录实验现象、实验数据；遇到问题要善于思考，力求自己解决问题，确实有困难可请教指导老师；如果发现实验现象与理论不一致，应认真查明原因，经指导教师同意后重做实验，直到得出正确的结果。

（2）要严格遵守实验室规则及安全守则（见1.3），要做到：严守纪律，保持肃静；爱护国家财产，小心使用仪器和设备，节约药品、水、电和煤气；保持实验室整洁、卫生和安全。

（3）实验完成后要认真清扫地面，清洗并整理实验仪器，按要求摆放整齐。检查台面是否整洁，关闭水、电、煤气、门窗，经指导教师签字允许后方可离开实验室。

1.2.3 写好实验报告

实验报告是用来记录实验现象和数据，概括和总结实验内容及原理的文字材料，写好实验报告是对实验者综合能力的考核。每个学生在做完实验后都必须在实验预习及原始数据记录报告的基础上，及时、独立、认真地完成实验报告，并及时交指导教师批阅。一份合格的报告应包括以下内容。

（1）基本信息：包括实验名称以及完成该实验的时间、地点、实验者的姓名、班级等信息，通常将其填入实验报告单的相应位置。

（2）实验目的和要求：简要阐述该实验所要达到的目的。

（3）实验所用的仪器、药品及装置：要写明所用仪器的型号、数量，药品的名称、规格，装置示意图等。

（4）实验原理：简要介绍实验的基本原理并写出主要化学反应方程式。

（5）实验内容及操作步骤：要用表格、框图、符号及简明扼要的语言叙述实验内容及操作步骤，切忌抄书。

（6）实验现象和数据的记录：在仔细观察的基础上如实记录实验现象，依据所用仪器的精密度，正确记录实验数据。

（7）解释结论和数据处理：化学现象的解释最好用化学反应方程式，如还不能完全说明问题，可用文字简要叙述；结论要精炼、完整、正确；数据处理要根据有效数字的修约规则、运算规则以及可疑数据的取舍规则进行。

（8）问题与讨论：主要针对实验中遇到的疑难问题提出自己的见解，分析误差产生的主要原因，也可以对实验方法、教学方法、实验内容、实验装置等提出意见或建议。

实验报告的书写要做到文字工整、图表清晰、形式规范。

1.3 化学实验室规则及安全守则

化学实验室是学生学习化学知识、研究化学问题的重要场所。在化学实验室中工作或学习，总要接触各类化学试剂、各种玻璃仪器、各种电器设备及水、电、煤气等。化学试剂中，有的有毒，有的有刺激性气味，有的有腐蚀性，有的易燃易爆；玻璃仪器破碎容易造成划伤；各种电器使用不当可能造成触电等意外事故，煤气使用不当可能造成爆炸等严重后果。因此，在化学实验室工作或学习的每一个人都必须高度重视实验安全问题，要像重视实验一样重视实验安全。实践证明，只要实验者思想上高度重视，具备必要的安全知识，严格遵守实验室操作规程，事故是可以避免的。即使发生了事故，只要事先掌握了一般的防护方法和措施，也能够及时妥善地加以处理，不致酿成严重后果。为了确保实验安全顺利进行，每个化学实验室都制定了严格的化学实验室规章制度、安全防范措施、操作细则及各项完善安全设施。学生首次进入化学实验室必须进行化学实验室规则及安全守则教育。

1.3.1 实验室规则

（1）实验前要认真预习，明确实验目的和要求，弄懂实验原理，了解实验方法，熟悉实验步骤，写出预习报告。

（2）严格遵守实验室各项规章制度。

（3）实验前要认真清点仪器和药品，如有破损或缺少，应立即报告指导教师，按规定手续向实验室补领。实验时如有仪器损坏，应立即主动报告指导教师，进行登记，按规定进行赔偿，再换取新仪器，不得擅自拿别的位置上的仪器。

（4）实验室要保持肃静，不得喧哗。实验应在规定的位置上进行，未经允许，不得擅自挪动。

（5）实验时要认真观察，如实记录实验现象，使用仪器时，应严格按照操作规程进行，药品应按规定量取用，无规定量的，应本着节约的原则，尽量少用。

（6）爱护公物，节约药品、水、电、煤气。

（7）保持实验室整洁、卫生和安全。实验后应将仪器洗刷干净，将药品放回原处，摆放整齐，用洗净的湿抹布擦净实验台。实验过程中的废纸、火柴梗等固体废物，要放入废物桶（或箱）内，不要丢在水池中或地面上，以免堵塞水池或弄脏地面。规定回收的废液要倒入废液缸（或瓶）内，以便统一处理。严禁将实验仪器、化学药品擅自带出实验室。

（8）实验结束后，由同学轮流值日，清扫地面和整理实验室，检查水龙头、煤气开关，以及门、窗是否关好，电源是否切断。得到指导教师许可后方可离开实验室。

1.3.2 化学实验室安全守则

在化学实验室工作，首先在思想上必须高度重视安全问题，以防任何事故的发生。要做到这一点，除在实验前必须充分了解所做实验中应该注意的事项和可能出现的问题及在实验过程中要认真操作，集中注意力外，还应遵守如下守则：

（1）学生进实验室前，必须进行安全、环保意识的教育和培训。

（2）熟悉实验室环境，了解与安全有关的设施（如水、电、煤气的总开关，消防用品、急救箱等）的位置和使用方法。

（3）容易产生有毒气体，挥发性、刺激性毒物的实验应在通风橱内进行。

（4）一切易燃、易爆物质的操作应在远离火源的地方进行，用后把瓶塞塞紧，放在阴凉处，并尽可能在通风橱内进行。

（5）金属钾、钠应保存在煤油或液体石蜡中，白磷（或黄磷）应保存在水中，取用时必须用镊子，绝不能用手拿。

（6）使用强腐蚀性试剂（如浓 H_2SO_4、浓 HNO_3、浓碱、液溴、浓 H_2O_2、浓 HF 等）时，切勿溅在衣服和皮肤上及眼睛里，取用时要戴胶皮手套和防护眼镜。

（7）使用有毒试剂应严防进入口内或伤口，实验后废液应回收，集中统一处理。

（8）用试管加热液体时，试管口不准对着自己或他人；不能俯视正在加热的液体，以免溅出的液体烫伤眼、脸；闻气体的气味时，鼻子不能直接对着瓶（管）口，而应用手把少量的气体扇向自己的鼻孔。

(9) 绝不允许将各种化学药品随意混合，以防发生意外；自行设计的实验，需和老师讨论后方可进行。

(10) 不准用湿手操作电器设备，以防触电。

(11) 加热器不能直接放在木质台面或地板上，应放在石棉板、绝缘砖或水泥地板上，加热期间要有人看管。大型贵重仪器应有安全保护装置。加热后的坩埚、蒸发皿应放在石棉网或石棉板上，不能直接放在木质台面上，以防烫坏台面，引起火灾，更不能与湿物接触，以防炸裂。

(12) 实验室内严禁饮食、吸烟、游戏打闹、大声喧哗。实验完毕应洗净双手。

(13) 实验后的废弃物，如废纸、火柴梗、碎试管等固体物应放入废物桶（箱）内，不要丢入水池内，以防堵塞。

(14) 贵重仪器室、化学药品库应安装防盗门，剧毒药品、贵重物品应储存在专门的保险柜中，发放时应严加控制，剩余回收。有机化学药品库应安装防爆灯。

(15) 每次实验完毕，应将玻璃仪器擦洗干净，按原位摆放整齐，台面、水池、地面打扫干净，药品按序摆好。检查水、电、煤气、门、窗是否关好。

化学实验室规则及安全守则是人们长期从事化学实验工作的经验总结，是保持良好的工作环境和工作秩序，防止意外事故发生，保证实验安全顺利完成的前提，人人都应严格遵守。

1.4 实验室事故处理

1.4.1 实验室常备药品及医用工具

实验室应配备医药箱，以便在发生意外事故时临时处置之用。医药箱应配备如下药品和工具。

(1) 药品

碘酒、红药水、紫药水、创可贴、止血粉、消炎粉、烫伤膏、鱼肝油、甘油、无水乙醇、硼酸溶液（1%～3%或者饱和）、2%乙酸溶液、1%～5%碳酸氢钠溶液、20%硫代硫酸钠溶液、10%高锰酸钾溶液、20%硫酸镁溶液、1%柠檬酸溶液、5%硫酸铜溶液、1%硝酸银溶液、20%硫酸镁溶液+18%甘油+水+12%盐酸普鲁卡因配成的药膏、可的松软膏、紫草油软膏及硫酸镁糊剂、蓖麻油等。

(2) 工具

医用镊子、剪刀、纱布、药棉、棉签、绷带、医用胶布、担架等。医用药箱供实验室急救用，不允许随便挪动或借用。

1.4.2 实验室事故处理

(1) 中毒急救

在实验过程中，若感到咽喉灼痛，嘴唇脱色或发绀，胃部痉挛，或出现恶心呕吐、心悸、头晕等症状时，则可能是中毒所致，经以下急救后，立即送医院抢救。

如果是固体或液体毒物中毒，嘴里若还有毒物，应立即吐掉，并用大量水漱口。碱中毒应先饮用大量水，再喝适量牛奶。误饮酸者应先饮用大量水，再服氢氧化镁乳剂，最后饮用适量牛奶。重金属中毒应喝一杯含几克硫酸镁的溶液后立即就医。汞及汞化合物中毒，立即就医。

如果是气体或蒸气中毒，如不慎吸入煤气、溴蒸气、氯气、氯化氢、硫化氢等气体时，应立即到室外呼吸新鲜空气，必要时做人工呼吸（但不要口对口）或送医院治疗。

用作金属解毒剂的药物如表 1-1 所示。

表 1-1 常用金属解毒剂

有害金属元素	解毒剂	有害金属元素	解毒剂
铅、铀、钴、锌等	乙二胺四乙酸合钙酸钠	铊、锌	二苯硫腙
汞、镉、砷等	2,3-二巯丙醇	镍	二乙氨基二硫代甲酸钠
铜	D-青霉胺	铍	金黄素三羧酸

(2) 酸或碱灼伤

酸灼伤先用大量水冲洗，再用饱和碳酸氢钠溶液或稀氨水冲洗，然后浸泡在冰冷的饱和硫酸镁溶液中半小时，最后敷以 20%硫酸镁溶液-18%甘油-水-12%盐酸普鲁卡因配成的药膏。伤势严重者，应立即送医院急救。酸溅入眼睛时，先用大量水冲洗，再用 1%碳酸氢钠溶液洗，最后用蒸馏水或去离子水洗。氢氟酸能腐烂指甲、骨头，溅在皮肤上会造成难以治愈的烧伤。皮肤若被烧伤，应用大量水冲洗 20min 以上，再用冰冷的饱和硫酸镁溶液或 70%酒精清洗半小时以上；或用大量水冲洗后，再用肥皂水或 2%～5%碳酸氢钠溶液冲洗，用 5%碳酸氢钠溶液湿敷局部，再用可的松软膏或紫草油软膏及硫酸镁糊剂。

碱灼伤后先用大量水冲洗，再用 1%柠檬酸或 1%硼酸或 2%乙酸溶液浸洗，最后用水洗，再用饱和硼酸溶液洗，最后滴入蓖麻油。

(3) 溴灼伤

溴灼伤一般不易愈合，必须严加防范。凡用溴时应预先配制好适量 20%硫代硫酸钠溶液备用。一旦被溴灼伤，应立即用乙醇或硫代硫酸钠溶液冲洗伤口，再用水冲洗干净，并敷以甘油。若起泡，则不宜把水泡挑破。

(4) 磷烧伤

用 5%硫酸铜溶液，1%硝酸银溶液或 10%高锰酸钾溶液冲洗伤口，并用浸过硫酸铜溶液的绷带包扎，或送医院治疗。

(5) 划伤

化学实验中要用到各种玻璃仪器，容易被碎玻璃划伤或刺伤。若伤口内有碎玻璃渣或其他异物，应先取出。轻伤可用生理盐水或硼酸溶液擦洗伤处，并用 3%的 H_2O_2 溶液消毒，然后涂上红药水，撒上消炎粉，并用纱布包扎。伤口较深，出血过多时，可用云南白药或扎止血带，并立即送医院救治。玻璃溅进眼里，千万不要揉擦，不要转眼球，任其流泪，并迅速送医院处理。

(6) 烫伤

一旦被火焰、蒸汽、红热玻璃、陶器、铁器等烫伤，轻者可用 10%高锰酸钾溶液擦洗伤处，撒上消炎粉，或在伤处涂烫伤药膏（如氧化锌药膏、獾油或鱼肝油药膏等），重者需及时送医院救治。

(7) 触电

人体若通以 50Hz 25mA 交流电时，会感到呼吸困难，100mA 以上交流电则会致死。因此，使用电器必须制订严格的操作规程，以防触电。要注意：已损坏的插头、插座、电线接头、绝缘不良的电线必须及时更换；电线的裸露部分必须绝缘；不要用湿手接触或操作电器；接好线路后再通电，用后先切断电源再拆线路；一旦遇到有人触电，应立即切断电源，尽快用绝缘物（如竹竿、干木棒、绝缘塑料管棒等）将触电者与电源隔开，切不可用手去拉触电者。

1.5 实验室三废处理

在化学实验室中会遇到各种有毒的废渣、废液和废气（简称三废），如不加处理随意排放，就会对周围的空气、水、土壤等造成污染，影响环境。三废中的某些有用成分应予以回收，通过回收处理，减少污染，综合利用，也是实验室工作的重要组成部分。

1.5.1 废渣处理

有回收价值的废渣应收集起来统一处理，回收利用，少量无回收价值的有毒废渣也应集中起来分别进行处理或深埋于离水源远的指定地点。

钠，钾，碱金属、碱土金属氢化物、氨化物，应将其悬浮于四氢呋喃中，在搅拌下慢慢滴加乙醇或异丙醇至不再放出氢气为止，再慢慢加水澄清后冲入下水道。

硼氢化钠或者硼氢化钾，应该用甲醇溶解后，用水充分稀释，再加酸并放置，此时有剧毒的硼烷产生，所以应在通风橱内进行，其废液用水稀释后冲入下水道。

酰氯、酸酐、三氯化磷、五氯化磷、氯化亚砜，应在搅拌下加入大量水后冲走，五氧化二磷加水，用碱中和后冲走。

沾有铁、钴、镍、铜催化剂的废纸、废塑料，变干后易燃，不能随便丢入废纸篓内，应趁未干时，深埋于地下。

重金属及其难溶盐，能回收的尽量回收，不能回收的集中起来深埋于远离水源的地下。

1.5.2 废液处理

(1) 废酸和废碱

废酸或者废碱液处理时，应将废酸液与废碱液中和至 pH＝6～8 并过滤掉沉淀后排放。

(2) 含氰废液

少量含氰废液可加入硫酸亚铁使之转变为毒性较小的亚铁氰化物冲走，也可用碱将废液调到 pH＞10 后，用适量高锰酸钾将氢氰酸根离子氧化后排放。大量含氰废液则需将废液用碱调至 pH＞10 后加入足量的次氯酸盐，充分搅拌，放置过夜，使氢氰酸根离子分解为二氧化碳和氮气后，再将溶液 pH 调到 6～8 排放。

$$2CN^- + 5ClO^- + H_2O \longrightarrow 2CO_2 + N_2 + 5Cl^- + 2OH^-$$

(3) 含砷废水

含砷废水可以通过三种方法处理后排放：其一是石灰法，其二是硫化法，还有一种是镁盐脱砷法。石灰法是将石灰投入到含砷废液中，使其生成难溶性的砷酸盐和亚砷酸盐。

$$As_2O_3 + Ca(OH)_2 \longrightarrow Ca(AsO_2)_2 + H_2O$$

$$As_2O_5 + 3Ca(OH)_2 \longrightarrow Ca_3(AsO_4)_2 + 3H_2O$$

硫化法用 H_2S 或 Na_2S 作硫化剂，使含砷废液生成难溶硫化物沉淀，沉降分离后，调溶液 pH＝6～8 后排放。镁盐脱砷法是在含砷废水中加入足够的镁盐，调节镁砷比为 8～12，然后利用石灰或其他碱性物质将废水中和至弱碱性，控制 pH 在 9.5～10.5，利用新生的氢氧化镁与砷化合物共沉积和吸附作用，将废水中的砷除去。沉降后，将溶液 pH 调到 6～8 之间后排放。

(4) 含汞废水

含汞废水处理也包括三种方法：一种是化学沉淀法，一种是还原法，还有一种是离子交换法。化学沉淀法是在含 Hg^{2+} 的废液中通入 H_2S 或 Na_2S，使 Hg^{2+} 形成 HgS 沉淀。为防止形成 HgS_2^{2-} 可加入少量 $FeSO_4$ 使过量 S^{2-} 与 Fe^{2+} 作用生成 FeS 沉淀。过滤后残渣可回收或深埋，溶液调 pH＝6～8 排放。还原法是利用镁粉、铝粉、铁粉、锌粉等还原性金属，将 Hg^{2+}、HgS_2^{2-} 还原为单质 Hg（此法并不十分理想）后回收。离子交换法是利用阳离子交换树脂把 Hg^{2+}、Hg_2^{2+} 交换于树脂上，然后再回收利用（此法较为理想，但成本较高）。

(5) 含铬废水

含铬废水的处理包括铁氧体法和离子交换法，铁氧体法是在含 Cr(Ⅵ) 的酸性溶液中加硫酸亚铁，使 Cr(Ⅵ) 还原为 Cr(Ⅲ)，使用 NaOH 调 pH 至 6～8，并通入适量空气，控制Cr(Ⅵ) 与 $FeSO_4$ 的比例，使生成难溶于水的组成类似于 Fe_3O_4（铁氧体）的氧化物（此氧化物有磁性），借助于磁铁或电磁铁可使其沉淀分离出来，达到排放标准（$0.5mg \cdot L^{-1}$）。含铬废水中，除含有 Cr(Ⅵ) 外，还含有多种阳离子。离子交换法通常是将废液在酸性条件下(pH＝2～3)通过强酸性 H 型阳离子交换树脂，除去金属阳离子，再通过大孔弱碱性 OH 型阴离子交换树脂，除去 SO_4^{2-} 等阴离子。流出液为中性，可作为纯水循环再用。阳离子树脂用盐酸再生，阴离子树脂用氢氧化钠再生，再生可回收铬酸钠。

2

实验数据处理

2.1 测量误差

为了加深学生对无机化学基本概念和基本理论的理解，培养学生严肃认真，实事求是的科学态度，使学生熟悉常用仪器的使用方法以及实验数据的记录、处理和结果分析，我们在无机化学实验中安排有一定数量的物理常数测定实验。由于这些实验测得的数据需要经过分析、取舍、计算、处理才能最后获得实验结果，因而对实验结果的准确度通常有一定的要求。所以在实验过程中，除要选用合适的仪器和正确的操作方法外，还要学会科学地处理实验数据，以使实验结果与真实值尽可能地接近。为此，需要掌握误差和有效数字的概念，正确的列表法、作图法，计算机数据处理方法，并把它们应用于实验数据的分析和处理中。

2.1.1 误差

测定值与真实值之间的差值称为误差。误差在测量工作中是普遍存在的，即使采用最先进的测量方法，使用最先进的精密仪器，由最熟练的工作人员来测量，测定值与真实值也不可能完全符合。测量的误差越小，测定结果的准确度就越高。根据误差性质的不同，可把误差分为系统误差和随机误差。

(1) 系统误差

系统误差又称可测误差，主要包括仪器误差、人员误差、方法误差等。系统误差是由于某些比较确定因素引起的，它对测定结果的准确度影响比较固定，重复测量时，它会重复出现。系统误差是由于实验方法不完善、仪器不准、试剂不纯、操作不当、条件不具备等引起的，可以通过改进实验方法、校正仪器、提高试剂纯度、严格操作规程和实验条件等手段来减小这种误差。

(2) 随机误差

随机误差又称偶然误差，是由某些难以预料的偶然因素如环境温度、湿度、振动、气压、测量者心理和生理状态变化等引起的。它对实验结果的影响无规律可循，一般只有通过多次测量取其算术平均值来减小这种误差。

误差的大小可以通过绝对误差或者相对误差来表示。绝对误差是用实验测量值与真值之间的差值来表示。当测量值大于真值时，绝对误差是正的；测量值小于真值时，绝对误差是负的。绝对误差只能显示出误差变化的范围，而不能确切地表示测量结果的准确度，所以一般用相对误差表示测量的误差，相对误差用绝对误差在真值中所占的百分数来表示：

$$相对误差\ E_r = \frac{E_a}{T} \times 100\% \tag{2-1}$$

相对误差不仅与测量值的绝对误差有关，还与真值的大小有关，可以更好地表示实验结果的准确度。例如，乙酸的解离常数真值为 1.76×10^{-5}，两次实验测得的乙酸解离常数分别为 1.80×10^{-5} 和 1.75×10^{-5}，则测量的绝对误差分别为：

$$1.80 \times 10^{-5} - 1.76 \times 10^{-5} = 4 \times 10^{-7}$$

$$1.76 \times 10^{-5} - 1.75 \times 10^{-5} = 1 \times 10^{-7}$$

测量的相对误差分别为：

$$\frac{4 \times 10^{-7}}{1.76 \times 10^{-5}} \times 100\% = 2.27\%$$

$$\frac{1 \times 10^{-7}}{1.76 \times 10^{-5}} \times 100\% = 0.57\%$$

显然，后一数值准确度较高。

2.1.2 偏差

每次测量结果与平均值之差，称为偏差。偏差包括绝对偏差和相对偏差。绝对偏差等于每次测量值与平均值的差值；相对偏差通常用绝对偏差在平均值中所占百分数来表示。绝对偏差或者相对偏差越小，表示测量结果的重现性越好，即精密度高。实验中通常以测量结果的平均偏差或者标准偏差来表示测量结果的精密度。

$$平均偏差\ d = \frac{|d_1| + \cdots + |d_n|}{n} \tag{2-2}$$

或

$$标准偏差\ s = \sqrt{\frac{d_1^2 + \cdots + d_n^2}{n-1}} \tag{2-3}$$

式中，n 表示测量次数；d_1 表示第一次测量的绝对偏差；d_n 表示第 n 次测量的绝对偏差。其中用标准偏差比用平均偏差更好，因为将每次测量的绝对偏差平方之后，较大的绝对偏差会更显著地显示出来，这就可以更好地反映测量数据的波动性及数据的分散程度。绝对偏差（d_i）和标准偏差（s）都是指个别测定值与算术平均值之间的关系。若要用测量的平均值来表示真值，还必须了解真值与算术平均值之间的偏差 $s_{\overline{x}}$ 以及算术平均值的极限误差 $\delta_{\overline{x}}$，这两个值可分别由下面两个公式求出：

$$s_{\overline{x}} = \frac{s}{\sqrt{n}} = \sqrt{\frac{\sum_{i=1}^{n} d_i^2}{n(n-1)}} \tag{2-4}$$

$$\delta_{\overline{x}} = 3s_{\overline{x}} \tag{2-5}$$

这样，准确测量的结果（真值）就可以近似地表示为 $x = \overline{x} \pm \delta_{\overline{x}}$。

2.1.3 准确度与精密度

准确度是指测定值与真值之间的偏离程度，通常用误差来量度。误差越小说明测量的结果准确度越高。精密度指的是测量结果的相互接近程度，通常以偏差来表示，偏差越小说明测量结果的精密度越高。可以看出，误差和偏差，准确度与精密度的含义是不同的。误差是以真实值为基准，而偏差则是以多次测量结果的平均值为标准。精密度高不一定准确度就高，但准确度高一定要求精密度高。精密度是保证准确度的先决条件：由于通常真值无法知道，因此往往以多次测量结果的平均值来近似代替真值。评价某一测量结果时，必须将系统误差和随机误差的影响结合起来考虑，把准确度与精密度统一起来要求，才能确保测定结果的可靠性。

2.1.4 减小误差的主要措施

要提高测量结果的准确度，必须尽可能地减小系统误差、随机误差。通过多次实验，取其算术平均值作为测量结果，严格按照操作规程认真进行测量，就可以减小随机误差和消除过失误差。在测量过程中，提高准确度的关键就在于减小系统误差。减小系统误差，通常采取以下三种措施：

(1) 校正测量方法和测量仪器

可用国家标准方法与所选用的方法分别进行测量，将结果进行比较，校正测量方法带来的误差。对准确度要求高的测量，可对所用仪器进行校正，求出校正值，以校正测定值，提高测量结果的准确度。

(2) 进行对照试验

用已知准确成分或含量的标准样品代替试验样品，在相同实验条件下，用同样方法进行测定，来检验所用的方法是否正确，仪器是否正常，试剂是否有效。

(3) 进行空白试验

空白试验是在相同测定条件下，用蒸馏水（或去离子水）代替样品，用同样的方法、同样的仪器进行实验，以消除由水质不纯所造成的系统误差。

2.2 有效数字及其运算规则

2.2.1 有效数字位数的确定

有效数字是由准确数字与一位可疑数字组成的测量值。它除最后一位数字是不准确的外，其他各数都是确定的。有效数字的有效位数反映了测量结果的精密度。有效位数是从有效数字最左边第一个不为零的数字起到最后一个数字止的数字个数。例如，用精密度为千分之一的天平称一块锌片其质量为 0.321g，这里 0.321 就是一个三位有效数字，其中最后一个数字 1 是不能确定的。用某一测量仪器测定物质的某一物理量，其准确度都是有一定限度的。测量值的准确度取决于仪器的可靠性，也与测量者的判断力有关。测量的准确度是由仪器刻度标尺的最小刻度决定的。如上面这台天平的绝对误差为 0.001g，称量这块锌片的相对误差为：

$$\frac{0.001}{0.321}\times 100\%=0.31\%$$

在记录测量数据时，不能随意乱写，不然就会增大或缩小测量的准确度。如把上面的称量数字写成 0.3210，这样就把可疑数字 1 变成了确定数字 1，从而增大了测量的准确度，这是和实际情况不相符的。

有的人可能认为：测量时，小数点后的位数愈多，精密度愈高，或在计算中保留的位数越多，准确度就越高。其实小数点后面位数的多少与实验结果的准确度之间并无必然联系。小数点的位置只与单位有关，如 135mg，也可以写成 0.135g，也可以写成 1.35×10^{-4} kg，三者的精密度完全相同，都是 3 位有效数字。注意：首位数字≥8 的数据其有效数字的位数在计算过程中可多算 1 位，如 9.25 可作 4 位有效数字。常数、系数等有效数字的位数没有限制。

记录和计算测量结果都应与测量的精确度相一致，任何超出或低于仪器精确度的数字都是错误的。常见仪器的精确度见表 2-1。

表 2-1 常见仪器的精确度

仪器名称	仪器精确度	示例	有效数字位数
台秤	0.1g	6.5g	2 位
电子分析天平	0.0001g	1.2458g	5 位
100mL 量筒	1mL	75mL	2 位
移液管	0.01mL	25.00mL	4 位
容量瓶	0.01mL	100.00mL	5 位
滴定管	0.01mL	25.34mL	4 位
酸度计	0.01	4.56	2 位

对于有效数字的确定，还有几点需要指出：

第一，“0”在数字中是否是有效数字，与“0”在数字中的位置有关。“0”在数字后或在数字中间，都表示一定的数值，都算是有效数字，“0”在数字之前，只表示小数点的位置（仅起定位作用）。如 3.0005 是五位有效数字，2.5000 也是五位有效数字，而 0.0025 则是两位有效数字。

第二，对于很大或很小的数字，如 260000 和 0.0000025 采用科学计数法表示更简便合理，写成 2.6×10^{5} 和 2.5×10^{-6} 。“10^{n}”不包含在有效数字中。

第三，对化学中经常遇到的 pH、lg$K$ 等对数数值，有效数字仅由对数的小数部分的数字位数来决定，首数（整数部分）只起定位作用，不是有效数字。如 pH=4.76 的有效数字为两位，而不是三位。4 是“10”的整数方次，即 10^{4} 中的 4。

第四，在化学计算中，有时还遇到表示倍数或分数的数字，如$n(KMnO_4)/5$，式中的 5 是个固定数，不是测量所得，不应看作一位有效数字，而应看作无限多位有效数字。

2.2.2 有效数字的运算规则

(1) 有效数字取舍

记录和计算结果所得的数值，均只保留 1 位可疑数字。当有效数字的位数确定后，其余的数应按照“四舍六入五成双，奇进偶不进”的原则进行修约。“四舍六入五成双，奇进偶不进”的原则是：当尾数≤4 时舍去；尾数≥6 时进位；当尾数为 5 时，5 后面为数字 0 或没有数字时，则要看尾数 5 前一位数是奇数还是偶数，若为奇数则进位，若为偶数则舍去；若 5 后面有非零数字，则 5 进位。

(2) 有效数字的运算

① 加减法运算规则：进行加法或减法运算时，所得的和或差的有效数字的位数，应与各加、减数中的小数点后位数最少者相同。例如：

23.456＋0.000124＋3.12＋1.6874＝28.263524，应取 28.26。

以上是先运算后取舍，也可以先取舍后运算，取舍时也是以小数点后位数最少的数为准。

② 乘除法运算规则：进行乘除运算时，其积或商的有效数字的位数应与各数中有效数字位数最少的数相同，而与小数点后的位数无关。例如：

2.35×3.642×3.3576＝28.73669112，应取 28.7。

同加减法一样，也可以先根据有效数字位数最少的数为准取舍后再进行运算。当有效数字为 8 或 9 时，在乘除法运算中也可运用“四舍六入五成双，奇进偶不进”的原则，将此有效数字的位数多加 1 位。

③ 对数字进行其乘方或开方运算时，幂或根的有效数字的位数与原数相同。若乘方或开方后还要继续进行数学运算，则幂或根的有效数字的位数可多保留 1 位。

④ 在对数运算中，所取对数的尾数应与真数有效数字位数相同。反之，尾数有几位，则真数就取几位。例如：溶液 pH＝4.74，其 $c(H^+)=1.8\times10^{-5}\,mol\cdot L^{-1}$，而不是 $1.82\times10^{-5}\,mol\cdot L^{-1}$。

⑤ 在所有计算式中，常数 π、e 的值及某些因子 $\sqrt{2}$ 、1/2 的有效数字的位数，可认为是无限制的，在计算中需要几位就可以写几位。一些国际定义值，如摄氏温标的零度值为热力学温标的 273.15K，标准大气压 $1atm = 1.0\times10^5\,Pa$，自由落体标准加速度 $g=9.8066\,m\cdot s^{-2}$，$R=8.314\,J\cdot K^{-1}\cdot mol^{-1}$，被认为是严密准确的数值。

⑥ 误差一般只取 1 位有效数字，最多取 2 位有效数字。

2.3 无机化学实验中的数据处理

化学实验中测量一系列数据的目的是要找出一个合理的实验值，通过实验数据找出某种变化规律来，这就需要将实验数据进行归纳和处理。数据处理包括数据计算处理和根据数据进行作图处理和列表处理。对要求不太高的定量实验，一般只要求重复两三次，所得数据比较平行，用平均值作为结果即可。对要求较高的实验，往往要进行多次重复实验，所得的一系列数据要经过较为严格的处理。

2.3.1 数据的计算处理步骤

(1) 整理数据，将平行测定的结果按照从小到大或者从大到小的顺序排列。

(2) 算出算术平均值 $\overline{x}$ 。

(3) 算出各数与平均值的偏差 d_i。

(4) 算出绝对平均偏差 $\overline{d}$ ，由此评价每次测量的数据，若每次测得的值都落在 $(\overline{x}-\overline{d})$ 区间（实验重复次数≥15），则所得实验值为合格值，若其中有某值落在上述区间之外，则实验值应予以剔除。

(5) 求出剔除后剩下数的 $\overline{x}$ 、$\overline{d}$ ，按上述方法检查，看还有没有需要剔除的数，如果还有要剔除的，继续剔除，直到剩下的数都落在相应的区间为止，然后求出剩下数据的标准偏差（s）。

(6) 由标准偏差算出算术平均值的标准偏差。

(7) 算出算术平均值的极限误差（$\delta_{\overline{d}}$）。

(8) 真实值可近似地表示为 $\delta_{\overline{d}}=3s_{\overline{d}}$。

2.3.2 列表法

把实验数据按顺序有规律地用表格表示出来，一目了然，既便于数据的处理、运算，又便于检查。一张完整的表格应包含如下内容：表格的顺序号、名称、项目说明及数据来源。表格的横排称为行，竖排称为列。列表时应注意以下几点：

(1) 每张表都要有含义明确的完整名称。

(2) 每个变量占表格的一行或一列，一般先列自变量，后列因变量，每行或每列的第一栏要写明变量的名称、量纲和公用因子。

(3) 表中的数据排列要整齐，有效数字的位数要一致，同一列数据的小数点要对齐。若为函数表，数据应按自变量递增或递减的顺序排列，以显示出因变量的变化规律。

(4) 处理方法和计算公式应在表下注明。

2.3.3 作图法处理实验数据

利用图形来表达实验结果具有如下好处：

① 显示数据的特点和数据变化的规律；

② 由图可求出斜率、截距、内插值、切线等；

③ 由图形找出变量间的关系；

④ 根据图形的变化规律，可以剔除一些偏差较大的实验数据。

作图的步骤简略介绍如下。

(1) 作图纸和坐标的选择

无机化学实验中一般常用直角坐标纸。习惯上横坐标表示自变量，纵坐标表示因变量。坐标轴比例尺的选择一般应遵循以下原则：第一，坐标刻度要能表示出全部有效数字；从图中读出的精密度应与测量的精密度基本一致。通常采取读数的绝对误差在图纸上仍相当于0.5～1小格（最小分刻度），即0.5～1mm。第二，坐标标度应取容易读数的分度，通常每单位坐标格子应代表1、2或5的倍数，而不采用3、6、7、9的倍数，数字一般标示在逢5或逢10的粗线上。第三，在满足上述两个原则的条件下，所选坐标纸的大小应能包容全部所需数而略有宽裕。如无特殊需要（如直线外推求截距等），就不一定要把变量的零点作为原点，可从略低于最小测量值的整数开始，以便于充分利用图纸，且有利于保证图的精密度，若为直线或近乎直线的曲线，则应安置在图纸对角线附近。

(2) 点和线的描绘

① 点的描绘：在直角坐标系中，代表某一读数的点常用○、⊙、×、△等不同的符号表示，符号的重心所在即表示读数值，符号的大小应能粗略地显示出测量误差的范围。

② 曲线的描绘：根据大多数点描绘出的线必须平滑，并使处于曲线两边的点的数目大致相等。

③ 在曲线的极大、极小或折点处应尽可能地多测量几个点，以保证曲线所示规律的可靠性。另外，对于个别远离曲线的点，如不能判断被测物理量在此区域会发生什么突变，就要分析一下测量过程中是否有偶然性的过失误差，如果属误差所致，描线时可不考虑这一点。否则就要重复实验，如仍有此点，说明曲线在此区间有新的变化规律。通过认真仔细测量，按上述原则描绘出此间曲线。

若同一图上需要绘制几条曲线，不同曲线上的数值点可以用不同的符号来表示，描绘出不同的曲线，也可以用不同的线（虚线、实线、点线、粗线、细线、不同颜色的线）来表示，并在图上标明。

画线时，一般先用淡、软铅笔沿各数值点的变化趋势轻轻地手绘一条曲线，后用曲线尺逐段吻合手绘线，作出光滑的曲线。

(3) 图名和说明

图形作好后，应注上图名，标明坐标轴所代表的物理量、比例尺及主要测量条件（温度、压力、浓度等）。

3

无机化学实验室常用仪器及其基本操作

3.1 无机化学实验中常用的仪器

无机化学实验中经常需要使用各种仪器，表3-1中给出了无机化学实验中常用仪器的名称、图例、规格、用途及其注意事项。

表3-1 无机化学实验中常用仪器

名称	图例	规格	用途	注意事项
试管		玻璃质，普通试管以管口外径（mm）×管长（mm）表示，有12mm×150mm、15mm×100mm、30mm×200mm等规格	普通试管用于少量试剂的反应器；也可以用于少量气体的收集	加热试管时要用试管夹夹持，加热后不能骤冷，加热时反应液不能超过试管高度1/3，加热时要停止摇荡，试管口不要对着别人和自己，以防发生意外
离心试管		离心试管以容积（mL）表示，有5mL、10mL、15mL等规格	离心试管主要用于少量沉淀与溶液的分离	离心试管主要用于离心分离固液混合物，不可以直接加热离心试管

续表

名称	图例	规格	用途	注意事项
试管夹		通常为木质	夹持试管用	防止烧伤或锈蚀
试管刷		用动物毛或化学纤维和铁丝制成，以大小和用途表示，如试管刷、滴定管刷等	刷玻璃仪器用	小心刷子顶端的铁丝撞破玻璃仪器，顶端无毛者不可再用
烧 杯		玻璃质，分普通型、高型、有刻度型和无刻度型，规格以容积（mL）表示，有 25mL、50mL、100mL、200mL、250mL、400mL、500mL 等规格	用作反应物量较多时的反应容器，可搅拌也可以用作配制溶液时的容器，或简便水浴的盛水器	加热时外壁不能有水，要放在石棉网上，先放溶液后加热，加热后不可放在湿物上
锥形瓶		玻璃质，规格以容量（mL）表示，常见有 125mL、250mL、500mL 等规格	用作反应容器，振荡方便，适用于滴定操作	加热时外壁不能有水，要放在石棉网上，加热后也要放在石棉网上，不要与湿物接触，不可干加热
圆底烧瓶		玻璃质，有普通型、标准磨口型，规格用容量（mL）表示，磨口烧瓶是以口径的大小为标号的，如 10、14、19 等	反应物较多，且需较长时间加热时用的反应器	加热时应放在石棉网上，加热前外壁应擦干，圆底烧瓶竖放时应垫以合适器具以防滚动

续表

名称	图例	规格	用途	注意事项
蒸馏烧瓶		玻璃质，规格以容量（mL）表示，磨口蒸馏烧瓶是以口径大小为标号的，如10、14、19等	用于液体蒸馏，也可用作少量气体的发生装置	加热时应放在石棉网上，加热前外壁应擦干，圆底烧瓶竖放时应垫以合适器具以防滚动
容量瓶		玻璃质，以刻度以下的容积（mL）表示，有磨口瓶塞，有10mL、25mL、50mL、100mL、250mL、500mL、1000mL等规格	用以配制准确浓度一定体积的溶液	不能加热，不能用毛刷洗刷容量瓶的磨口，与瓶塞配套使用不能互换
量筒		玻璃质，规格以刻度所能量度的最大容积（mL）表示，有10mL、25mL、50mL、100mL、200mL、500mL、1000mL等规格	用以量度一定体积的液体	不能加热，不能量取热的液体，不能用作反应器
长颈漏斗		化学实验室使用的一般为玻璃质或塑料质，规格以口径大小表示	用于过滤等操作，尤其适用于定量分析中的过滤操作	不能用火加热
吸滤瓶、布氏漏斗		布氏漏斗为瓷质，规格以容量（mL）和口径大小表示。吸滤瓶以容量大小（mL）表示，有250mL、500mL、1000mL等规格	吸滤瓶和布氏漏斗两者配套，用于沉淀的减压过滤，利用水泵或真空泵降低吸滤瓶中的压力而加速过滤	滤纸要略小于漏斗的内径才能贴紧，要先将滤饼取出后停泵，以防液体回流，不能用火直接加热

续表

名称	图例	规格	用途	注意事项
分液漏斗		玻璃质，规格以容积（mL）大小和形状（球形、梨形、筒形、锥形）表示	用于互不相溶液-液分离，也可用于少量气体发生器装置中的加液器	不能用火直接加热，漏斗塞子不能互换，活塞处不能漏液
微孔玻璃漏斗		玻璃质，砂芯滤板为烧结陶瓷，其规格以砂芯板孔的平均孔径（μm）和漏斗的容积（mL）表示	用于细颗粒沉淀或细菌的分离，也可以用于气体洗涤和扩散实验	不能用于含 HF、浓碱液和活性炭等物质的分离，不能直接用火加热，用后应及时清洗
表面皿		玻璃质，规格以口径（mm）大小表示	盖在烧杯上，防止液体迸溅或其他用途	不能用火直接加热
蒸发皿		瓷质、玻璃质、石英质、金属质，规格以口径（mm）或容量（mL）表示	蒸发、浓缩用，随液体性质的不同选用不同材质的蒸发皿	瓷质蒸发皿加热前应擦干外壁，加热后不能骤冷，溶液不能超过 2/3，可直接用火加热
坩埚		瓷质、石英质、刚玉质、铂质，规格以容积（mL）表示	用于灼烧固体，随固体性质的不同选用不同的坩埚	可直接用火加热至高温，加热至灼热的坩埚应放在石棉网上，不能骤冷
称量瓶		玻璃质，规格以外径（mm）×高（mm）表示	用于准确称量一定量的固体样品	不能用火直接加热，瓶和塞是配套的，不能互换使用
泥三角		用铁丝拧成，套以瓷管，有大小之分	加热时，坩埚或蒸发皿放在其上直接加热	灼烧后的泥三角应放在石棉网上

续表

名称	图例	规格	用途	注意事项
石棉网		由细铁丝编成，中间涂有石棉，规格以铁网边长（cm）表示	置于受热仪器和热源之间，使受热仪器受热均匀	石棉脱落者不能用，不可与水接触，不可折叠
研钵		用瓷、玻璃、玛瑙或金属制成，规格以口径（mm）表示	用于研磨固体物质及固体物质的混合物，按固体物质的性质和硬度选用	不能加热，研磨时不能捣碎，只能碾压，不能研磨易爆炸物品
点滴板		瓷质，分白釉和黑釉两种，按凹凸多少分为四穴、六穴和十二穴等	用于生成少量沉淀或带色物质反应的实验，根据产物颜色的不同选择不同点滴板	不能加热，不能用于含 HF 和浓碱的反应，用后要洗净
洗瓶		塑料质，规格以容积（mL）表示，常有 250mL、500mL 等规格	装蒸馏水或去离子水用，用于挤出少量水洗涤沉淀或仪器用	不能漏气，远离火源
吸量管		玻璃质，以容积（mL）大小表示，有 5mL、10mL、20mL、50mL 等规格，精密度一般为 0.01mL	用以较精确量取一定体积的液体	不能加热或移取热溶液，管口无“吹出”二字者，使用时末端的溶液不允许吹出
移液管		玻璃质，以容积（mL）大小表示，有 10mL、25mL、50mL 等规格，精密度一般为 0.01mL	用以较精确量取一定体积的液体	只能精确量取固定体积的液体，不能加热或移取热溶液，管口无“吹出”二字者，使用时末端的溶液不允许吹出
酸式滴定管		玻璃质，规格以容积（mL）表示，下端以玻璃旋塞控制液体流出速度	可以较精确量取一定体积的溶液，用于分析化学中定量滴定	不能加热及量取较热的液体，使用前应排除其尖端气泡并检漏，酸碱式滴定管不能互换使用

续表

名称	图例	规格	用途	注意事项
碱式滴定管		玻璃质，规格以容积（mL）表示，下端连接一里面放有玻璃珠的乳胶管以控制液体流速	可以较精确地量取一定体积的溶液，或用于分析化学中定量滴定	不能加热及量取较热的液体，使用前应排除其尖端气泡并检漏，酸碱式滴定管不能互换使用
滴瓶		玻璃质，带有磨口胶头滴管，有无色和棕色两种，规格以容积（mL）大小表示	用于存放液体药品	不能直接加热，瓶塞配套，不能互换
细口试剂瓶		玻璃质，带有磨口塞，有无色和棕色两种，规格以容积（mL）大小表示	用以存放液体药品	不能直接加热，瓶塞配套，不能互换，存放碱液时用橡皮塞，以防打不开
广口试剂瓶		玻璃质，带有磨口塞，有无色和棕色两种，规格以容积（mL）大小表示	用于存放固体药品	不能直接加热，瓶塞配套，不能互换，存放碱时用橡皮塞，以防打不开
干燥器		玻璃质，规格以外径（mm）大小表示，分普通干燥器和真空干燥器两种	内放干燥剂，可保持样品的干燥	防止盖子滑动打碎，灼热的样品待稍冷后再放入，通常在口部涂以凡士林以保持密闭

3.2 电子分析天平及其使用方法

电子分析天平是一种现代化高科技先进称量仪器，它利用电子装置完成电磁力补偿的调节，使物体在重力场中实现力的平衡，或通过电磁力矩的调节使物体在重力场中实现力矩的平衡。电子分析天平可以自动调零、自动校准、自动扣除空白和自动显示称量结果，因此使用电子分析天平称量方便、迅速、读数稳定、准确度高。以下以赛多利斯系列电子分析天平为例介绍电子分析天平的主要技术参数及使用方法。

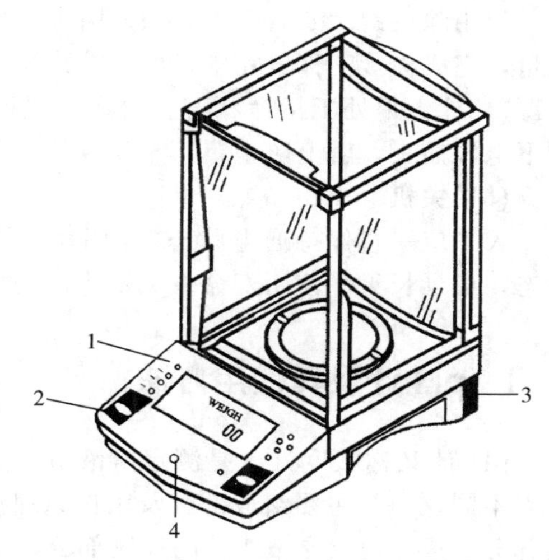

图 3-1 电子分析天平示意图

1—电源开关；2—O/T 旋钮；3—水平脚；4—水平指示

3.2.1 赛多利斯系列电子分析天平

赛多利斯电子分析天平的外形如图 3-1 所示。赛多利斯系列电子分析天平可精确称量到 0.1mg，最大称量值为 220g。

3.2.2 赛多利斯系列电子分析天平的主要技术参数

量程：单量程。

最大称样量：220g。

可读性：0.1mg。

标准偏差：0.1mg。

要求环境温度：5～40℃。

操作温度：10～30℃。

灵敏度漂移（10～30℃）：小于 2×10^{-6}。

电压要求：220V±35V。

频率：48～63Hz。

功耗：最大 16W，平均 8W。

3.2.3 赛多利斯系列电子分析天平操作程序

天平调校前不应进行任何称量操作。电子天平的主要操作步骤如下：

(1) 调水平

使用天平前首先观察水平仪，看天平是否水平，若不水平，可调整地脚螺栓高度，使水平仪内空气气泡位于水平仪圆环中央。

(2) 开机

接通电源，按开关键直至显示全屏自检。

(3) 预热

为了达到理想的校准效果，电子分析天平在初次接通电源或者长时间断电之后，至少需要预热 30min，只有这样天平才能达到所需要的工作温度。

(4) 校准

电子分析天平的灵敏度与其工作环境密切相关，因此在改变了天平的工作场所，工作环境发生变化（如环境温度），天平被搬动以后，或者天平使用一段时间后都必须进行重新调校才能保证测量结果的准确度。校准天平时，按校准键“CAL”键，BS 系列电子分析天平将显示所需校准砝码质量，放上砝码直至出现“g”，校准结束；BT 系列电子分析天平自动进行内部校准直至出现“g”，校准结束。

(5) 称量

使用除皮键“Tare”键，除皮清零，放置样品进行称量，待读数稳定后读取被称量物质质量，完成称量。称量完毕，取下被称物，按一下“OFF”键（如不久还要称量，可不拔掉电源），让天平处于待命状态。再次称量时按一下“ON”键就可使用。最后使用完毕，要拔下电源插头，盖上防尘罩。

(6) 关机

天平应一直保持通电状态（24h），不使用时将开关键关至待机状态，使天平保持保温状态，可延长天平使用寿命。

3.3 pH 计及其使用方法

pH 计又称酸度计，是测定溶液 pH 的常用仪器。pH 计有多种型号，各种型号的结构虽有不同，但其主要组成部分及工作原理都基本一致。一般来说，pH 计主要由电极和电计两部分组成，电极是 pH 计的检测部分，电计是其指示部分。现以 Sartorius PB10 型 pH 计为例介绍 pH 计的技术参数、基本组成及工作原理。

3.3.1 PB10 型 pH 计的主要技术性能

(1) pH

测量范围：pH＝0.00～14.00，分辨率：0.01pH，精确度：±0.01pH。

(2) mV

测量范围：±1500.0mV，分辨率：0.1mV，精确度：±0.4mV。

(3) 温度

测量范围：－5～105℃，分辨率：0.1℃，精确度：±0.2℃。

3.3.2 pH 计测量原理

复合电极在溶液中组成如下电池：

内参比电极｜内参比溶液｜电极球泡||被测溶液｜外参比溶液｜外参比电极

（－）　$E_{内参}$　　$E_{内玻}$　　$E_{外玻}$　　$E_{液接}$　　$E_{外参}$（＋）

其中，$E_{内参}$表示内参比电极与内参比溶液之间的电势差；$E_{内玻}$表示内参比溶液与玻璃球泡内壁之间的电势差；$E_{外玻}$表示玻璃球泡外壁与被测溶液之间的电势差；$E_{液接}$表示被测溶液与外参比溶液之间的接界电势；$E_{外参}$表示外参比电极与外参比溶液之间的电势差。电池的电极电势为各级电势之和：

$$E=-E_{内参}-E_{内玻}+E_{外玻}+E_{液接}+E_{外参} \tag{3-1}$$

式中，$E_{外玻}=E^{\ominus}_{玻}-\dfrac{2.303RT}{F}\mathrm{pH}$。

再设：$A=E_{内参}-E_{内玻}+E_{液接}+E_{外参}+E^{\ominus}_{玻}$，在固定条件下，$A$ 为常数，所以：

$$E=A-\frac{2.303RT}{F}\mathrm{pH} \tag{3-2}$$

可见电极电势 E 与被测溶液的 pH 呈线性关系，其斜率为$-2.303RT/F$。

因为式（3-2）中常数项 A 随各电极和各种测量条件而异，因此，只能用比较法，即用已知 pH 的标准缓冲溶液定位，通过 pH 计中的定位调节器消除式中的常数项 A，以便保持相同的测量条件，来检测被测溶液的 pH。

3.3.3 pH 计电计部分主要功能键及接口介绍

“Setup”键主要用于清除缓冲溶液，调出电极校准数据或者选择自动识别缓冲溶液；“Mode”键主要用于 pH、mV 和相对 mV 测量方式的转换；“Enter”键用于菜单选择确认；“Standarize”键用于可识别缓冲溶液的校准。“Power”接口用于连接电源；“Input”接口用于与 pH 计电极相连；“ATC”接口连接温度探头。

3.3.4 电极的安装与维护

（1）去掉电极的防护帽。

（2）电极在第一次使用前或者电极填充液变干时，应将电极在标准溶液或者 KCl 饱和溶液中浸泡 24h 以上。

（3）去掉 pH 计接头的防护帽，将电极插头接到背面的 BNC（电极）和 ATC（温度探头）输入孔。

（4）ORP 及离子选择性电极的选择性连接，去掉 BNC（电极）密封盖，将电极接到 BNC 输入孔。

（5）在每次测量之前要清洗电极，吸干电极表面溶液（不要擦拭电极），用蒸馏水或者去离子水或者待测溶液进行冲洗。

（6）测量完成后需将玻璃电极存放在电极填充液 KCl 溶液中或者电极存储液中。测量过程中如选择可填充电解液电极，加液口应敞开，存放时关闭，并应注意在内部溶液液面较低时添加电解液。

3.3.5 pH 计的校准

因为电极的响应会发生变化，pH 计和电极在测定 pH 过程中都应该经常校准，以补偿电极的变化。校准进行得越有规律，测量越精确。pH 计最多可以使用三种缓冲溶液进行自动校准，若再输入第四种缓冲溶液将替代第一种缓冲溶液的值。pH 计有自动温度补偿功能。

（1）将电极浸入缓冲溶液中，搅拌均匀直至达到稳定。

（2）按“Mode”键直至显示出所需的 pH 测量方式，用此键可以在 pH 和 mV 模式之间进行切换。

（3）在进行一个新两点或三点校准之前，要将已经存储的校准点清除。使用“Setup”键和“Enter”键可以清除已有缓冲液校准值，并选择所需要的缓冲液组。

（4）按“Standarize”键，pH 计识别出缓冲溶液并将闪烁显示缓冲溶液 pH，在达到稳定后按“Enter”键即可存储现有缓冲溶液 pH，此时 pH 计显示电极斜率 100%。

（5）为了输入第二种缓冲溶液 pH，将电极浸入第二种缓冲溶液中，搅拌均匀，并等到 pH 值稳定后，按“Standarize”键，pH 计识别缓冲溶液并在显示屏上显示第一、第二缓冲溶液 pH 值。此时电极斜率应在 90%～105%。如果不在此范围内应重复步骤（3）～（5），直到其电极斜率范围在 90%～105%为止。

（6）第三种缓冲溶液 pH 值的输入同步骤（5）。

（7）为了校准 pH 计，至少使用两种缓冲溶液，待测溶液的 pH 值应处于两种缓冲溶液 pH 之间，用磁力搅拌器搅拌可使电极响应速度更快。

3.3.6 pH 计的使用

（1）将变压器插头与 pH 计“Power”接口相连，并接好交流电；
（2）将 pH 复合玻璃电极与 BNC 电极和 ATC 温度探头输入孔连接；
（3）按“Mode”键直至显示屏上出现相应的测量方式；
（4）按 3.3.5 所示步骤（3）、（4）、（5）进行 pH 计校准；
（5）显示屏显示当前 pH、mV 或相对 mV 测量值；
（6）按“Setup”键可显示经校准而得到的信息和清除或者选择输入的缓冲溶液值。

3.4 V-5000 型可见分光光度计及其使用方法

分光光度计的型号较多，其测量基本原理大致形同，我们主要以 V-5000 型可见分光光度计来说明分光光度计的工作原理及使用方法。

3.4.1 基本原理

光通过有色溶液后有一部分光被有色物质吸收，有色物质浓度越大或液层越厚，即有色物质质点数目越多，则对光的吸收也越多，透过的光就越弱。如果以 I_0 为入射光的强度，I_t 为透射光的强度，I_t/I_0 是透光率，$\lg(I_0/I_t)$ 定义为吸光度（A）。吸光度越大，溶液对光的吸收越多。实验证明，当一束单色光（具有一定波长的光）通过一定厚度的有色溶液时，有色溶液对光的吸收程度与溶液中有色物质的浓度 c 成正比：

$$A = \varepsilon bc \tag{3-3}$$

式中，A 是吸光度；ε 是一个比例常数，它与入射光的波长以及溶液的性质、温度等因素有关；b 是比色皿的厚度；c 是溶液中有色物质的浓度。这就是朗伯-比耳定律的数学表达式。

白光通过衍射光栅分光后可得到不同波长的单色光。将单色光通过待测溶液，经待测液吸收后的透射光射向光电转换元件，变成电信号，在显示器上就可读出该物质在测试条件下的吸光度。

有色物质对光的吸收有选择性，通常用光的吸收曲线来描述有色溶液对光的吸收情况。将不同波长的单色光依次通过一定浓度的有色溶液，分别测定吸光度，以波长为横坐标，吸光度为纵坐标作图，所得曲线称为该物质的吸收曲线（图 3-2）。其中吸光度最大处所对应的单色光的波长成为该物质的最大吸收波长（λ_{max}），一般选择 λ_{max} 的光进行测量，因为用最大吸收波长测定物质的吸光度，样品的吸光度最大，测定的灵敏度和准确度都高。

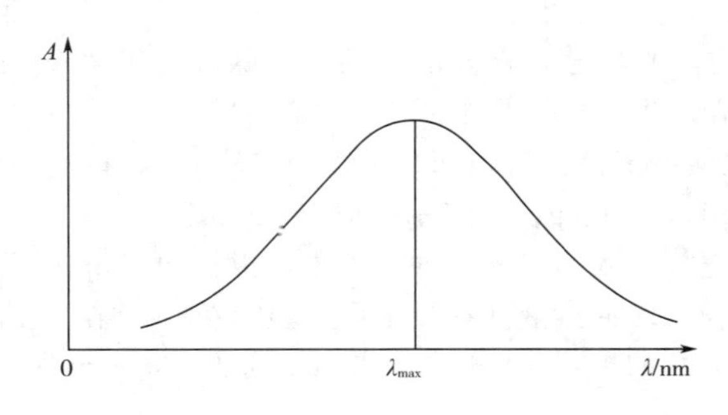

图 3-2 吸收曲线

在测定样品前，首先必须建立吸光度与待测物质浓度间的依存关系。即在与试样完全相同的测试条件下，测量一系列已知准确浓度的标准溶液的吸光度，作出吸光度-浓度曲线，即该物质在特定测试波长下的标准曲线（也叫工作曲线）（图 3-3），测出试样的吸光度后，就可从标准曲线读出其浓度值。

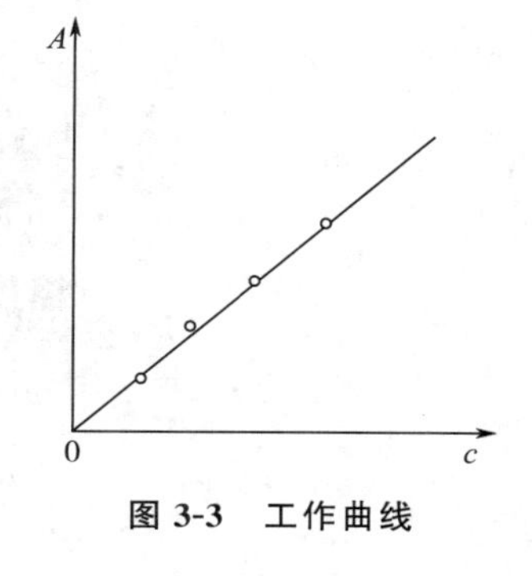

图 3-3 工作曲线

3.4.2 V-5000 型可见分光光度计

V-5000 型可见分光光度计采用衍射光栅取得单色光，以光电倍增管作为光电转换元件，用数字显示器直接显示测定数据。其优点是波长范围宽，灵敏度高，使用方便。V-5000 可见分光光度计主机外观图。

仪器的技术参数如下：

（1）波长范围：325～1000nm。

（2）光谱带宽：4nm。

（3）光源：钨灯，杂散光<0.2%T。

（4）波长准确度：±2nm。

（5）波长重复性：0.5nm。

（6）光度显示范围：0～200%T、−0.3～3A、0～9999C。

（7）光度准确度：±0.5%T。

（8）光度重复性：0.3%T。

（9）稳定性：0.003A·h^{-1}。

3.4.3 比色皿

比色皿是分光光度法中用以盛放溶液使用的玻璃器皿，通常为长方体形，由无色透明、耐腐蚀石英玻璃制成，通常由三个磨砂面和两个光滑透明石英玻璃透光面组成。为了使液层厚度一致，在同一测试中使用的 4 个比色皿厚度必须一致。检查方法是将一定浓度的重铬酸钾溶液，分别装入厚度相同的几个比色皿中，以其中任一比色皿的溶液作为空白，在 440nm 处测定其他各比色皿中溶液的透光率，然后选用透光率差小于 0.5%的比色皿使用。一般分光光度计配有 0.5cm、1cm、2cm、3cm 的比色皿，以供选择。

取用比色皿时，应手持两边的磨砂面，不要用手直接接触其透光面，以免沾上油污，影响其透光率。比色皿一般用自来水、蒸馏水洗涤，然后用比色溶液润洗 3 次，再装入比色溶液。用镜头纸将器壁沾附的液体擦干，切不可用普通滤纸条擦拭比色皿的两个透光面，以免在其上产生划痕，影响其透光率，观察透光面清洁透明，没有气泡沾附于内壁，方可放入比色皿架中测试。

3.4.4 仪器的使用

（1）使用仪器前，使用者应该首先了解仪器的结构、工作原理以及各个操作按钮的功能（图 3-4）。在未接通电源之前，应该对仪器进行检查。电源线接线应牢固，接地要良好，然后再打开电源开关。

（2）仪器在使用前应先检查暗盒中的干燥剂是否失效，若已失效，应更换干燥剂。仪器经过运输或搬运等，会影响波长精度、吸收比精度，使用前应根据仪器调校步骤进行调校，方可投入使用。

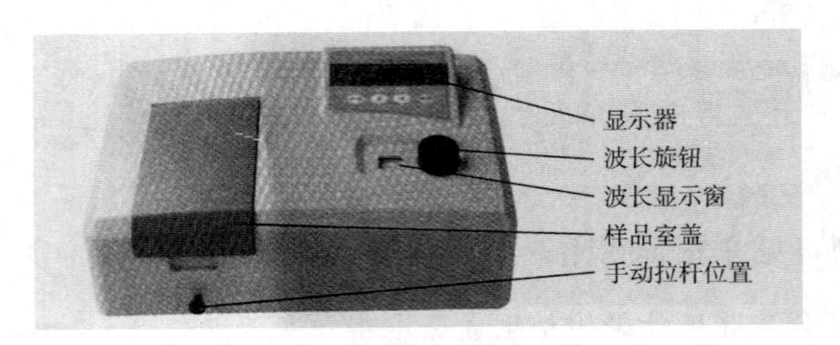

图 3-4　V-5000 型可见分光光度计主机外观图

（3）接通电源，打开仪器开关，预热 15～30min。

（4）“Mode”键月于切换 T、A、C、F 状态。用“Mode”键切换到 T 状态下，打开样品室盖，放进黑体，再盖上样品室盖，若显示器显示的不是 0.0，按“0%T”键后，应显示为 0.0。

（5）在 T（A）状态下，按下“0ABS/100%T”键后，应显示 100.0（0.000），即在 T 状态下调“100%T”，在 A 状态下调“0.000A”。

（6）打开样品室盖，将“0%T”校具（黑体）放入比色槽中，同时将装有参比液和待测液的比色皿分别放进其他的比色槽中。建议将黑体放进第一个槽中，将装有参比液的比色皿放进第二个槽中（若第一个槽中不放黑体，建议将装有参比液的比色皿放入第一个槽中）。盖上样品室盖。

（7）旋转波长旋钮设置波长，观察波长显示窗口中波长移动，直至指定波长。

（8）按“Mode”键，切换到 T 状态下，将黑体拉（推）到光路中，按“0%T”键，直至显示 0.0。建议每次波长值改变时都要重新校“0%T”。

（9）测吸光度（A）：再按“Mode”键切换到 A 状态下，将参比液拉（推）到光路中，按“0Abs”键，直至显示 0.000，再将待测液拉（推）到光路中，即可得出待测液的吸光度值。

（10）浓度 c 的测量：将参比溶液拉（推）入光路中，按“0Abs”键，直至显示 0.000，按“Mode”键，切换至 C 状态。将标准样品拉（推）入光路中，按“上升”键或“下降”键，输入该标准样品的浓度值，按“Enter”键确认。仪器状态直接被切换到 F 状态，并显示经过仪器自动计算的 F 值，如果测得的数据有误，会显示 ERR，按任意键，跳到 A 状态下，则需要重新操作，再按“Enter”键，自动切换到 C 状态。将被测样品依次拉（推）入光路中，便可从显示器上分别得到被测样品的浓度值。

3.4.5　仪器的维护

（1）为确保仪器稳定工作，如电压波动较大，则应将 220V 电源预先稳压。

（2）当仪器工作不正常时，如数字表无亮光，光源灯不亮，开关指示灯无信号，应检查仪器后盖保险丝是否损坏，然后查电源线是否接通，再查电路。

（3）仪器要接地良好。

（4）为了避免仪器积灰和沾污，在停止工作时，用套子罩住整个仪器，在套子内应放数袋防潮硅胶，以免灯室受潮使反射镜镜面有霉点或沾污，从而影响仪器性能。

（5）仪器工作数月或搬动后，要检查波长精度和吸光度精度等，以确保仪器的使用和测定精度。

3.5 DDS-11A型电导率仪

3.5.1 基本概念

导体导电能力的大小常以电阻（R）或电导（G）表示，电导是电阻的倒数：

$$G=\frac{1}{R} \tag{3-4}$$

电阻、电导的SI单位分别是欧姆（Ω）、西门子（S），显然 $1S=1\Omega^{-1}$。

导体的电阻与其长度（L）成正比，而与其截面积（A）成反比：

$$R=\rho\frac{L}{A} \tag{3-5}$$

式中，ρ 为比例常数，称电阻率或比电阻。根据电导与电阻的关系，容易得出：

$$G=\kappa\frac{A}{L}$$

或者

$$\kappa=\frac{L}{A} \tag{3-6}$$

式中，κ 称为电导率，是长1m、截面积为 $1m^2$ 导体的电导，$S \cdot m^{-1}$。对于电解质溶液来说，电导率是电极面积为 $1m^2$，且两极相距1m时溶液的电导。电解质溶液的摩尔电导率（Λ_m）是指把含有1mol的电解质溶液置于相距为1m的两个电极之间的电导。溶液的浓度为 c，通常用 $mol \cdot L^{-1}$ 表示，则含有1mol电解质溶液的体积为 $\frac{1}{c}L$，此时溶液的摩尔电导率等于电导率和溶液体积的乘积：

$$\Lambda_m=\kappa\times\frac{10^{-3}}{c} \tag{3-7}$$

Λ_m 的单位是 $S \cdot m^2 \cdot mol^{-1}$。摩尔电导率的数值通常是测定溶液的电导率，用上式计算得到。

测定电导率的方法是用两个电极插入溶液，测出两极间的电阻 R_x。对于一个电极而言，电极面积 A 与间距 L 都是固定不变的，因此 L/A 是常数，称电极常数，以 Q 表示。根据式（3-4）和式（3-6）得：

$$\kappa=\frac{Q}{R_x} \tag{3-8}$$

由于电导的单位西门子太大，常用毫西门子（mS）、微西门子（μS）表示。

3.5.2 DDS-11A型电导率仪测量范围

（1）测量范围：$0\sim10^5\mu S \cdot cm^{-1}$，分12个量程。

（2）配套电极：DJS-1型光亮电极；DJS-1型铂黑电极；DJS-10型铂黑电极。

（3）测量范围与配用电极见表3-2。

表3-2 测量范围与配用电极

量程	电导率/$\mu S \cdot cm^{-1}$	测量频率	配用电极
1	0～0.1	低周	DJS-1型光亮电极

续表

量程	电导率/$\mu S \cdot cm^{-1}$	测量频率	配用电极
2	0～0.3	低周	DJS-1型光亮电极
3	0～1	低周	DJS-1型光亮电极
4	0～3	低周	DJS-1型光亮电极
5	0～10	低周	DJS-1型光亮电极
6	0～30	低周	DJS-1型铂黑电极
7	0～10^2	低周	DJS-1型铂黑电极
8	0～3×10^2	低周	DJS-1型铂黑电极
9	0～10^3	低周	DJS-1型铂黑电极
10	0～3×10^3	低周	DJS-1型铂黑电极
11	0～10^4	高周	DJS-1型铂黑电极
12	0～10^5	高周	DJS-10型铂黑电极

3.5.3 使用方法

(1) 未开电源前，观察表头指针是否指零。如不指零，可调整表头上的调零螺钉，使表针指零。

(2) 将校正、测量开关拨在“校正”位置。

(3) 将电源插头先插在仪器插座上，再接上电源。打开电源开关，并预热数分钟（待指针完全稳定下来为止），调节校正调节器，使电表满刻度指示。

(4) 根据液体电导率的大小选用低周或高周，将低周、高周开关拨向“低周”或“高周”。

(5) 将量程选择开关旋至所需要的测量范围。如预先不知道待测液体的电导率范围，应先把开关旋至最大测量挡，然后逐档下降，以防表针被打弯。

(6) 根据液体电导率的大小选用不同的电极。使用DJS-1型光亮电极和DJS-1型铂黑电极时，把电极常数调节器调节在与配套电极的常数相对应的位置上。例如，若配套电极的常数为0.95，则把电极常数调节器调节在0.95处。当待测溶液的电导率大于$10^4\mu S\cdot cm^{-1}$，用DJS-1型电极测不出时，选用DJS-10型铂黑电极，这时应把调节器调节在配套电极的1/10常数位置上。例如，若电极的常数为9.8，则应使调节器指在0.98处，再将测得的读数乘以10，即为被测溶液的电导率。

(7) 电极使用时，用电极夹夹紧电极的胶木帽，并通过电极夹把电极固定在电极杆上。将电极插头插入电极插口内，旋紧插口上的坚固螺钉，再将电极浸入待测液中。

(8) 将校正、测量开关拨在校正位置，调节校正调节器使电表指示满刻度。注意为了提高测量精度，当使用$\times10^4\mu S\cdot cm^{-1}$、$\times10^3\mu S\cdot cm^{-1}$挡时，校正必须在接好电导池（电极插头插入插口，电极浸入待测溶液）的情况下进行。

(9) 校正、测量开关拨向测量，这时指示读数乘以量程开关的倍率即为待测液的实际电导率。如开关旋至0～100$\mu S\cdot cm^{-1}$挡，电表指示为0.9，则被液的电导率为90$\mu S\cdot cm^{-1}$。

(10) 用量程1、3、5、7、9、11各挡时，看表头上面的一条刻度（0～1）；当用量程2、4、6、8、10各挡时，看表头下面的一条刻度（0～3），即红点对红线，黑点对黑线。

(11) 当用0～0.1$\mu S\cdot cm^{-1}$或0～0.3$\mu S\cdot cm^{-1}$挡测量高纯水时，先把电极引线插入电极插口，

在电极未浸入溶液前，调节电容补偿调节器使电表指示为最小值（此最小值即为电极铂片间的漏电阻，由于漏电阻的存在，使得调电容补偿调节器时电表指针不能达到零点），然后开始测量。

3.5.4 注意事项

（1）电极的引线不能潮湿，否则测不准。

（2）高纯水被盛入容器后应迅速测量，否则电导率将很快增加，因为空气中的二氧化碳溶入水中变成 CO_3^{2-}，影响了电导率的数值。

（3）盛待测溶液的容器必须清洁，无离子沾污。

（4）每测定一份试样后，用蒸馏水冲洗电极，并用吸水纸吸干，但不能用吸水纸擦铂黑电极，以免铂黑脱落。也可用待测液荡洗 3 次后测定。

4

无机化学实验基本操作

4.1 玻璃仪器的洗涤

无机化学实验仪器大多是玻璃制品。要想获得准确的实验结果，必须保证所用仪器的洁净，因此玻璃仪器的洗涤是做好无机化学实验的一个重要环节。洗涤玻璃仪器的方法很多，通常根据实验的要求、污物的性质及器皿的沾污程度来选择。一般来说，附着在仪器上的污物，既有可溶性的物质，也有难溶性物质，还可能有油污等有机物。洗涤时应根据污物的性质和种类，采取不同的洗涤方法。

4.1.1 水洗

借助于毛刷等工具用水洗涤，既可使可溶物溶去，又可使附着在仪器壁面上的不溶物脱落下来，但通常水洗不能去除油污等有机物。对试管、烧杯、量筒等普通玻璃仪器，可先在容器内注入1/3左右的自来水，选用大小合适的毛刷蘸去污粉刷洗，再用自来水冲洗后，容器内外壁能被水均匀润湿既不聚集成滴也不成股流下，证实洗涤干净。否则表明内壁或外壁仍有污物，应重新洗涤，最后用蒸馏水或去离子水冲洗2～3次。使用毛刷洗涤试管、烧杯或其他薄壁玻璃容器时，毛刷顶端必须有竖毛，没有竖毛的不能用。洗试管时，将毛刷顶端毛顺着伸入试管，用一手捏住试管，另一手捏住毛刷，把蘸有去污粉的毛刷来回擦拭或在试管内壁旋转擦，注意不要用力过猛，以免铁丝刺穿试管底部。

4.1.2 洗涤剂洗涤

常用的洗涤剂有：去污粉和合成洗涤剂。在用洗涤剂之前，先用自来水洗，然后用毛刷蘸少许去污粉或合成洗涤剂在润湿的仪器内外壁上擦洗，用自来水冲洗干净后，最后用蒸馏水或去离子水冲至仪器内外壁被水均匀润湿，既不聚集成滴，也不成股流下。

4.1.3 用铬酸洗液洗

铬酸洗液是重铬酸钾在浓硫酸中的饱和溶液，通常将50g重铬酸钾加到1L浓H_2SO_4中，加热溶解即可制得铬酸洗液。铬酸洗液具有很强的氧化性，能将油污及有机物洗去。使用时应注意以下几点：第一，使用前最好先用水或去污粉将仪器预洗一下。第二，使用洗液前，应尽量把容器内的水去掉，避免稀释洗液。第三，洗液具有很强的腐蚀性，会灼伤皮肤和损坏衣服，使用时要特别小心，尤其不要溅到眼睛内。使用时最好戴橡皮手套和防护眼镜，万一不慎溅到皮肤或衣服上，要立即用大量水冲洗。第四，洗液为深棕色，某些还原性污物能使洗液中Cr(Ⅵ)还原为绿色的Cr(Ⅲ)。所以已变成绿色的洗液就不能使用了。未变色的洗液倒回原洗液瓶中继续使用。用洗液洗过的仪器还要用蒸馏水冲洗干净。第五，用洗液洗涤仪器应遵守少量多次的原则，这样既节约，又可提高洗涤效率。

4.1.4 特殊物质的去除

（1）由铁盐引起的黄色可用盐酸或硝酸洗去；

（2）由锰盐、铅盐或铁盐引起的污物，可用浓 HCl 洗去；

（3）由金属硫化物沾污的颜色可用硝酸（必要时可加热）除去；

（4）容器壁沾有硫黄可用与 NaOH 溶液一起加热或加入少量苯胺加热或用浓 HNO_3 加热溶解。

经上述处理后的仪器，均需用蒸馏水或者去离子水少量多次淋洗干净。

4.1.5 一些精密量器的洗涤

对于比较精密的量器如容量瓶、移液管、滴定管，不能用毛刷洗，也不宜用去污粉等洗涤，一般可先用自来水少量多次冲洗，再用蒸馏水或者去离子水少量多次洗涤。

4.2 玻璃仪器的干燥

（1）自然晾干

不急用的仪器，洗净后倒置于仪器架上，让其自然干燥，不能倒置的仪器可将水倒净后任其干燥。

（2）烘箱烘干

洗净后仪器可放在电烘箱内烘干，温度控制在105～110℃。仪器在放进烘箱之前，应尽可能把水甩净，放置时应使仪器口向上，木塞和橡皮塞不能与仪器一起干燥，玻璃塞应从仪器上取下，放在仪器的一旁，这样可防止仪器烘干后卡住拿不下来。

（3）小火烤干

急于使用的仪器可置于石棉网上用小火烤干。试管可直接用火烤，但必须使试管口稍微向下倾斜，以防水珠倒流，引起试管炸裂。

（4）吹风机吹干

用吹风机将洗净的急于使用的玻璃仪器吹干。

（5）有机溶剂干燥

带有刻度的仪器，既不易晾干或吹干，又不能用加热方法进行干燥，可用与水相溶的有机溶剂如乙醇、丙酮等进行干燥。其方法是：往仪器内倒入少量酒精或酒精与丙酮的混合溶液（体积比为1∶1），将仪器倾斜、转动，使水与有机溶剂混溶，然后倒出混合液，尽量倒干，再将仪器口向上，任有机溶剂挥发，或向仪器内吹入冷空气使挥发快些。

4.3 加热方法

在实验室中加热常用酒精灯、酒精喷灯、煤气灯、煤气喷灯、电炉、电热板、电热套、水浴、油浴、红外灯、白炽灯、马弗炉、管式炉、烘箱及恒温水浴等。

(1) 酒精灯的使用方法

酒精灯是无机及分析化学实验室中使用频率最高的加热工具之一。酒精灯的构造如图 4-1 所示，主要由灯帽、灯芯和灯壶三部分组成，其加热温度通常在 400～500℃之间。使用酒精灯时，首先要检查灯芯，灯芯不要过紧，灯芯不齐或烧焦，应用剪刀剪齐。其次要检查灯壶中酒精量的多少，如果酒精体积小于灯壶体积的 1/2，则应用漏斗向灯壶中添加酒精，通常以酒精体积是灯壶体积的 1/2～2/3 为宜。点燃酒精灯时，取下灯帽，直放在台面上，不要让其滚动，擦燃火柴，从侧面移向灯芯点燃，燃烧时火焰不发出嘶嘶声，并且火焰较暗时火力较强，一般用火焰上部加热。熄灭酒精灯时不能用口吹灭，而要用灯帽从火焰侧面轻轻罩上，切不可从高处将灯帽扣下，以免损坏灯帽。灯帽和灯壶是配套的，不要搞混。灯帽不合适，不但酒精会挥发，而且酒精会由于吸水而变稀。灯口有缺损及损伤者不能使用。

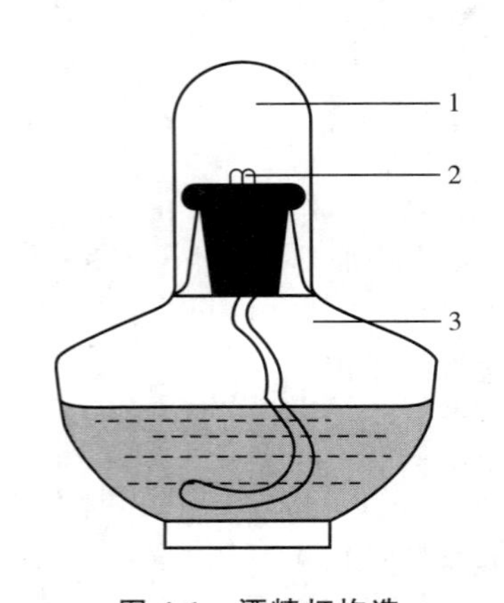

图 4-1 酒精灯构造

1—灯帽；2—灯芯；3—灯壶

用酒精灯加热盛液体的试管时，要用试管夹夹持试管的中上部，试管与台面成 60°角倾斜，试管口不要对着他人或自己。先加热液体的中上部，再慢慢移动试管加热其下部，然后不时地移动或振荡试管，使液体各部分受热均匀，避免试管内液体因局部沸腾而溅出，引起烫伤。试管中被加热液体的体积不要超过试管高度的 1/2。烧杯、烧瓶加热一般要放在石棉网上。

使用酒精灯的注意事项：第一，长时间使用或在石棉网下加热时，灯口会发热，为防止熄灭时冷的灯帽使酒精蒸气冷凝而导致灯口炸裂，熄灭后可暂将灯帽拿开，等灯口冷却以后再罩上。第二，酒精蒸气与空气混合气体的爆炸极限为 3.5％～20％，夏天无论是灯内还是酒精桶中都会自然形成达到爆炸极限的混合气体，因此点燃酒精灯时，必须注意这一点。使用酒精灯时必须注意补充酒精，以免形成爆炸极限的酒精蒸气与空气的混合气体。第三，燃着的酒精灯不能补添酒精，更不能用点着的酒精灯对点。第四，酒精易燃，其蒸气易燃易爆，使用时一定要按规范操作，切勿溢洒，以免引起火灾。第五，酒精易溶于水，着火时可用水灭火。玻璃加工时，有时还要用到酒精喷灯。

(2) 煤气灯的构造及使用方法

煤气灯是利用煤气或天然气为燃料气的实验室常用加热装置。煤气和天然气一般由一氧化碳、氢气、甲烷和不饱和烃等组成。煤气燃烧后的产物为二氧化碳和水。煤气本身无色无臭、易燃易爆，并且有毒，不用时一定要关紧阀门，绝不可将其逸入室内。为提高人们对煤气的警觉和识别能力，通常在煤气中掺入少量有特殊臭味的硫醇，这样一旦漏气，马上可以闻到气味，便于检查和排除。

煤气灯有多种样式，但构造原理基本相同，如图 4-2 所示，主要由灯管和灯座两部分组成。灯管下部有螺旋与灯座相连。灯管下部还有几个分布均匀的小圆孔作为空气的入口，旋转灯管就可完全关闭或不同程度地开启圆孔，以调节空气的进入量。煤气灯构造简单，使用方便，用橡皮管将煤气灯与煤气龙头连接起来即可使用。

点燃煤气灯需严格按照如下步骤进行：首先关闭空气入口（因空气进入量大时，灯管口气体冲力太大，不易点燃）；然后擦燃火柴，将火柴从斜方移近灯管口；打开煤气阀门即可点燃煤气灯；最后调节煤气阀门或螺旋针，使火焰高度适宜（一般高度为 4～5cm），这时火焰呈黄色，逆时针旋转灯管，调节空气进入量，使火焰呈淡紫色。

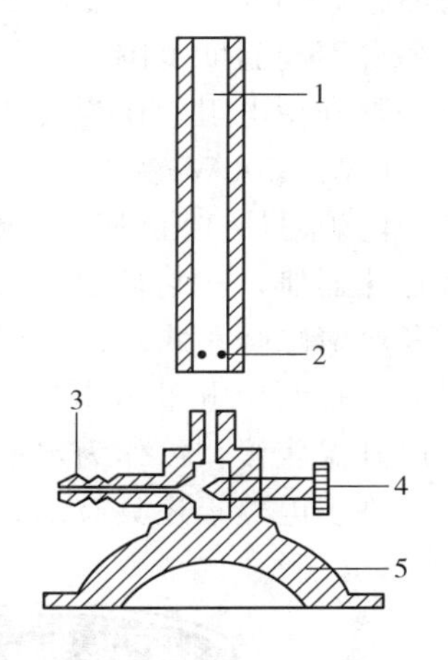

图 4-2 煤气灯的构造

1—灯管；2—空气入口；3—煤气入口；4—螺旋针；5—灯座

煤气在空气中燃烧不完全时，会部分分解产生炭。火焰因炭粒发光而呈黄色，黄色的火焰温度不高。煤气与适量空气混合后燃烧，可完全生成二氧化碳和水，产生正常火焰。正常火焰不发光而呈近无色，它由三部分组成，如图 4-3（a）所示：内层（焰心）呈绿色，圆锥状，在这里煤气和空气仅仅混合，并未燃烧，所以温度不高（约 300℃）；中层（还原焰）呈淡蓝色，在这里，由于空气不足，煤气燃烧不完全，并部分地分解出含碳的产物，具有还原性，温度约 700℃；外层（氧化焰）呈淡紫色，这里空气充足，煤气完全燃烧，具有氧化性，温度约 1000℃。通常利用氧化焰来加热，在淡蓝色火焰上方与淡紫色火焰交界处为最高温度区约 1500℃。

当煤气和空气的进入量调配不合适时，点燃会产生不正常火焰，如图 4-3（b）、（c）所示。当煤气和空气进入量都很大时，由于灯管口处气压过大，容易造成以下两种后果：用火柴难以点燃；点燃时会产生临空焰[火焰脱离灯管口，临空燃烧，如图 4-3（b）所示]。遇到这种情况，应适当减少煤气和空气进入量，如空气进入量过大，则会在灯管内燃烧，这时能听到一种特殊的嘶嘶声，有时在灯管口的一侧有细长的淡紫色的火舌，形成“侵入焰”，如图 4-3（c）所示。有时在煤气灯使用过程中，由于某种不确定因素导致煤气量突然减小，空气量相对过剩，这时就容易产生“侵入焰”，这种现象称为“回火”。产生“侵入焰”时，应立即减少空气的进入量或增大煤气的进入量。当灯管已烧热时，应立即关闭煤气灯，待灯管冷却后再重新点燃和调节。

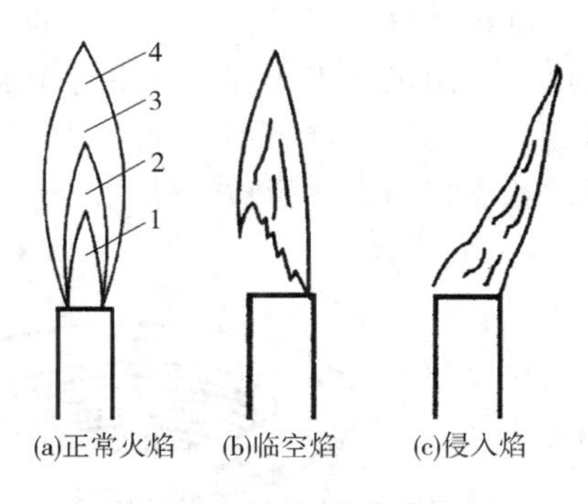

图 4-3 各种火焰

1—焰心；2—还原焰；3—氧化焰；4—最高温区

使用煤气灯注意事项：煤气中的一氧化碳有毒，且当煤气和空气混合到一定比例时，遇火源即可发生爆炸，所以不用时一定要把煤气阀门关好；点燃时一定要先划燃火柴，再打开煤气龙头；离开实验室时，要再检查一下煤气开关是否关好；点火时要先关闭空气入口，再擦燃火柴点火，因空气孔太大，管口气体冲力太大，不易点燃，且易产生“侵入焰”。玻璃加工时，有时还要用到煤气喷灯。

（3）电加热方法

无机化学实验中还经常使用电炉、电热板、电热套、管式炉和马弗炉等各种电器来加热。与酒精灯和煤气灯加热相比，电加热方法有许多优点，如电加热不会产生有毒物质，可以产生各种不同温度范围，满足不同加热目的，所以掌握各种电加热方法很有必要。

电炉是利用电阻丝作为发热元件的电加热装置（图 4-4），根据发热量不同可以有不同规格，如 300W、500W、800W、1000W 等。有些电炉还配有调节装置，以满足不同加热需求。使用电炉时应注意以下几点：首先，电源电压要与电炉电压相一致；其次，不可以用电炉直接加热器皿，在它们之间应放一块石棉网，方可加热均匀；最后，电炉盘中要保持清洁，要及时清除烧焦物，以保证电阻丝传热良好，延长使用寿命。

电热板是利用电阻丝作为加热元件做成的封闭式加热装置（图 4-5），电热板加热是平面的，一般升温较慢，可作为水浴、油浴的热源，也常用于加热烧杯、平底烧瓶、锥形瓶等平底容器。许多电热板还具有磁力搅拌和功率调节功能。

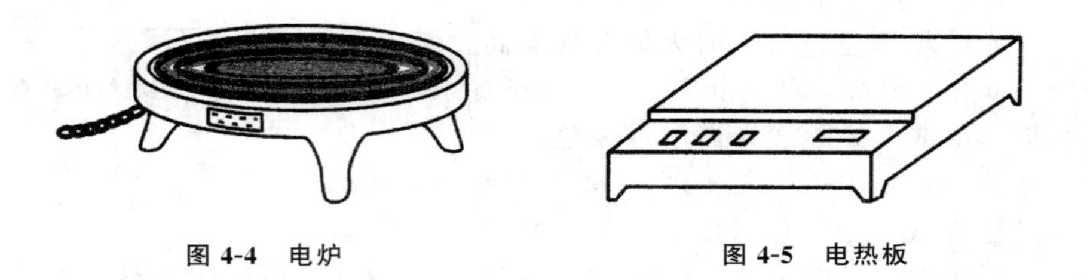

图 4-4　电炉　　图 4-5　电热板

电热套是以电阻丝为加热元件，专为加热圆底容器而设计的电加热装置，特别适合作为蒸馏易燃物品的加热装置（图 4-6）。可以根据不同规格的烧瓶选择不同的电热套。电热套目前也多配备有功率调节和磁力搅拌功能。

烘箱是以电阻丝为加热元件的加热装置，主要用于烘干玻璃仪器和固体试剂，如图 4-7 所示。常用烘箱工作温度从室温至额定温度，在此温度范围内可通过自动控温系统任意选择温度。箱内装有鼓风系统使箱内空气对流，保证烘箱内各个部分温度均匀。工作室内设有两层网状隔板用以放置被干燥物。

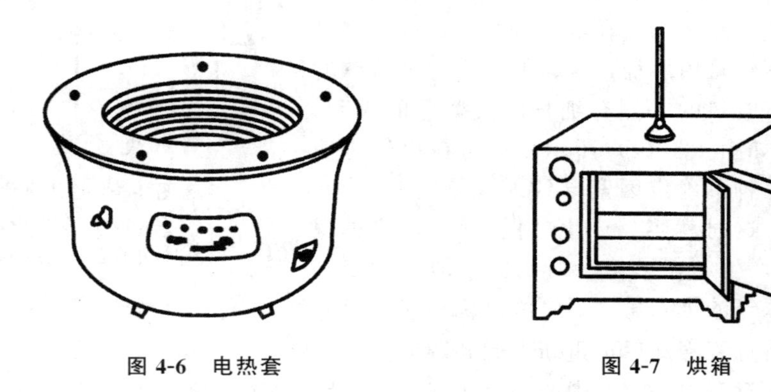

图 4-6　电热套　　图 4-7　烘箱

使用烘箱时需要注意以下事项：第一，被烘的仪器应洗净、沥干后再放入，且使口朝下，烘箱底部放有搪瓷盘承接仪器上滴下的水，不让水滴到电热丝上；第二，易燃、易挥发物不能放进烘箱，以免发生爆炸；第三，升温时应检查控温系统是否正常，一旦失效就可能造成烘箱内温度过高，导致水银温度计炸裂；第四，升温时，箱门一定要关严。

管式炉是高温下气-固反应常用加热装置（图 4-8），也可以对固相反应提供各种气氛保护，防止氧化反应的发生或者制备还原性固体材料。管式炉与马弗炉一样，可以根据所需温度选择不同的加热元件。

马弗炉是常用的固相反应加热装置（图 4-9）。马弗炉的额定温度主要决定于其发热体的材质，通常额定温度在 900℃以下时，可用镍铬丝作为加热元件；额定温度在 1300℃以下时用硅碳棒作为加热元件；额定温度在 1800℃以下时用硅钼棒作为加热元件。所有这些发热体都是嵌入由耐火材料制成的炉膛内壁中。

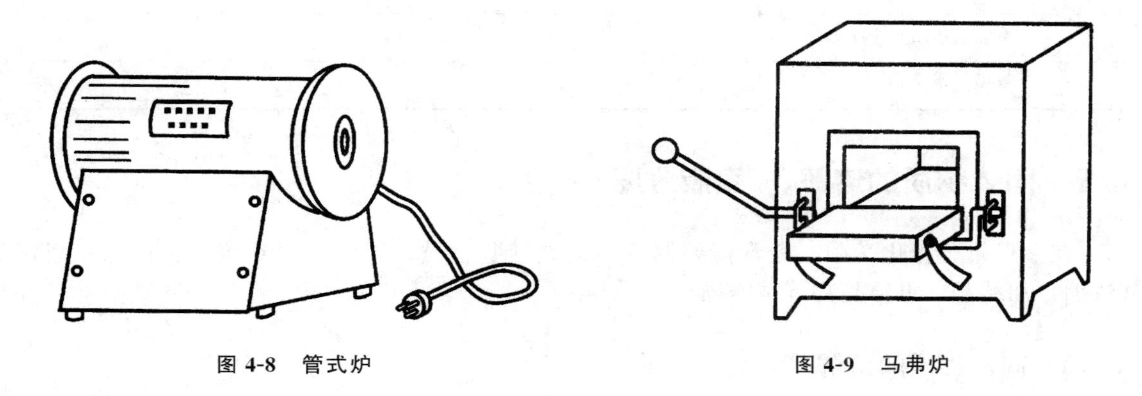

图 4-8 管式炉　　图 4-9 马弗炉

热浴是当被加热的物质需要均匀受热且不能超过指定温度时，通常通过特定热浴进行的间接加热。根据所选加热物质的不同，热浴通常包括水浴和油浴。当要求温度不超过 100℃时可用水浴加热（图 4-10）。使用水浴锅应注意：水浴锅中的存水量应保持在总体积的 2/3 左右；受热玻璃器皿不要触及水浴锅壁和其底部。

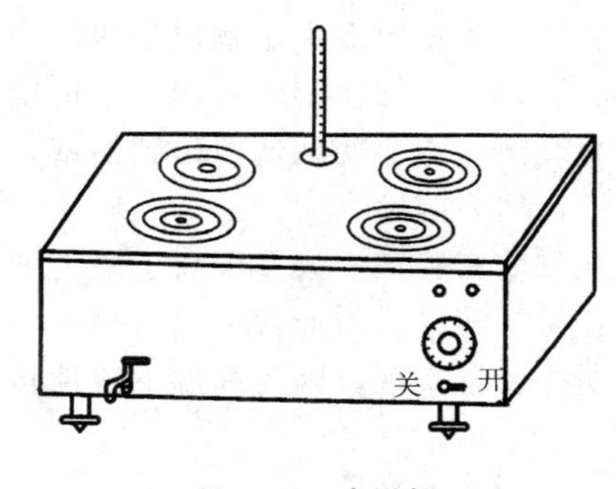

图 4-10 水浴锅

油浴适用于 100～250℃温度范围内的加热。通常反应温度要低于油浴温度 20℃。常用作油浴的有：甘油（140～150℃）、植物油（220℃）、石蜡（200℃）、硅油（250℃）。由于油浴中使用的甘油、植物油、石蜡等属于易燃物，因此使用油浴时，要特别注意防止着火。当油受热冒烟时，要立即停止加热；油量要适量，不可过多，以免受热膨胀溢出；油锅外不能沾油；如遇油浴着火，要立即拆除热源，用石棉布盖灭火焰，切勿用水浇。

4.4 冷却方法

在化学实验中有些反应、分离、提纯要求在低温下进行，这就需要选择合适的制冷技术。通常的冷却方法包括：自然冷却，即将热的物质在空气中放置一定时间使其自然冷却至室温；吹风冷却，当实验需要快速冷却时，可用吹风机吹冷风冷却；水冷，最简便的水冷方法就是将盛有被冷却物的容器放在冷水浴中。冰水浴通常是将水和碎冰的混合物作冷却剂，其效果比单独使用冰块要好，因为它能和容器更好地接触。如果需要更低的冷却温度，可以根据反应所需冷却温度选择合适的冰盐冷却剂来降低温度。实验室中常用冰盐冷却剂及其所能达到的低温情况如表 4-1 所示。制冰盐冷却剂时，应把盐研细，将冰用刨冰机刨成粗砂糖状，然后按一定比例均匀混合。

表 4-1　常用冰盐冷却剂

盐类	100g 碎冰（或雪）中加盐量/g	能够达到最低温度/℃
NH_4Cl	25	−15
$NaNO_3$	50	−18
NaCl	33	−21
$CaCl_2 \cdot 6H_2O$	100	−29
$CaCl_2 \cdot 6H_2O$	143	−55

4.5　固体物质的溶解、固液分离

在无机及分析化学中，经常需要制备、提纯某些物质，因此常用到溶解、过滤、蒸发（浓缩）和结晶（重结晶）等基本操作。

4.5.1　固体物质的溶解

将固体物质溶解于溶剂中时，首先需要考虑选取适当的溶剂，还应该考虑温度对物质溶解度的影响。一般来说，加热可以加速固体物质的溶解过程，而使用什么加热装置，采用什么加热方式主要取决于物质的热稳定性。

搅拌可以加速溶解过程。用玻璃棒搅拌时，应手持玻璃棒使其在溶液中均匀转圈，不要用力过猛，不要使玻璃棒碰到器壁，以免发出响声、损坏容器。如果固体颗粒太大，应预先研细，然后溶解。

目前实验室中大多配备了磁力加热搅拌装置和机械搅拌装置，集加热搅拌功能于一体。常温易溶解的物质通常可通过磁力加热搅拌装置来溶解，而需要高温溶解的物质可以通过机械搅拌装置实现，因为高温下磁性转子会消磁。

4.5.2　固液分离

固体与液体的分离方法有三种：倾析法、过滤法和离心分离法。

(1) 倾析法

倾析法主要用于相对密度较大或晶体颗粒较大的沉淀，静置后能很快沉降至容器底部，将固体与液体进行分离或洗涤。倾析法是通过沉淀静置沉降后，将上层清液倾倒于另一容器中而使沉淀与溶液分离。如要洗涤沉淀时，只需向盛沉淀的容器内加入少量洗涤液，再用倾析法，如此反复操作两三遍，即可将沉淀洗净。

(2) 过滤法

过滤是最常用的固液分离方法之一。当沉淀和溶液经过过滤器时，沉淀留在过滤器上，溶液通过过滤器而进入接收容器中，所得溶液为滤液，而留在过滤器上的沉淀称为滤饼。过滤时应根据沉淀颗粒的大小、状态及溶液的性质而选用合适的过滤器和采取相应的措施。黏度小的溶液比黏度大的过滤快，热的比冷的过滤快，减压过滤比常压过滤快。如果沉淀是胶状的，可在过滤前加热破坏。常用的过滤方法有常压过滤、减压过滤和热过滤三种。

常压滤纸过滤是以滤纸和普通漏斗作为过滤器，实现固液分离的方法。完成常压滤纸过滤需完成如下几个步骤。

第一是滤纸的选择。通常常压滤纸过滤需要根据实验目的的不同选择不同的滤纸。滤纸可分为定性滤纸和定量滤纸两种。在定量分析中，当需将滤纸连同沉淀一起灼烧后称量，就采用定量滤纸。在无机实验或者定性分析实验中常用定性滤纸。滤纸按孔隙大小分为快速、中速和慢速三种；按直径大小分为 7cm、9cm、11cm 等几种。应根据沉淀的性质选择滤纸的类型，如 $BaSO_4$ 为细晶形沉淀，应选用慢速滤纸；NH_4MgPO_4 为粗晶形沉淀，宜选用中速滤纸；$Fe_2O_3 \cdot nH_2O$ 为胶状沉淀，需选用快速滤纸。滤纸直径的大小由沉淀量的多少来决定，一般要求沉淀的总体积不得超过滤纸锥体高度的1/3。滤纸的大小还应与漏斗的大小相应，一般滤纸上沿应低于漏斗上沿约 1cm。

第二是漏斗的选择。常压滤纸过滤中应根据需要选择合适的漏斗，普遍漏斗大多是玻璃质的，分长颈和短颈两种，长颈漏斗颈长约 15～20cm，颈的直径一般为 3～5mm，颈口处磨成 45°角，漏斗锥体角度应为 60°，如图 4-11 所示。普通漏斗的规格按半径划分，常用的有 30mm、40mm、60mm、100mm、120mm 等几种。使用时应依据溶液体积的大小来选择半径适当的漏斗。

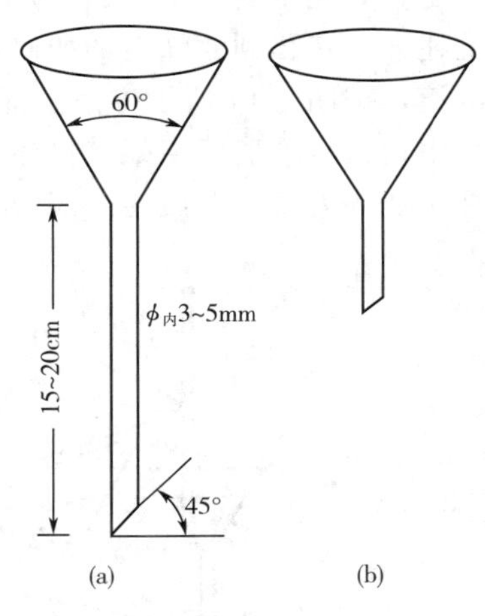

图 4-11 漏斗

第三是滤纸的折叠。常压滤纸过滤中需要将滤纸折叠成特定的锥形以使滤纸和漏斗相互吻合，通常按四折法折叠滤纸，折叠时应把手洗净擦干，以免弄脏滤纸。滤纸的折叠方法是先将滤纸整齐地对折，然后再对折，见图 4-12。为保证滤纸与漏斗密合，第二次对折时不要折死，先把滤纸打开，放入漏斗（漏斗内壁应干净且干燥），如果上边缘不十分密合，可以稍微改变滤纸的折叠角度，使滤纸与漏斗密合，此时可以把第二次的折叠边折死。将折叠好的滤纸放在准备好的与滤纸大小相适应的漏斗中，打开三层的边对准漏斗出口短的一边。用食指按紧三层的边。为使滤纸和漏斗内壁贴紧至无气泡，常在三层厚的外层滤纸折角处撕下一小块（保留，以备擦拭烧杯中的残留沉淀用），用洗瓶吹入少量去离子水（或蒸馏水）将滤纸润湿，然后轻按滤纸，使滤纸的锥体上部与漏斗间无气泡，而下部与漏斗内壁形成缝隙。按好后加水至滤纸边缘。这时漏斗颈内应全部充满水，形成水柱。由于液柱的重力可起抽滤作用，故可加快过滤速度。若未形成水柱，可用手指堵住漏斗下口，稍掀起滤纸的一边，用洗瓶向滤纸和漏斗的空隙处加水，使漏斗充满水，压紧滤纸边，慢慢松开堵住下口的手指，此时应形成水柱，如仍不能形成水柱，可能是漏斗形状不规范。漏斗颈不干净也影响水柱的形成，这时应重新清洗。将准备好的漏斗放在漏斗架上，漏斗下面放一承接滤液的洁净烧杯，其容积应为滤液总量的 5～10 倍，并

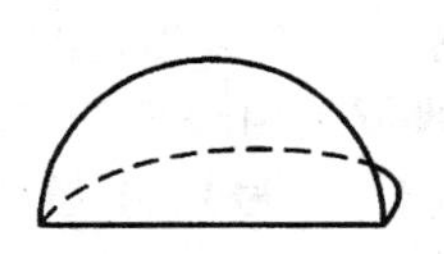

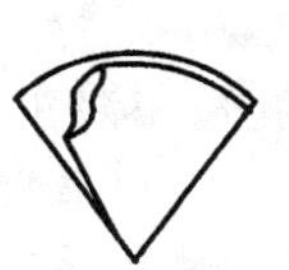

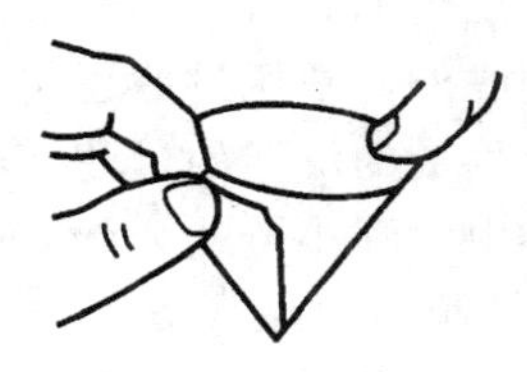

图 4-12 滤纸的折叠

斜盖表面皿。漏斗颈口长的一边紧贴杯壁，使滤液沿烧杯壁流下。漏斗放置位置的高低，以漏斗颈下口不接触滤液为宜。

第四是过滤和转移。常压过滤操作多采用倾析法，如图 4-13 所示。即待烧杯中的沉淀静置沉降后，只将上面的清液倾入漏斗中，而不是一开始就将沉淀和溶液搅浑后过滤。溶液应从烧杯尖口处沿玻璃棒流入漏斗中，而玻璃棒的下端对着三层滤纸处，但不要触到滤纸。一次倾入的溶液最多不要超过滤纸的 2/3，以免少量沉淀由于毛细管作用越过滤纸上沿而损失。倾析完成后，在烧杯内用少量洗涤液如去离子水或蒸馏水，将沉淀初步洗涤，再用倾析法过滤，如此重复 3～4 次。为了把沉淀转移到滤纸上，先用少量洗涤液把沉淀搅起，立即按上述方法转移到滤纸上，如此重复几次，一般可将绝大部分沉淀转移到滤纸上。残留的少量沉淀，按图 4-14 所示方法全部转移干净。左手持烧杯倾斜着在漏斗上方，烧杯嘴向着漏斗。用食指将玻璃棒横架在烧杯口上，玻璃棒的下端向着滤纸的三层处，用洗瓶吹出少量洗液冲洗烧杯内壁，沉淀连同溶液沿玻璃棒流入漏斗中。

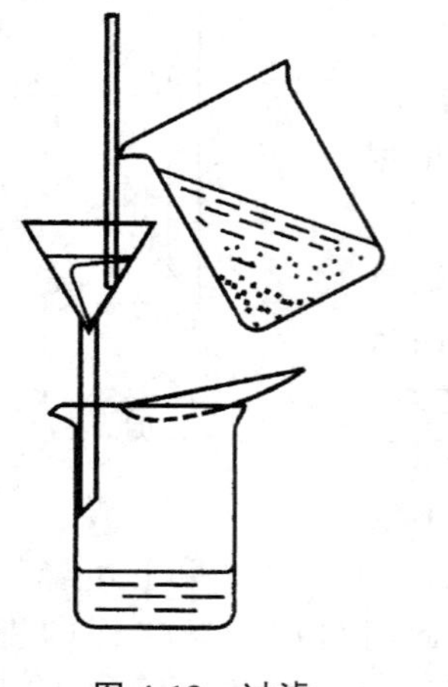

图 4-13　过滤

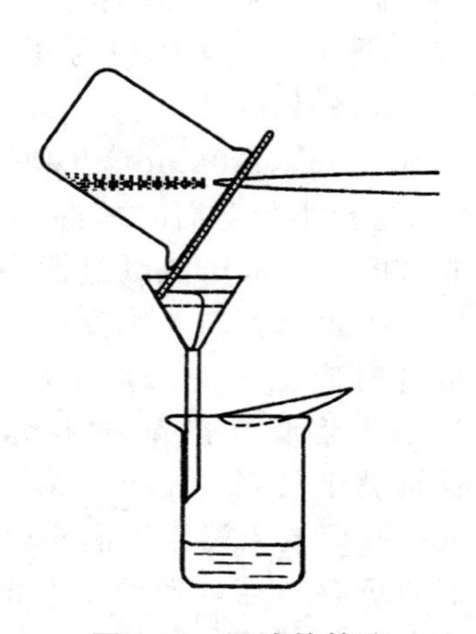

图 4-14　沉淀的转移

第五是滤饼的洗涤。沉淀转移到滤纸上以后，仍需在滤纸上进行洗涤，以除去沉淀表面吸附的杂质和残留的母液。其方法是用洗瓶吹出洗液，从滤纸边沿稍下位置开始，按螺旋形向下移动，将沉淀集中到滤纸锥体的下部，如图 4-15 所示。注意：洗涤时切勿将洗涤液冲在沉淀上，否则容易溅出。为提高洗涤效率，应本着“少量多次”的原则，即每次使用少量的洗涤液；洗后尽量沥干，多洗几次。选用什么样的洗涤剂洗涤沉淀，应由沉淀性质而定。晶形沉淀，可用冷的稀沉淀剂洗涤，利用洗涤剂产生的同离子效应，可降低沉淀的溶解量；但若沉淀剂为不易挥发的物质，则只好用水或其他溶剂来洗涤。对非晶形沉淀，需用热的电解质溶液为洗涤剂，以防止产生胶溶现象，多数采用易挥发的铵盐作洗涤剂。对溶解度较大的沉淀，可采用沉淀剂加有机溶剂来洗涤，以降低沉淀的溶解度。

除常压滤纸过滤外，常压过滤还包括微孔玻璃漏斗过滤和纤维棉过滤。微孔玻璃漏斗主要用于烘干后即可称量的沉淀的过滤。微孔玻璃漏斗的滤板是用玻璃粉末在高温熔结而成。按照微孔的孔径，由大到小分为六级：G_1～G_6（或称 1 号～6 号）。1 号的孔径最大（80～1200μm），6 号孔径最小（2μm 以下）。在定量分析中一般用 G_3～G_5 规格（相当于慢速滤纸过滤细晶形沉淀）。使用此类过滤器时，需用抽滤装置（图 4-16）。不能用微孔玻璃漏斗过滤强碱性溶液，因为它会损坏漏斗或坩埚的微孔。纤维棉过滤主要用于过滤有些浓的强酸、强碱和强氧化性溶液，过滤时不能用滤纸，因为溶液会和滤纸作用而破坏滤纸，可用石棉纤维来代替，但此法不适用于滤液需要保留的情况。

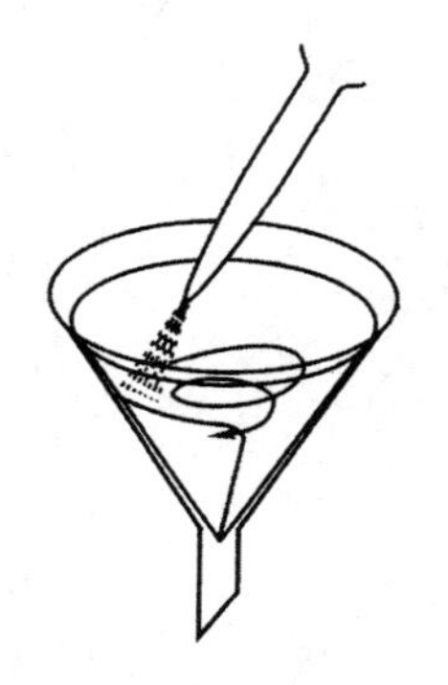

图 4-15 沉淀的洗涤

图 4-16 抽滤装置

减压过滤也称吸滤或抽滤，其装置如图 4-17 所示，利用真空泵产生的真空不断把吸滤瓶中的空气带走，使吸滤瓶内的压力减小，在布氏漏斗内的液面与吸滤瓶之间造成一个压力差，从而提高了过滤速度。安装时，布氏漏斗通过橡皮塞与吸滤瓶相连，布氏漏斗的下端斜口应正对吸滤瓶的侧管，橡皮塞与瓶口间必须紧密不漏气，吸滤瓶的侧管用橡皮管与真空泵相连。滤纸要比布氏漏斗内径略小，但必须能"全部覆盖漏斗的瓷孔"。将滤纸放入布氏漏斗并用溶剂将滤纸润湿后，打开真空泵使滤纸与布氏漏斗密合。然后通过玻璃棒向漏斗内转移溶液。注意加入的溶液的量不要超过漏斗容积的 2/3。打开真空泵待溶液抽干后再转移沉淀，继续抽滤，直至沉淀抽干。过滤完成，先拔掉橡皮管，再关真空泵，用玻璃棒轻轻掀起滤纸边缘，取出滤纸和沉淀，滤液则由吸滤瓶上口倾出。

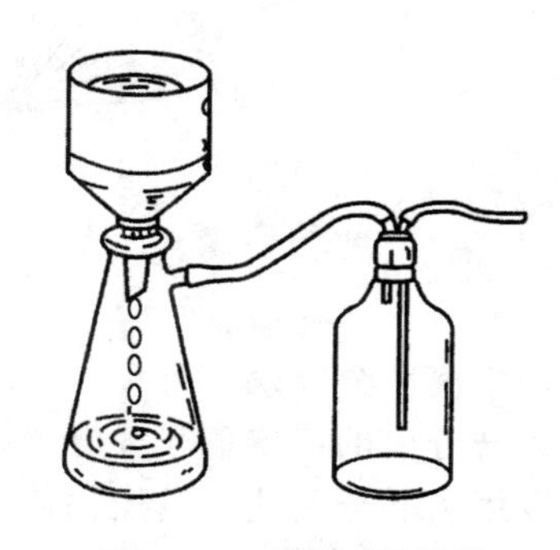

图 4-17 减压过滤装置

减压过滤能够加快过滤速度，并能使沉淀抽吸得较干燥。热溶液和冷溶液都可选用减压过滤。若为热过滤，则过滤前应将布氏漏斗放入烘箱（或用吹风机）预热，抽滤前用同一热溶剂润湿滤纸。为了更好地将晶体与母液分开，最好用洁净的玻璃钉将晶体在布氏漏斗上挤压，使母液尽量抽干。晶体表面残留的母液，可用少量的溶剂洗涤，这时抽气应暂时停止，把少量溶剂均匀地洒在布氏漏斗内的滤饼上，使全部晶体刚好被溶剂没过为宜。用玻璃棒或不锈钢刮刀搅松晶体（勿把滤纸捅破），使晶体润湿后稍候片刻，再开真空泵把溶剂抽干，如此重复两次，就可把滤饼洗涤干净。

溶液在温度降低易析出结晶时，可用热过滤漏斗进行过滤（图 4-18）。过滤时把玻璃漏斗放在铜质的热过滤漏斗内，热过滤漏斗内装有热水（水不要装得太满，以免加热至沸后溢出）以维持溶液的温度。也可以事先把玻璃漏斗在水浴上用蒸汽预热，再使用。热过滤选用的玻璃漏斗颈越短越好。热过滤漏斗滤纸叠法如图 4-19 所示。

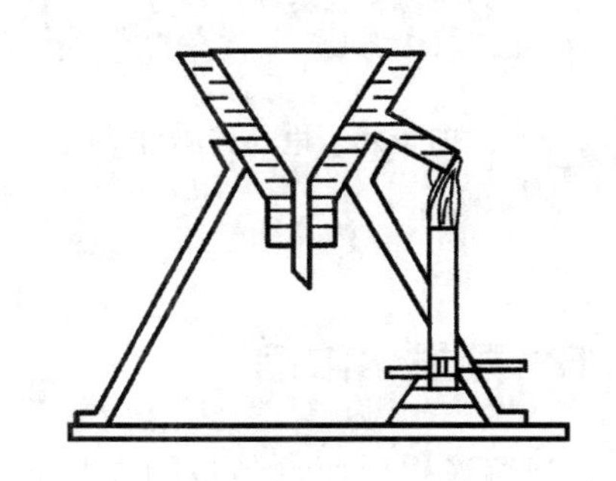

图 4-18 热过滤漏斗

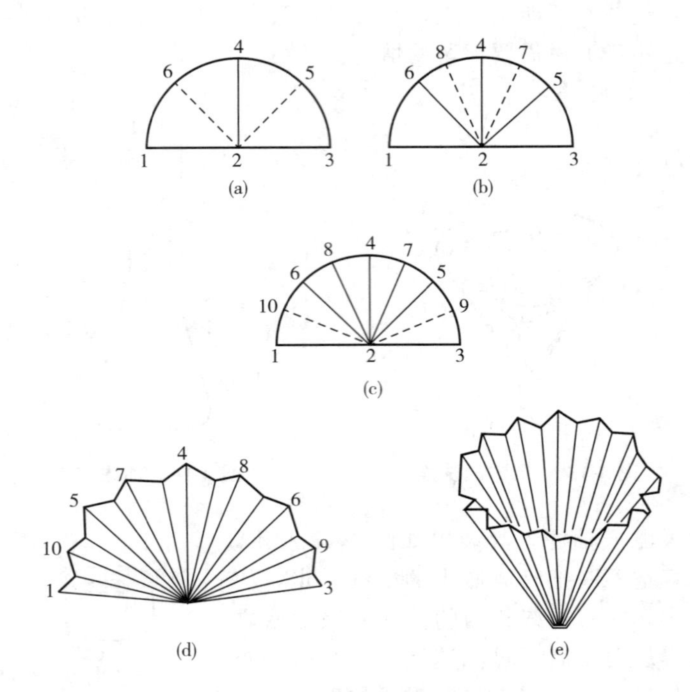

图 4-19 热过滤漏斗滤纸叠法

(3) 离心分离法

当被分离的沉淀量很少时，采用一般的方法过滤后沉淀会黏附在滤纸上，难以取下，这时可以用离心分离法，其操作简单而迅速。实验室常用电动离心机，如图 4-20 所示。操作时，把盛有沉淀与溶液混合物的离心试管放入离心机的套管内。离心试管的放置以保持平衡为原则，如混合溶液仅可装满一离心试管，则应该在放置这一离心试管的套管的相对位置再放一同样大小的试管，内装与混合物等体积的水，以保持转动平衡。然后启动离心机，由低到高缓慢加速，在一定转速下离心分离 1～2min后，由高到低缓慢减速，直到离心机自然停下。在任何情况下，不可以打开正在进行离心操作的离心机的上盖，以免发生危险。

图 4-20 电动离心机

由于离心作用，离心后的沉淀紧密聚集于离心试管的尖端，上方的溶液通常是澄清的，可用滴管小心地吸出上方的清液，也可将其倾出。如果沉淀需要洗涤，可以加入少量洗涤液，用玻璃棒充分搅动，再进行离心分离，如此重复操作两三遍即可。

4.6 蒸发、浓缩

当溶液很稀而欲制备的无机物质的溶解度又较大时，为了能从溶液中析出该物质的晶体，就需对溶液进行蒸发、浓缩。在无机制备、提纯实验中，蒸发、浓缩一般在水浴上进行。若溶液很稀，物质对热的稳定性又比较好时，也可先放在石棉网上用煤气灯（或酒精灯）小火直接加热蒸发（防止溶液暴沸、飞溅），然后放在水浴上加热蒸发。常用的蒸发容器是蒸发皿，蒸发皿内所盛放的液体体积不应超过其容积的 2/3。在石棉网上或直火加热前应把仪器外壁水揩干，水分不断蒸发，溶液逐渐浓缩，当蒸发到一定程度后冷却，就可以析出晶体。蒸发、浓缩的程度与溶质溶解度的大小和对晶粒大小的要求以及有无结晶水有关。溶质的溶解度越大，要求的晶粒越小，晶体又不含结晶水，蒸发、浓缩的时间要长些，蒸得要干一些。反之则时间短些、稀些。

在定量分析中，常通过蒸发来减少溶液的体积，而又保持不挥发组分不致损失。蒸发时容器上要加盖表面皿，容器与表面皿之间应垫以玻璃棒，以便蒸汽逸出。应当小心控制加热温度，以免因暴沸而溅出试样。

用蒸发的方法还可以除去溶液中的某些组分。如驱氧、驱赶 H_2O_2，加入硫酸并加热至产生大量 SO_3 白烟时，可除去 Cl^-、NO_3^- 等。

4.7 结晶与重结晶

晶体从溶液中析出的过程称为结晶，结晶是提纯固态物质的重要方法之一。结晶时要求溶液中溶质的浓度达到饱和。要使溶液成为饱和溶液，通常有两种方法：一种是蒸发法，即通过蒸发、浓缩减少一部分溶剂使溶液达到饱和而结晶析出。此法主要用于溶解度随温度改变而变化不大的物质（如氯化钠）。另一种是冷却法，即通过降低温度使溶液冷却达到饱和而析出晶体。此法主要用于溶解度随温度下降而明显减小的物质（如硝酸钾）。有时需将两种方法结合使用。

晶体颗粒的大小与结晶条件有关，如果溶质的溶解度小，或溶液的浓度高，或溶剂的蒸发速度快，或溶液冷却快，析出的晶粒就细小，反之，就可得到较大的晶体颗粒。实际操作中，常根据需要，控制适宜的结晶条件，以得到大小合适的晶体颗粒。

当溶液发生过饱和现象时，可以振荡容器，用玻璃棒搅动或轻轻地摩擦器壁，或投入几粒晶种，来促使晶体析出。

当第一次得到的晶体纯度不符合要求时，可将所得的晶体溶于少量溶剂中，再进行蒸发或冷却、结晶、分离。如此反复操作称为重结晶。重结晶是提纯固体物质常用的重要方法之一。它适用于溶解度随温度改变而有显著变化的物质的提纯。有些物质的纯化，需经过几次重结晶才能完成。

4.8 化学试剂的取用

4.8.1 化学试剂分类

化学试剂是用于研究其他物质的组成、性质及其质量优劣的纯度较高的化学物质。化学试剂的纯度级别及其类别和性质，一般在标签的左上方用符号注明，规格则在标签的右端，并用不同颜色的标签加以区别。

世界各国对化学试剂的分类和级别的标准不尽一致，各国都有自己的国家标准或其他标准（如部颁标准、行业标准等）。国际纯粹化学与应用化学联合会（IUPAC）对化学标准物质的分类也有规定，见表 4-2。

表 4-2 IUPAC 对化学标准物质的分类

A 级	原子量标准
B 级	基准物质
C 级	质量分数为 100%±0.02% 的标准试剂
D 级	质量分数为 100%±0.05% 的标准试剂
E 级	以 C 级和 D 级试剂为标准进行的对比测定所得的纯度或相当于这种纯度的试剂，比 D 级的纯度低

注：表中 C 级与 D 级为滴定分析标准试剂，E 级为一般试剂。

我国化学试剂的纯度标准有国家标准（GB）、化工部标准（HG）及企业标准（QB）。目前部级标准已归纳为行业标准（ZB）。按照药品中杂质含量的多少，我国生产的化学试剂分为五个等级，见表 4-3。

表 4-3 化学试剂的级别与适用范围

级别	一级品（优级纯）	二级品（分析纯）	三级品（化学纯）	四级品	生物试剂
英文名称	guaranteed reagent	analytical reagent	chemically pure	laboratorial reagent	biological reagent
英文缩写	GR	AR	CP	LR	BR
瓶签颜色	绿	红	蓝	棕或黄	绯或玫红

实践中应根据实验的不同要求选用不同级别的试剂。在一般的无机化学实验中，化学纯试剂就基本能符合要求，但在有些实验中则要用分析纯试剂。随着科学技术的发展，对化学试剂的纯度要求也愈加严格，愈加专门化，因而出现了具有特殊用途的专门试剂。如以符号 CG-S 表示的高纯试剂；以 GC、GLC 表示的色谱纯试剂；以 BR、CR、EBP 表示的生化试剂等。化学试剂在分装时，一般把固体试剂装在广口瓶中，把液体试剂或配制的溶液盛放在细口瓶或带有滴管的滴瓶中，而把见光易分解的试剂或溶液（如硝酸银等）盛放在棕色瓶中。每一试剂瓶上都贴有标签，上面写有试剂的名称、规格或浓度（溶液）以及日期。在标签外面涂上一层蜡或蒙上一层透明胶纸来保护它。

4.8.2 化学试剂取用规则

(1) 固体试剂取用规则

第一，要用干燥、洁净的药匙取试剂。药匙的两端有大小不同的两个匙，分别用于取大量固体和少量固体，应专匙专用。用过的药匙必须洗净擦干后方可再使用。

第二，取用药品前，要看清标签。取用时，先打开瓶盖和瓶塞，将瓶塞反放在实验台上。不能用手接触化学试剂。应本着节约的原则，用多少取多少，多取的药品不能倒回原瓶。药品取完后，一定要把瓶塞塞紧、盖严，绝不允许将瓶塞张冠李戴。

第三，称量固体试剂时应放在干净的纸或表面皿上。具有腐蚀性、强氧化性或易潮解的固体试剂应放在玻璃容器内称量。

第四，往试管（特别是湿的试管）中加入固体试剂时，可用药匙或将取出的药品放在对折的纸片上，伸进试管的 2/3 处。如固体颗粒较大，应放在干燥洁净的研钵中研碎。研钵中的固体量不应超过研钵容量的 1/3。

第五，取用有毒药品应在教师指导下进行。

(2) 液体试剂取用规则

第一，从细口瓶中取用液体试剂时，一般用倾注法。先将瓶塞取下，反放在实验台面上，手握住试剂瓶上贴标签的一面，逐渐倾斜瓶子，让液体试剂沿着器壁或沿着洁净的玻璃棒流入接收器中。倾出所需量后，将试剂瓶口在容器上靠一下，再逐渐竖起瓶子，以防遗留在瓶口的试液流到瓶的外壁。

第二，从滴瓶中取用液体试剂时，要用滴瓶中的滴管，滴管绝不能伸入所用的容器中，以免触及器壁面沾污药品。欲从试剂瓶中取少量液体试剂时，则需用附于该试剂瓶的专用滴管取用。装有药品的滴管不得横置或滴管向上斜放，以免液体流入滴管的乳胶帽中。

第三，定量取用液体时，要用量筒、移液管或吸量管取，根据用量选用一定规格的量筒、移液管或吸量管。

4.9 量筒、移液管、容量瓶、滴定管等的使用

4.9.1 量筒和量杯

量筒和量杯都是外壁有容积刻度的准确度不高的玻璃量器。量筒和量杯（见图 4-21）都不能用来进行精密测量，只能用来测量液体的大致体积，也可用来配制大量溶液。市售量筒（杯）有 5mL、10mL、25mL、50mL、100mL、500mL、1000mL、2000mL 等各种规格，可根据需要来选用。

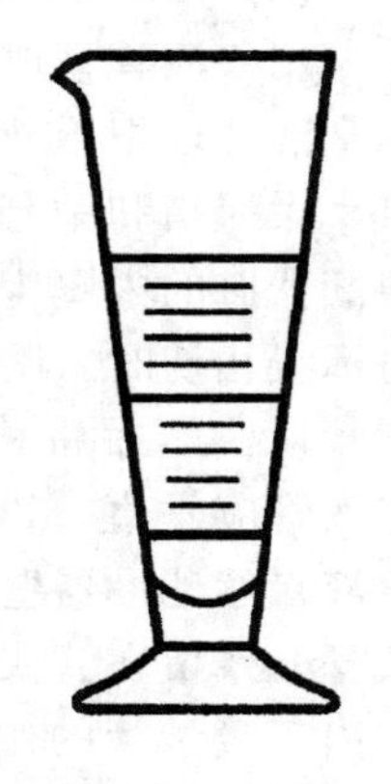

图 4-21 量杯

量液时，眼睛要与液面相平，即眼睛置于液面最凹处（弯月面底部）同一水平面上进行观察，读取弯月面底部的刻度，如图 4-22 所示。量筒（杯）不能放入高温液体，也不能用来稀释浓硫酸或溶解氢氧化钠（钾）。

用量筒量取不润湿玻璃的液体（如水银）时应读取液面最高部位。量筒（杯）易倾倒而损坏，用时应放在桌面当中，用后应放在平稳之处。

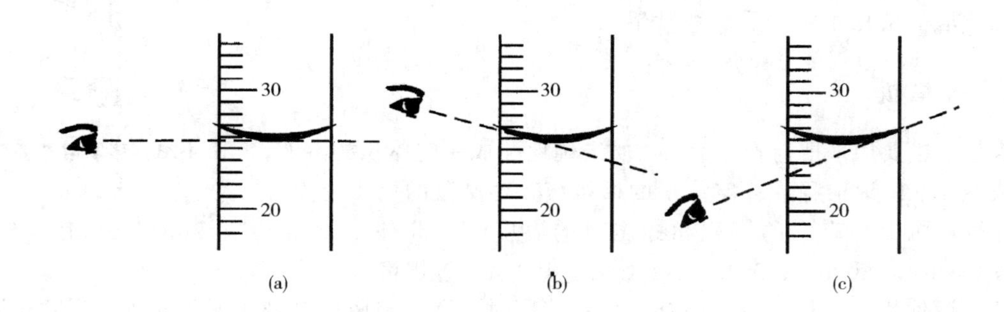

图 4-22 观看量筒内液体的容积

4.9.2 移液管和吸量管

移液管是用来准确移取一定量液体的量器。它是一根细长而中部膨大的玻璃管，上端刻有环形标线，膨大部分标有它的容积和标定时的温度。常用的移液管容积有 5mL、10mL、25mL 和 50mL 等。

吸量管是具有分刻度的准确移取一定量液体的量器，用于移取所需体积的液体。常用的吸量管有 1mL、2mL、5mL、10mL 和 20mL 等规格。

移液管和吸量管使用过程中应遵循如下步骤。

(1) 洗涤和润冲

移液管和吸量管在使用前要洗至内壁不挂水珠。洗涤时在烧杯中盛自来水，将移液管（或吸量管）下部伸入水中，右手拿住管颈上部，用洗耳球轻轻将水吸入至管内容积的一半左右，用右手食指按住管口，取出后把管横放，左右两手的拇指和食指分别拿住管的上、下两端，转动管子使水布满全管，然后直立，将水放出。如水洗不净，则用洗耳球吸取铬酸洗液洗涤。也可将移液管（或吸量管）放入盛有洗液的大量筒或高形玻璃筒内浸泡数分钟至数小时，取出后用自来水洗净，再用纯水润冲，方法同前。吸取试液前，要用滤纸拭去管外水，并用少量试液润冲 2～3 次。方法同上述水洗操作。

(2) 溶液的移取

用移液管移取溶液时，右手大拇指和食指拿住管颈标线上方，将管下部插入溶液中，左手拿洗耳球把溶液吸入，待液面上升到比标线稍高时，迅速用右手稍微润湿的食指压紧管口，大拇指和中指垂直拿住移液管，管尖离开液面，但仍靠在盛溶液器皿的内壁上。稍微放松食指使液面缓缓下降至溶液弯月面与标线相切时（眼睛与标线处于同一水平上观察），立即用食指压紧管口，然后将移液管移入预先准备好的器皿（如锥形瓶）中。移液管应垂直，锥形瓶稍倾斜，管尖靠在瓶内壁上，松开食指让溶液自然地沿器壁流出（图 4-23）。待溶液流完，等 15s 后取出移液管。残留在管尖的溶液切勿吹出，因校准移液管时已将此考虑在内。吸量管的用法与移液管基本相同。使用吸量管时，通常是使液面从它的最高刻度降至另一刻度，使两刻度间的体积恰为所需的体积。在同一实验中应尽可能使用同一吸量管的同一部位，且尽可能用上面部分。如果吸量管的分刻度一直刻到管尖，而且又要用到末端收缩部分时，则要把残留在管尖的溶液吹出。若用非吹入式的吸量管，则不能吹出管尖的残留液。移液管和吸量管使用完毕应立即用水洗净后放在管架上。

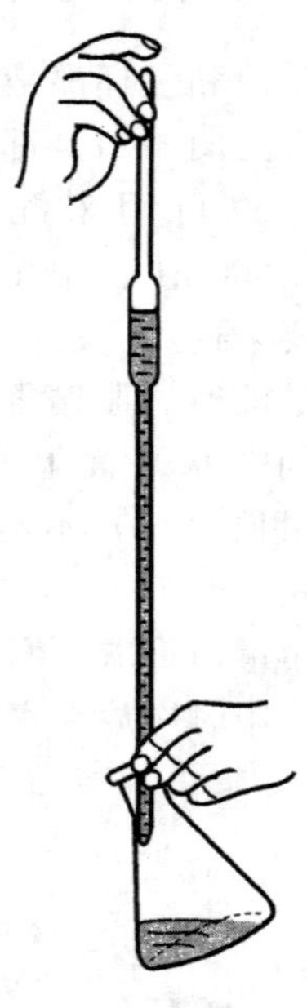

图 4-23 移取溶液姿势

4.9.3 容量瓶

容量瓶主要用来把精确称量的物质准确地配成一定体积的溶液，或将浓溶液准确地稀释成一定体积的稀溶液。容量瓶的瓶颈上刻有环形标线，瓶上标有它的容积和标定时的温度，通常有 1mL、2mL、5mL、10mL、25mL、50mL、100mL、200mL、250mL、500mL、1000mL 等规格。

容量瓶使用前同样应洗到不挂水珠。使用时，瓶塞与瓶口对号，不要弄错。为防止弄错引起漏水，可用橡皮筋或细绳将瓶塞系在瓶颈上。当用固体配制一定体积的准确浓度的溶液时，通常将准确称量的固体放入小烧杯中，先用少量纯水溶解，然后定量地转移到容量瓶内。转移时，烧杯嘴紧靠玻璃棒，玻璃棒下端靠着瓶颈内壁，慢慢倾斜烧杯，使溶液沿玻璃棒顺瓶壁流下（图 4-24）。溶液流完后，将烧杯沿玻璃棒轻轻上提，同时将烧杯直立，使附在玻璃棒与烧杯嘴之间的液滴回到烧杯中。用纯水冲洗烧杯壁几次，每次洗涤液如上法转入容量瓶内。然后用纯水稀释，并注意将瓶颈附着的溶液洗下。当水加至容积的一半时，摇荡容量瓶使溶液均匀混合，但注意不要让溶液接触瓶塞及瓶颈磨口部分。继续加水至接近标线。稍停，待瓶颈上附着的液体流下后，用滴管仔细加纯水至弯月面下沿与环形标线相切。用一只手的食指压住瓶塞，另一只手的拇、中、食三个指头顶住瓶底边缘（图 4-25），倒转容量瓶，使瓶内气泡上升到顶部，激烈振摇 5～10s，再倒转过来，如此重复十次以上，使溶液充分混匀。

图 4-24 转移溶液

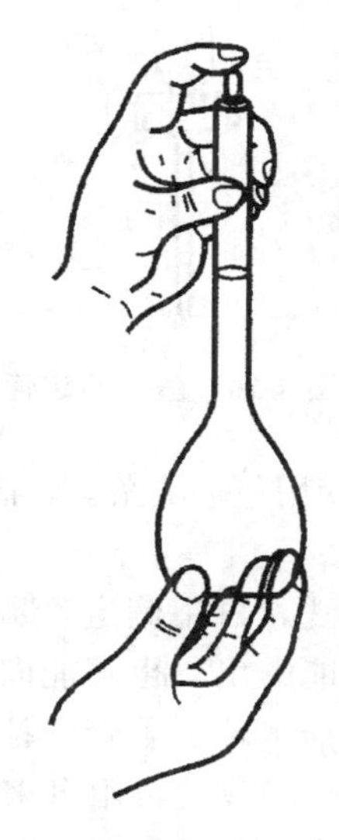

图 4-25 溶液的摇匀

当用浓溶液配制稀溶液时，则用移液管或吸量管取准确体积浓溶液放入容量瓶中，按上述方法稀释至标线，摇匀。若操作失误，使液面超过标线面仍欲使用该溶液时，可用透明胶布在瓶颈上另作一标记与弯月面相切。摇匀后把溶液转移。加水至刻度，再用滴定管加水至所作标记处。则此溶液的真实体积应为容量瓶容积与另加入的水的体积之和。这只是一种补救措施，在正常操作中应避免出现这种情况。

容量瓶不可在烘箱中烘烤，也不能用任何加热的办法来加速瓶中物料的溶解。长期使用的溶液不要放置于容量瓶内，而应转移到洁净干燥或经该溶液润冲过的储藏瓶中保存。

4.9.4 滴定管

滴定管是滴定分析时用以准确度量流出的操作溶液体积的量出式玻璃量器。常用的滴定管容积为 50mL 和 25mL，其最小刻度是 0.1mL，在最小刻度之间可估计读出 0.01mL。一般读数误差为±0.02mL。此外，还有容积为 10mL、5mL、2mL 和 1mL 的半微量和微量滴定管，最小分度值为 0.05mL、0.01mL 或 0.005mL，它们的形状各异。

根据控制溶液流速的装置不同，滴定管可分为酸式滴定管和碱式滴定管两种。酸式滴定管（图 4-26）下端有一玻璃旋塞。开启旋塞时，溶液即从管内流出。酸式滴定管用于装酸性或氧化性溶液，但不宜装碱液，因玻璃易被碱液腐蚀而粘住，以致无法转动。碱式滴定管（图 4-27）下端用乳胶管连接一个带尖嘴的小玻璃管，乳胶管内有一玻璃珠用以控制溶液的流出。碱式滴定管用来装碱性溶液和无氧化性溶液，不能用来装对乳胶有侵蚀作用的酸性溶液和氧化性溶液。滴定管有无色和棕色两种，棕色的主要用来装见光易分解的溶液（如 $KMnO_4$、$AgNO_3$ 等溶液）。

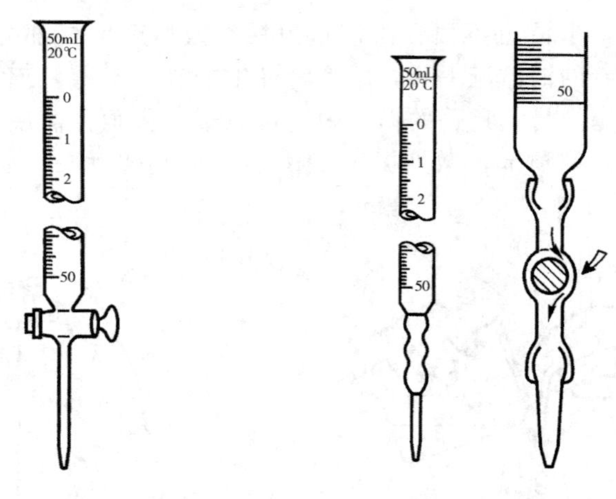

图 4-26 酸式滴定管　　　图 4-27 碱式滴定管

酸式滴定管的使用包括洗涤、涂脂、检漏、润冲、装液、气泡的排除、读数、滴定等步骤。

(1) 洗涤

先用自来水冲洗，再用滴定管刷蘸肥皂水或合成洗涤剂刷洗。滴定管刷的刷毛要相当软，刷头的铁丝不能露出，也不能向旁边弯曲，以防划伤滴定管内壁。洗净的滴定管内壁应完全被水润湿而不挂水珠。若管壁挂有水珠，则表示其仍附有油污，需用洗液装满滴定管浸泡 10～20min，回收洗液，再用自来水洗净。

(2) 涂脂与检漏

酸式滴定管的旋塞必须涂脂，以防漏水并保证转动灵活。其方法是：将滴定管平放于实验台上，取下旋塞，用滤纸将洗净的旋塞栓和栓管擦干（绝对不能有水），在旋塞栓粗端和细端均匀地涂上一层凡士林，然后将旋塞小心地插入栓管中（注意不要转着插，以免将凡士林弄到栓孔使滴定管堵塞），向同一方向转动旋塞，如图 4-28 所示，直到全部透明。为了防止旋塞栓从栓管中脱出，可用橡皮筋把旋塞栓系牢，或用橡皮筋套住旋塞末端。凡士林不可涂得太多，否则易使滴定管的细孔堵塞；涂得太少则润滑不够，旋塞栓转动不灵活，甚至会漏水。涂好的旋塞应当透明、无纹络、旋转灵活，涂完脂后，在滴定管中加少许水，检查是否堵塞或漏水。若碱式管漏水，可更换乳胶管或玻璃珠。若酸式管漏水或旋塞转动不灵，则应重新涂凡士林，直到满意为止。

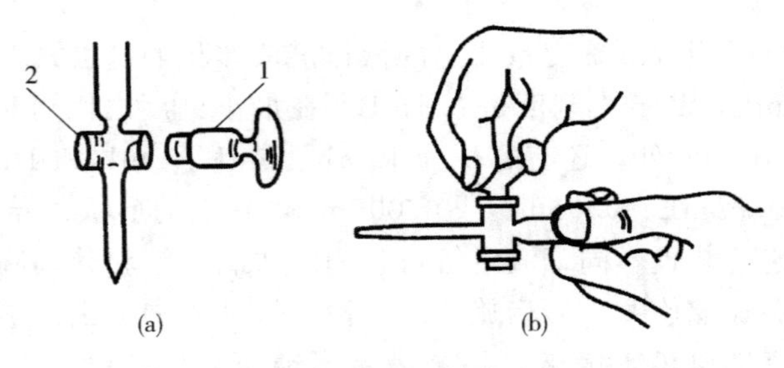

图 4-28 旋塞栓的涂脂

1—旋塞栓；2—旋塞栓管

(3) 润冲

用自来水洗净的滴定管，首先要用蒸馏水润冲 2～3 次，以避免管内残存的自来水影响测定结果。每次润冲加入 5～10mL 蒸馏水，并打开旋塞使部分水由此流出，以冲洗出口管。然后关闭旋塞，两手平端滴定管慢慢转动，使水流遍全管。最后边转动边向管口倾斜，将其余的水从管口倒出。用蒸馏水润冲后，再按上述操作方法，用待装标准溶液润冲滴定管 2～3 次，确保待装标准溶液不被残存的蒸馏水稀释。每次取标准溶液前，要将瓶中的溶液摇匀，然后倒出使用。

(4) 装液

关好旋塞，左手拿滴定管，略微倾斜，右手拿住瓶子或烧杯等容器向滴定管中注入标准溶液。不要注入太快，以免产生气泡，待至液面到“0”刻度线附近为止。用布擦净外壁。

(5) 气泡的排除

装入操作液的滴定管，应检查出口下端是否有气泡，如有应及时排除。其方法是：取下滴定管倾斜成约 45°角，若为酸式管，可用手迅速打开旋塞（反复多次），使溶液冲出带走气泡，若为碱式管，则将胶皮管向上弯曲，用两指挤压稍高于玻璃珠所在处，使溶液从管口喷出，气泡亦随之而排去，如图 4-29 所示，排除气泡后，再把操作液加至“0”刻度处或稍下。滴定管下端如悬挂液滴也应当除去。

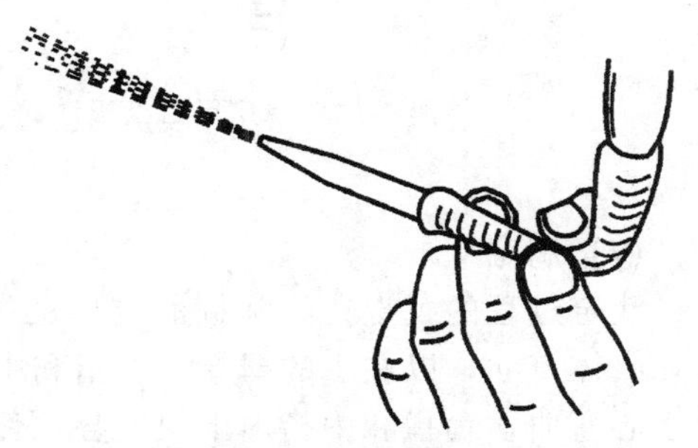

图 4-29 碱式滴定管气泡的排除

(6) 读数

读数前，滴定管应垂直静置 1min。读数时，管内壁应无液珠，管出口的尖嘴内应无气泡，尖嘴外应不挂液滴，否则读数不准。读数方法是：取下滴定管用右手大拇指和食指捏住滴定管上部无刻度处，使滴定管保持垂直，并使自己的视线与所读的液面处于同一水平面上（图 4-30），也可以把滴定管垂直地固定在管架上进行读数。对无色或浅色溶液，读取弯月面下层最低点；对有色或深色溶液，则读取液面最上缘。读数要准确至小数点后第二位。为了帮助读数，可用带色纸条围在滴定管外弧形液面下的一格处，当眼睛恰好看到纸条前后边缘相重合时，在此位置上可较准确地读出弯月面所对应的液体体积刻度（图 4-31）；也可以采用黑白纸板作辅助（图 4-32），这样能更清晰地读出黑色弯月面所对应的滴定管读数。若滴定管带有白底蓝条，则调整眼睛和液面在同一水平后，读取两尖端相交处的读数（图 4-33）。

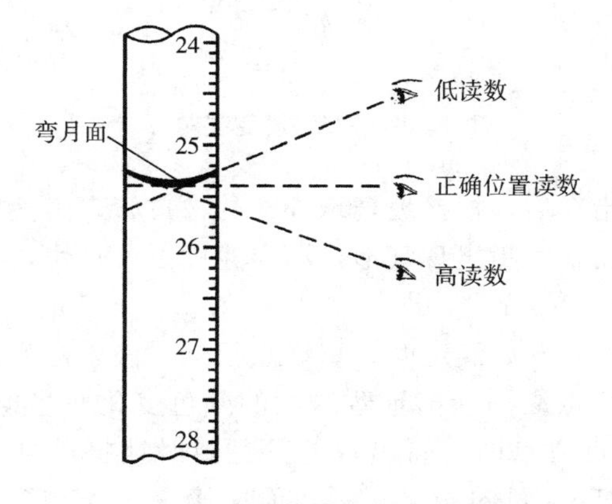

图 4-30 滴定管的正确读数方法

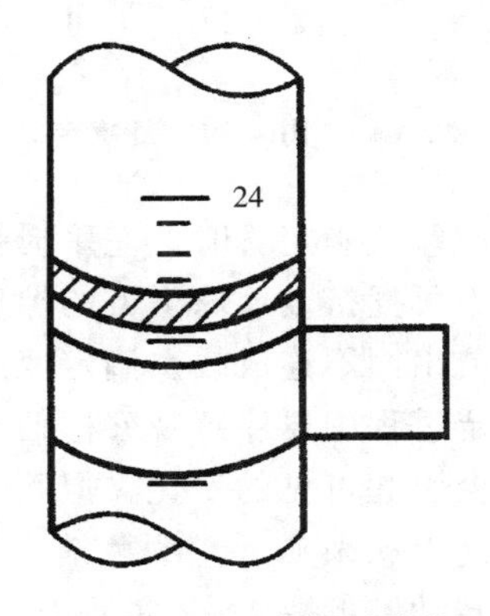

图 4-31 用纸条帮助读数

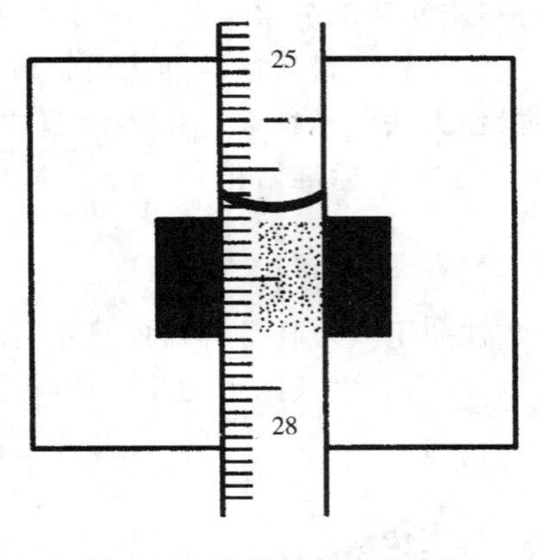

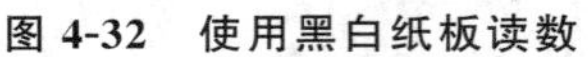
图 4-32　使用黑白纸板读数

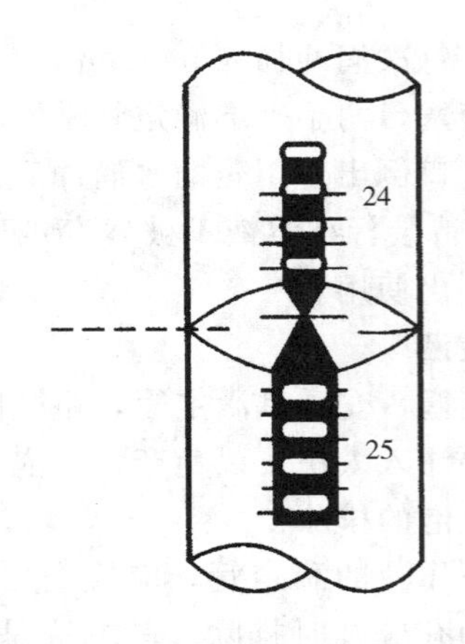

图 4-33　带篮条滴定管的读数

(7) 滴定

滴定过程的关键在于掌握滴定管的操作方法及溶液的混匀方法。使用酸式滴定管滴定时，身体直立，以左手的拇指、食指和中指轻轻地拿住旋塞柄，无名指及小指抵住旋塞下部并手心弯曲，食指和中指由下向上各顶住旋塞柄一端，拇指在上面配合转动（图 4-34）。转动旋塞时应注意不要让手掌顶出旋塞而造成漏液。右手持锥形瓶使滴定管管尖伸入瓶内，边滴定边摇动锥形瓶，如图 4-35 所示，瓶底应向同一方向（顺时针）做圆周运动，不可前后振荡，以免溅出溶液。滴定和摇动溶液要同时进行，不能脱节。在整个滴定过程中，左手一直不能离开旋塞而任溶液自流。锥形瓶下面的桌面上可衬白纸，使终点易于观察。

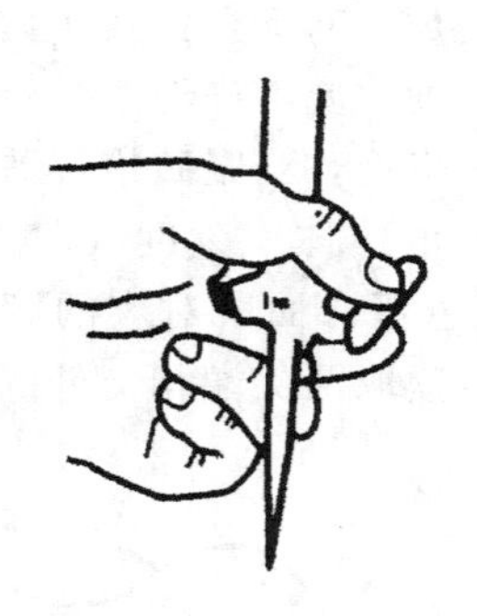

图 4-34　旋塞转动的姿势

图 4-35　滴定姿势

使用碱式滴定管时，左手拇指在前，食指在后，捏挤玻璃珠外面的橡皮管，溶液即可流出，但不可捏挤玻璃珠下方的橡皮管，否则会在管嘴出现气泡。滴定速度不可过快，要使溶液逐滴流出而不连成线。滴定速度一般为 $10mL \cdot min^{-1}$，即每秒 3～4 滴。

滴定过程中要注意观察标准溶液的滴落点。开始滴定时，离终点很远，滴入标准溶液时一般不会引起可见的变化，但滴到后来，滴落点周围会出现暂时性的颜色变化而当即消失，随着离终点愈来愈近，颜色消失渐慢，在接近终点时，新出现的颜色暂时地扩散到较大范围，但转动锥形瓶 1～2 圈后仍完全消失。此时应不再边滴边摇，而应滴一滴摇几下。通常最后滴入半滴，溶液颜色突然变化而半分钟内不褪，则表示终点已到达。滴加半滴溶液时，可慢慢控制旋塞，使液滴悬挂管尖而不滴落，用锥形瓶内壁将液滴擦下，再用洗瓶以少量蒸馏水将之冲入锥形瓶中。

滴定过程中，尤其临近终点时，应用洗瓶将溅在瓶壁上的溶液洗下去，以免引起误差。滴定完毕，应将剩余的溶液从滴定管中倒出，用水洗净。对于酸式滴定管，若较长时间放置不用，还应将旋塞拔出，洗去润滑脂，在旋塞栓与柱管之间夹一小纸片，再系上橡皮筋。

4.10 试纸的使用

在无机及分析化学实验中经常采用试纸来定性检验一些溶液的酸碱性或某些物质（气体）是否存在，这些试纸操作简单，使用方便。试纸的种类很多，无机及分析化学实验中常用的有：石蕊试纸、pH 试纸、乙酸铅试纸和淀粉-碘化钾试纸等。

4.10.1 石蕊试纸

石蕊试纸用于检验溶液的酸碱性，有红色石蕊试纸和蓝色石蕊试纸两种。红色石蕊试纸用于检验碱性溶液（或气体），遇碱时变蓝；蓝色石蕊试纸用于检验酸性溶液（或气体），遇酸时变红。

制备方法：用热酒精处理市售石蕊以除去其中夹杂的红色素。倾去浸液后将一份固体与六份水浸煮并不断摇荡，滤去不溶物。将滤液分成两份，一份加稀 H_3PO_4 或 H_2SO_4 至变红，另一份加稀 NaOH 至变蓝，然后将滤纸分别浸入这两种溶液中，取出后在避光且没有酸碱蒸气的房中晾干，剪成纸条即可。

使用方法：用镊子取一小块试纸放在干燥清洁的点滴板或表面皿上，用蘸有待测液的玻璃棒点试纸的中部，观察被润湿试纸颜色的变化。如果检验的是气体，则先将试纸用去离子水润湿，再用镊子夹持横放在试管口上方，观察试纸颜色的变化。

4.10.2 pH 试纸

用以检验溶液的 pH。pH 试纸分两类：一类是广范 pH 试纸，变色范围为 pH＝1～14，用来粗略检验溶液的 pH。另一类是精密 pH 试纸，这种试纸在溶液 pH 变化较小时就有颜色变化，因而可较精确地估计溶液的 pH。根据其颜色变化范围可分为多种，如变色范围为 pH 2.7～4.7、3.8～5.4、5.4～7.0、6.9～8.4、8.2～10.0、9.5～13.0 等。可根据待测溶液的酸碱性，选用某一变色范围的试纸。

制备方法：广范 pH 试纸是将滤纸浸泡于通用指示剂溶液中，然后取出晾干，裁成小条而成。通用指示剂是几种酸碱指示剂的混合溶液，它在不同 pH 的溶液中可显示不同的颜色。通用酸碱指示剂有多种配方，如通用酸碱指示剂 B 的配方为：1g 酚酞、0.2g 甲基红、0.3g 甲基黄、0.4g 溴百里酚蓝，溶于 500mL 无水乙醇中，滴加少量 NaOH 溶液调至黄色。这种指示剂在不同 pH 溶液中的颜色列于表 4-4 中。

表 4-4 酸碱指示剂 B 在不同 pH 溶液中的颜色

pH	2	4	6	8	10
颜色	红	橙	黄	绿	蓝

通用酸碱指示剂 C 的配方是：0.05g 甲基橙、0.15g 甲基红、0.3g 溴百里酚蓝和 0.35g 酚酞，溶于 66%的酒精中。它在不同 pH 溶液中的颜色列于表 4-5 中。

表 4-5 酸碱指示剂 C 在不同 pH 溶液中的颜色

pH	<3	4	5	6	7	8	9	10	11
颜色	红	橙红	橙	黄	黄绿	绿蓝	蓝	紫	红紫

pH 试纸使用方法：与石蕊试纸使用基本方法相同。不同之处在于 pH 试纸变色后要和标准色板进行比较，方能得出 pH 或 pH 范围。

4.10.3 乙酸铅试纸

乙酸铅试纸主要用于定性检验反应中是否有 H_2S 气体或者溶液中是否有 S^{2-} 存在。

制备方法：将滤纸浸入 3%$Pb(Ac)_2$溶液中，取出后在无 H_2S 处晾干，裁剪成条。

使用方法：将试纸用去离子水润湿，加酸于待测液中，将试纸横置于试管口上方，如有 H_2S 逸出，遇润湿 $Pb(Ac)_2$试纸后，即有黑色（亮灰色）PbS 沉淀生成，使试纸呈黑褐色并有金属光泽。

$$Pb(Ac)_2 + H_2S \longrightarrow PbS(黑色) + 2HAc$$

4.10.4 淀粉-碘化钾试纸

淀粉-碘化钾用于定性检验氧化性气体如 Cl_2、Br_2等，其原理是：

$$2I^- + Cl_2 \longrightarrow I_2 + 2Cl^-$$

I_2和淀粉作用呈蓝色。如气体氧化性很强，且浓度较大，还可进一步将 I_2氧化成 IO_3^-（无色），使蓝色褪去：

$$I_2 + 5Cl_2 + 6H_2O \longrightarrow 2HIO_3 + 10HCl$$

制备方法：将 3g 淀粉与 25mL 水搅拌均匀，倾入 225mL 沸水中，加 1g KI 及 1g $Na_2CO_3 \cdot 10H_2O$，用水稀释至 500mL，将滤纸浸入，取出晾干，裁成纸条即可。

使用方法：先将试纸用去离子水润湿，将其横在试管口的上方，如有氧化性气体（如 Cl_2、Br_2等），则试纸变蓝。使用试纸时，要注意节约，除把试纸剪成小条外，用时不要多取，用多少取多少。取用后，马上盖好瓶盖，以免试纸被污染变质。用后的试纸要放在废液缸内，不要丢在水槽内，以免堵塞下水道。

5

无机化合物的提纯和制备

实验1　仪器的认领和洗涤

【实验目的】

(1) 熟悉无机化学实验室的设置、规则和要求。

(2) 熟知常用实验仪器名称、规格、使用方法和注意事项。

(3) 学习并练习常用仪器的洗涤和干燥方法。

【基本操作】

(1) 仪器的洗涤方法

① 冲洗法　可溶性污染物可用水振荡冲洗而去除。

向仪器中注入少量水（约占总容量1/3），稍用力振荡后将水倒出，如此反复冲洗数次。

② 刷洗法　内壁附有不易冲洗掉的物质，可用毛刷刷洗。

根据所洗仪器的口径大小选取合适的毛刷，向仪器中注入一半水，确定好手拿部位，用毛刷来回柔力刷洗。

③ 用去污粉等洗涤剂刷洗　用少量水将仪器润湿，将湿润的毛刷蘸取少量去污粉（或其他洗涤剂）来回柔力刷洗，待仪器内外壁都仔细擦洗后，用自来水冲洗干净。

④ 特殊物质的去除　根据粘在器壁上的物质，采用适当的试剂进行处理。

⑤ 洗净标准　已洗净的仪器清洁透明，内壁被水均匀润湿（不挂水珠）。

(2) 仪器的干燥方法

① 晾干　不急用的仪器，可倒置在实验柜内或仪器架上自然晾干。

② 烘干　洗净的仪器可放在气流式烘干器或干燥箱内烘干。

③ 吹干　用压缩空气机或吹风机把洗净的仪器吹干。

④ 烤干　急用的仪器可置于石棉网上用小火烤干，试管可以用试管夹夹住直接用小火烤干，操作时必须使试管口略向下倾斜（防止水珠倒流引起试管炸裂）并不时来回移动，赶掉水滴，烤到不见水滴时，试管口向上，把水汽赶尽。

⑤ 有机溶剂干燥　洗净的仪器内加入少量有机溶剂（如乙醇、丙酮等），转动仪器使内壁均匀润湿一遍倒出（回收），晾干或吹干。

【仪器和试剂】

试管，烧杯，量筒，漏斗，酒精灯，毛刷，去污粉。

【实验步骤】

（1）仪器的认领

按仪器单认领无机实验常用仪器，并熟悉其名称、规格、使用方法及注意事项。

（2）仪器的洗涤

将领取的仪器洗涤干净，并接受老师的检查。将洗净的仪器按要求摆放于实验柜中。

（3）仪器的干燥

取两支试管进行干燥（用两种方法干燥）。

【注意事项】

（1）对于比较精密的仪器，不能用毛刷刷洗，且不宜用碱液、去污粉洗涤，已洗净的仪器，不要用布或纸擦干，否则，布或纸上的纤维及污物会沾污仪器。

（2）带有刻度的计量仪器不能用加热的方法进行干燥，以免影响仪器的精密度。

【思考题】

（1）下列操作是否正确？

① 反应容器内的废液未倾倒就注水洗涤。

② 将几支试管握在一起刷洗。

③ 用吹风机的热风将容量瓶吹干。

（2）烤干试管时，为什么将试管口略向下倾斜？

实验2 各种灯的使用、简单玻璃加工技术和塞子的钻孔

【实验目的】

（1）了解酒精喷灯的构造和原理，掌握使用方法。

（2）练习简单的玻璃加工操作。

（3）练习塞子的钻孔操作。

【基本操作】

（1）酒精喷灯的构造和使用

酒精喷灯是实验中常用的热源，火焰温度在800℃左右，最高可达1000℃，主要用于需加强热的实验、玻璃加工等。酒精喷灯按形状可分为座式酒精喷灯和挂式酒精喷灯。常用的是座式酒精喷灯，下面介绍座式酒精喷灯的结构、使用方法及维护。

① 座式酒精喷灯的外形结构如图5-1所示。它主要由酒精入口、酒精壶、预热盘、预热管、燃烧管、空气调节杆等组成。预热管与燃烧管焊在一起，中间有一细管相通，使蒸发的酒精蒸气从喷嘴喷出，在燃烧管燃烧。通过空气调节杆，控制火焰的大小。喷灯的火力，主要靠酒精蒸气与空气混合后燃烧而获得高温火焰。

② 使用方法。

a. 旋开旋塞通过漏斗把酒精倒入酒精壶中，至壶总容量的2/5～2/3，不得注满，也不

能过少。过满易发生危险，过少则灯芯线会被烧焦，影响燃烧效果。拧紧旋塞，避免漏气。每耗用酒精 200mL，可连续工作半小时左右。

新灯或长时间未使用的喷灯，点燃前需将灯体倒转 2～3 次，使灯芯浸透酒精。

b. 将喷灯放在石棉板或大的石棉网上（防止预热时喷出的酒精着火），往预热盘中注入酒精并将其点燃。等预热管内酒精受热汽化并从喷口喷出时，预热盘内燃着的火焰就会将喷出的酒精蒸气点燃，有时也需用火柴点燃。

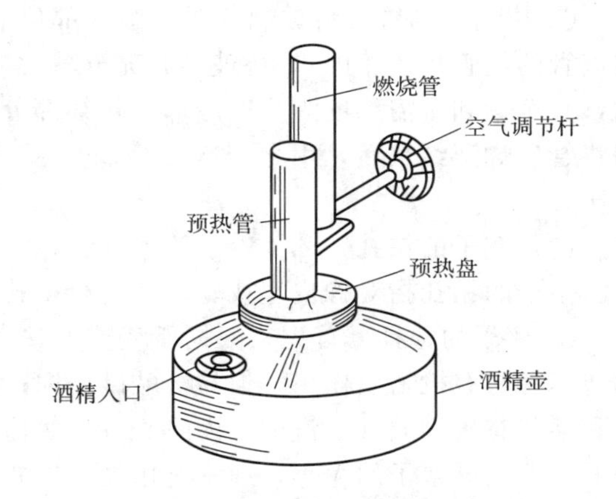

图 5-1　座式酒精喷灯的外形结构

c. 移动空气调节杆（逆时针转开），使火焰按需求稳定。

d. 停止使用时，可用石棉网覆盖燃烧口，同时移动空气调节杆，关闭空气入口即喷灯熄火。

e. 稍微拧松旋塞（铜帽），使灯壶内的酒精蒸气放出，将剩余酒精倒出。

③ 维护。

a. 严禁使用开焊的喷灯。

b. 严禁用其他热源加热灯壶。

c. 若经过两次预热后，喷灯仍然不能点燃时，应暂时停止使用。应检查接口处是否漏气（可用火柴点燃检验），喷出口是否堵塞（可用探针进行疏通）和灯芯是否完好（灯芯烧焦，变细应更换），待修好后方可使用。

d. 喷灯连续使用时间为 30～40min 为宜。使用时间过长，灯壶的温度逐渐升高，导致灯壶内部压强过大，喷灯会有崩裂的危险，可用冷湿布包住喷灯下端以降低温度。

e. 在使用中如发现灯壶底部凸起时应立刻停止使用，查找原因（可能使用时间过长、灯体温度过高或喷口堵塞等）并做相应处理后方可使用。

（2）玻璃加工操作

① 玻璃棒（管）的截断和熔光　根据需要截取一定长度的玻璃棒（管）。将玻璃棒（管）平放于实验台上，在需要截断处用锉刀的棱边朝一个方向锉出一道凹痕（注意：只向一个方向锉，不能来回锉），锉出的凹痕应与玻璃棒（管）垂直，这样折断后的玻璃棒（管）的平面才能是平整的，然后双手持玻璃棒（管）将凹痕向外，用拇指在凹痕的背面轻轻外推，同时两手向外拉，折断玻璃棒（管）。

玻璃棒（管）的截面很锋利，需要进行熔光（也称圆口）。操作时，将截面斜插入氧化焰中加热，并不断来回转动玻璃棒（管），直至截面变为红热平滑为止。

② 弯曲玻璃管　将玻璃管左右移动预热，加热时双手平持玻璃管同时缓慢而匀速地转动玻璃管，使其受热均匀（注意两手要用力均匀，防止玻璃管扭曲），为增大玻璃管受热面积，可倾斜玻璃管或左右移动进行加热，当玻璃管烧至发黄并充分软化时，从火焰中取出，稍等瞬间轻轻用力弯曲成所需角度。若所需角度较小时，可分几次弯曲完成，操作时注意每次加热的部位要稍有偏移。合格的玻璃管不仅角度要符合要求，弯曲处还要圆而不扁，整个玻璃管侧面应处于同一水平面上。

③ 拉制玻璃管　将玻璃管要拉细的部位放于氧化焰中加热并不断转动玻璃管（与弯曲玻璃管的烧管操作相同），待玻璃管充分软化时，立即取出，边旋转边沿水平方向向两端拉动，直至达到所需细度为止。冷却，拉细部分截断后形成的尖嘴应熔光，粗的一端应扩口，即将管口烧至红热后，用金属锉刀柄斜放管口内迅速而均匀地旋转或直接向石棉网上轻轻一压。

(3) 塞子的钻孔

塞子的钻孔指对橡皮塞或软木塞进行钻孔，具体操作如下。

① 塞子的选择　首先，根据所盛或所接触物质的性质选用不同种类的塞子，例如，软木塞不易与有机物质作用，但易被酸碱侵蚀；橡皮塞耐强碱性物质的侵蚀，但易被酸、氧化剂和某些有机物质（如汽油、丙酮、苯、氯仿、二氧化碳等）侵蚀。其次，根据瓶口或仪器口的尺寸选择塞子的大小，通常选用能塞进瓶口或仪器口 1/2～1/3（相对于塞子本身高度）的塞子，塞进过多或过少的塞子都不合适。

② 钻孔器的选择　钻孔器是一组直径不同的金属管，一端有柄，另一端管口很锋利，用来钻孔，还有一根带柄的细棒，用以去除进入钻孔器管内的橡皮或软木。通常根据塞子的种类和塞子上所需孔的大小来选择合适的钻孔器，对于橡皮塞应选择比孔径稍大的钻孔器(因为橡皮塞有弹性，孔钻完成后会收缩使孔径变小)，软木塞应选择比孔径略小的钻孔器(因为软木塞质软而疏松，插入其他玻璃管或温度计而保持接触严密)。

③ 钻孔的操作方法　将塞子小的一端向上，平放于垫板上（防止桌面损坏），左手用力按住塞子，右手握住钻孔器，并在钻孔器锋利一端涂抹上润滑剂（如水、凡士林、甘油等），在塞子选定位置上，将钻孔器垂直于塞子沿一个方向一边旋转，一边用力向下压，钻至超过塞子高度 2/3 时，将钻孔器沿相反方向旋转并拔出，调换塞子大的一端向上，对准小的一端所钻孔的位置以相同方法钻孔，直到两端孔打通为止，拔出钻孔器。所钻的孔不仅大小要合适，且两端孔的方位要一致，即所钻孔要平滑，连接自然。若所钻孔略小或稍不平滑，可用圆锉适当修整，若塞孔过大，则塞子不能使用。

【仪器和试剂】

酒精喷灯，石棉网，锉刀，木板，钻孔器，橡皮塞，玻璃管，玻璃棒，燃料酒精，凡士林。

【实验步骤】

(1) 观察酒精喷灯的构造，正确点燃和熄灭酒精喷灯，调节火焰以备以下实验使用。

(2) 玻璃棒（管）的简单加工

① 玻璃棒的制作：截取长度约 15cm、20cm 的玻璃棒两根，并将截面熔光。

② 玻璃弯管的制作：截取长度约为 20cm 的玻璃管两根，制成 120°弯管 10cm＋10cm 1 支，90°弯管 5cm＋15cm 1 支。

③ 滴管的制作：截取长度约为 20cm 的玻璃管 2 根，加热烧熔拉制成滴管 4 支，注意尖嘴的熔光和另一端的扩口，制成滴管的规格要求为滴出 20～25 滴水的体积约为 1mL。

(3) 练习塞子的钻孔操作：选取橡皮塞一个，根据 90°弯管管径大小钻出合适的孔径，并将玻璃管插入橡皮塞中。

【思考题】

(1) 使用酒精喷灯在安全方面应注意什么?

(2) 进行玻璃加工操作时,为了避免割伤和烫伤应注意些什么?

(3) 在弯曲和拉制玻璃管时,能否直接在火焰上进行操作?

(4) 塞子钻孔时,如何选择钻孔器?操作时注意事项有哪些?

实验3 粗食盐的提纯

【实验目的】

(1) 熟悉粗食盐的提纯过程及方法,掌握粗食盐的提纯原理。

(2) 练习称量、溶解、过滤、蒸发、结晶等基本操作。

(3) 学习定性检验产品纯度的方法。

【实验原理】

粗食盐中常含有泥沙、木屑等不溶性杂质及 Ca^{2+}、Mg^{2+}、Fe^{3+}、K^{+}、SO_4^{2-}、CO_3^{2-} 等可溶性杂质。将粗食盐溶于水后,通过过滤的方法除去不溶性杂质。可溶性杂质可采用化学方法,加入合适的试剂使之转化为沉淀,过滤除去。方法如下。

在粗食盐中加入稍过量的 $BaCl_2$ 溶液,将 SO_4^{2-} 转化为 $BaSO_4$ 沉淀,过滤除去。

$$Ba^{2+} + SO_4^{2-} \longrightarrow BaSO_4 \downarrow$$

再向溶液中加入 NaOH 和 Na_2CO_3 溶液,可将 Ca^{2+}、Mg^{2+}、Fe^{3+} 及过量的 Ba^{2+} 转化为相应的沉淀,过滤除去。

$$Ca^{2+} + CO_3^{2-} \longrightarrow CaCO_3 \downarrow$$

$$Mg^{2+} + 2OH^{-} \longrightarrow Mg(OH)_2 \downarrow$$

$$2Mg^{2+} + 2OH^{-} + CO_3^{2-} \longrightarrow Mg_2(OH)_2CO_3 \downarrow$$

$$2Fe^{3+} + 3CO_3^{2-} + 3H_2O \longrightarrow 2Fe(OH)_3 \downarrow + 3CO_2 \uparrow$$

$$Fe^{3+} + 3OH^{-} \longrightarrow Fe(OH)_3 \downarrow$$

$$Ba^{2+} + CO_3^{2-} \longrightarrow BaCO_3 \downarrow$$

用稀 HCl 调节溶液 pH 至 2~3,可除去 OH^{-} 和 CO_3^{2-}。

$$2H^{+} + CO_3^{2-} \longrightarrow CO_2 \uparrow + H_2O$$

$$H^{+} + OH^{-} \longrightarrow H_2O$$

粗食盐中的 K^{+} 与上述试剂不反应,仍留在溶液中。由于 NaCl 溶解度随温度升高变化不大,蒸发浓缩时先达到过饱和而析出,KCl 溶解度随温度变化较大,且含量较少,所以浓缩结晶时,NaCl 晶体析出而 KCl 仍留在母液中,可分离除去。

【仪器和试剂】

(1) 仪器

台秤,烧杯(100mL),量筒(10mL、100mL),玻璃棒,漏斗,漏斗架,布氏漏斗,吸滤瓶,真空泵,表面皿,蒸发皿,三脚架,泥三角,坩埚钳,酒精灯,滤纸,pH 试纸,点滴板,石棉网。

（2）试剂

粗食盐，氯化钠（AR），2mol·L^{-1} HCl，2mol·L^{-1} NaOH，1mol·L^{-1} $BaCl_2$，1mol·L^{-1} Na_2CO_3，95%乙醇，镁试剂，饱和 $(NH_4)_2C_2O_4$。

【实验步骤】

（1）粗食盐的提纯

① 称量和溶解　在台秤上称取 5.0g 粗食盐于 100mL 小烧杯中，加 25mL 蒸馏水，加热搅拌使其基本溶解。

② 除 SO_4^{2-}　将溶液加热至近沸，边搅拌边滴加 1mL 1mol·L^{-1} $BaCl_2$溶液，继续煮沸数分钟，使硫酸钡颗粒长大易于过滤。将烧杯从石棉网上取下，待沉淀沉降后，沿烧杯壁向上层清液中滴加 2～3 滴 $BaCl_2$溶液，如果溶液中出现浑浊，表明 SO_4^{2-} 未除尽，继续向溶液中滴加 $BaCl_2$溶液，直至 SO_4^{2-} 沉淀完全（即上层清液不再产生浑浊）为止。

③ 除 Ca^{2+}、Mg^{2+}、Fe^{3+} 和 Ba^{2+}　向溶液中加入 10～15 滴 2mol·L^{-1} NaOH 溶液和 2mL 1mol·L^{-1} Na_2CO_3溶液（或只加入 4mL 1mol·L^{-1} Na_2CO_3溶液），加热至沸，检验沉淀是否完全。沉淀完全后，常压过滤，保留滤液，弃去沉淀。

④ 除 OH^- 和 CO_3^{2-}　在滤液中逐滴加入 2mol·L^{-1} HCl 溶液，使 pH 达到 3～4。

⑤ 蒸发与结晶　将溶液转移至蒸发皿中，小火加热并不断搅拌，蒸发浓缩到溶液呈稀糊状为止（注：切勿蒸干）。冷却至室温，减压抽滤，用滴管吸取少量 95%乙醇洗涤产品，抽干。

⑥ 产率计算　将产品转移至蒸发皿中，放于石棉网上，用小火加热并搅拌，将产品烤干。冷却后称量其质量，计算产率。

$$产率=\frac{晶体质量(g)}{5.0g}\times 100\%$$

（2）定性检验

称取粗食盐和提纯后的产品各 1g 放入两个试管中，加 6mL 蒸馏水将其溶解，然后各分成三等份，盛在六支试管中，分成三组，用对比法比较它们的纯度，见表 5-1。

表 5-1　粗食盐定性检验

检验离子	检验方法	现象	
		粗食盐溶液	产品溶液
SO_4^{2-}	1mol·L^{-1} $BaCl_2$溶液		
Ca^{2+}	$(NH_4)_2C_2O_4$饱和溶液		
Mg^{2+}	NaOH 溶液与镁试剂		

① SO_4^{2-} 的检验　向第一组试管中各滴加 2 滴 1mol·L^{-1} $BaCl_2$溶液，观察现象。

② Ca^{2+} 的检验　向第二组试管中各滴加 2 滴$(NH_4)_2C_2O_4$饱和溶液，观察现象。

③ Mg^{2+} 的检验　向第三组试管中各滴加 2 滴 2mol·L^{-1} NaOH 溶液，再加入 1 滴镁试剂，如有蓝色沉淀产生，示有 Mg^{2+} 存在。

【注意事项】

镁试剂是对硝基苯偶氮间苯二酚，在酸性溶液中呈黄色，在碱性溶液中呈红色或紫色，当被 $Mg(OH)_2$吸附后则呈天蓝色。

【思考题】

(1) 在除去 Ca^{2+}、Mg^{2+}、Fe^{3+}、SO_4^{2-} 时，为什么要先加入 $BaCl_2$ 溶液，然后再加入 Na_2CO_3 溶液？

(2) 能否用 $CaCl_2$ 代替 $BaCl_2$ 来除去 SO_4^{2-}？

(3) 5.0g 粗食盐溶解于 25mL 蒸馏水中，所配制的溶液是否饱和？能否配制成饱和溶液，为什么？

(4) 在粗食盐提纯过程中，若加热温度过高或时间过长，液面上会有小晶体出现，这是什么物质？能否过滤除去？应怎样处理？

(5) 根据实验结果，请分析实验产率过高或过低的原因。

实验4 硫酸铜晶体的制备

【实验目的】

(1) 了解金属氧化物与酸作用制备盐的方法。

(2) 练习并巩固加热、蒸发浓缩、减压过滤、重结晶等基本操作。

(3) 了解产品纯度检验的原理及方法。

【实验原理】

$CuSO_4 \cdot 5H_2O$ 俗称胆矾、蓝矾或孔雀石，是蓝色透明三斜晶体，易溶于水和氨水，难溶于乙醇，加热时易失去结晶水，当达到 258℃ 时失去全部结晶水变成白色的 $CuSO_4$。$CuSO_4 \cdot 5H_2O$ 是制备其他铜化合物的重要原料，还可用作纺织品的媒染剂、农业杀虫剂、水的杀虫剂等。

$CuSO_4 \cdot 5H_2O$ 的生产方法有多种，如电解液法、氧化铜法、废铜法等。工业上常用电解液法，即将电解液与铜粉作用后，经冷却结晶分离而制得。

纯铜属于不活泼金属，不能溶于非氧化性酸中，但其氧化物在稀酸中却极易溶解。本实验采用粗 CuO 为原料，与稀硫酸作用来制备 $CuSO_4$。反应式为：

$$CuO + H_2SO_4 \xlongequal{} CuSO_4 + H_2O$$

粗制的 $CuSO_4$ 中含有 Fe^{2+}、Fe^{3+} 等可溶性杂质及不溶性杂质。不溶性杂质可过滤除去，可溶性杂质可用下列方法除去：用氧化剂 H_2O_2 将 Fe^{2+} 氧化为 Fe^{3+}，调节溶液 pH 至 3.5～4.0，使 Fe^{3+} 水解成 $Fe(OH)_3$ 沉淀而除去。反应式为：

$$2Fe^{2+} + H_2O_2 + 2H^+ \xlongequal{} 2Fe^{3+} + 2H_2O$$

$$Fe^{3+} + 3H_2O \xlongequal{} Fe(OH)_3\downarrow + 3H^+$$

除去铁离子的滤液经蒸发浓缩，即可得到 $CuSO_4 \cdot 5H_2O$ 晶体，其他微量杂质在硫酸铜结晶时，留在母液中除去。

【仪器和试剂】

(1) 仪器

台秤，蒸发皿，漏斗，漏斗架，布氏漏斗，吸滤瓶，真空泵，表面皿，滴管，酒精灯，水浴锅，烧杯（100mL），量筒（10mL、100mL），滤纸，pH 试纸。

(2) 试剂

CuO（工业级），2mol·L^{-1} H_2SO_4，1mol·L^{-1} H_2SO_4，2mol·L^{-1} HCl，3% H_2O_2，2mol·L^{-1} $NH_3·H_2O$，6mol·L^{-1} $NH_3·H_2O$，1mol·L^{-1} KSCN。

【实验步骤】

(1) $CuSO_4·5H_2O$ 的制备

称取 3.5g CuO 于 100mL 小烧杯中，加入 30mL 2mol·L^{-1} H_2SO_4溶液，小火加热 20min，在加热过程中，可适量加水以保持溶液体积在 30mL 左右。趁热过滤[1]，将滤液转移到蒸发皿中，小火加热，蒸发浓缩至表面出现晶膜为止。取下蒸发皿，冷却结晶，减压抽滤得粗制的 $CuSO_4·5H_2O$，晶体用滤纸吸干，称量粗产品质量，计算产率。

产品质量/g ＿＿＿＿＿＿；理论产量/g ＿＿＿＿＿＿；产率/% ＿＿＿＿＿＿

(2) $CuSO_4·5H_2O$ 的提纯

称取 1g 粗产品留作分析样品，余下的晶体放入小烧杯中，加入 25mL 水，加热溶解。冷却[2]，滴加 2mL 3% H_2O_2，将溶液加热，同时滴加 2mol·L^{-1} $NH_3·H_2O$ 至溶液的 pH＝4，再多加 1～2 滴，加热片刻，静置，使生成的 $Fe(OH)_3$及其他不溶物沉降。过滤，滤液转移到蒸发皿中，滴加 1mol·L^{-1} H_2SO_4溶液酸化，调节 pH 至 1～2，加热，蒸发浓缩至液面出现晶膜，冷却结晶（可用冷水冷却），抽滤，取出晶体，放在两层滤纸中间挤压，以吸干水分，称量其质量，计算产率。

产品质量/g ＿＿＿＿＿＿；理论产量/g ＿＿＿＿＿＿；产率/% ＿＿＿＿＿＿

(3) $CuSO_4·5H_2O$ 纯度检验

① 将 1g 粗 $CuSO_4·5H_2O$ 晶体，放于小烧杯中，加 10mL 蒸馏水溶解，加入 1mL 1mol·L^{-1} H_2SO_4酸化，再加入 2mL 3% H_2O_2，煮沸片刻，使 Fe^{2+} 转化为 Fe^{3+}，待溶液冷却后，边搅拌边滴加 6mol·L^{-1} $NH_3·H_2O$，直至最初生成的蓝色沉淀完全溶解，溶液呈深蓝色为止。将此溶液分 4～5 次常压过滤[3]，用滴管吸取 6mol·L^{-1} $NH_3·H_2O$ 洗涤滤纸至蓝色消失，滤纸上留下黄色的 $Fe(OH)_3$沉淀。用少量蒸馏水冲洗，再用滴管将 3mL 热的 2mol·L^{-1} HCl 溶液逐滴滴加在滤纸上至 $Fe(OH)_3$沉淀全部溶解，以洁净的试管接收滤液。在所得滤液中加入 2 滴 1mol·L^{-1} KSCN 溶液，并加水稀释至 5mL，观察溶液颜色。保留溶液以供后面比较。

② 称取 1g 提纯过的 $CuSO_4·5H_2O$ 晶体，重复上述操作，比较两种溶液颜色的深浅，确定产品的纯度。

【附注】

[1] CuO 中杂质粒子比较细，过滤时，可用双层滤纸。

[2] H_2O_2受热易分解，因此滴加 H_2O_2时，必须先将溶液冷却至室温。过量的 H_2O_2可通过加热除去。

[3] 溶液本身呈蓝色，若溶液一次倒入太多，滤纸会被蓝色溶液全部或大部分润湿，以致用 $NH_3·H_2O$ 过多或洗不彻底，用 HCl 溶解 $Fe(OH)_3$沉淀时，$[Cu(NH_3)_4]^{2+}$ 便会一起流入试管，遇大量 SCN^- 生成黑色 $Cu(SCN)_2$沉淀影响检验结果：

$$Cu^{2+} + 2SCN^- \longrightarrow Cu(SCN)_2 \downarrow \text{（黑色）}$$

【思考题】

(1) 粗硫酸铜溶液中杂质 Fe^{2+} 为什么要氧化为 Fe^{3+} 后再除去？而除去 Fe^{3+} 时，为什么要调节溶液的 pH 为 3.5～4.0？pH 太大或太小有什么影响？

(2) $KMnO_4$、$K_2Cr_2O_7$、Br_2、H_2O_2 都可以氧化 Fe^{2+}，试分析选用哪种氧化剂更为合适，为什么？

(3) 为什么在精制后的硫酸铜溶液中调节 pH=1 使溶液呈强酸性？

(4) 在蒸发浓缩、结晶硫酸铜晶体时，为什么溶液表面刚出现晶膜就停止加热？能否将溶液蒸干？

(5) 试设计一个实验，由单质铜制备 $CuSO_4 \cdot 5H_2O$。

实验5 硫代硫酸钠晶体的制备

【实验目的】

(1) 了解硫代硫酸钠的制备方法。

(2) 练习溶解、过滤、结晶等基本操作。

(3) 学习 SO_3^{2-} 与 SO_4^{2-} 的半定量比浊分析法。

(4) 掌握 $Na_2S_2O_3 \cdot 5H_2O$ 含量的测定方法。

【实验原理】

$Na_2S_2O_3 \cdot 5H_2O$ 俗称海波，又称大苏打，易溶于水，其水溶液呈弱碱性。制备硫代硫酸钠晶体的方法有多种，本实验采用亚硫酸钠溶液和硫粉反应，来制备硫代硫酸钠晶体。反应式为：

$$Na_2SO_3 + S \xlongequal{} Na_2S_2O_3$$

经过滤、蒸发、浓缩结晶，即可制得硫代硫酸钠晶体。制得的晶体一般含有 SO_3^{2-} 与 SO_4^{2-} 杂质，可用比浊法来半定量分析 SO_3^{2-} 与 SO_4^{2-} 的总含量。先用 I_2 将 SO_3^{2-} 和 SO_4^{2-} 分别氧化为 SO_4^{2-} 与 $S_4O_6^{2-}$，然后与过量的 $BaCl_2$ 反应，生成难溶的 $BaSO_4$，溶液变浑浊，且溶液的浑浊程度与溶液中 SO_3^{2-} 和 SO_4^{2-} 的总含量成正比。

制得的晶体中 $Na_2S_2O_3 \cdot 5H_2O$ 的含量可用碘量法来测量，以淀粉为指示剂，用碘标准溶液进行滴定，反应如下：

$$2S_2O_3^{2-} + I_2 \xlongequal{} S_4O_6^{2-} + 2I^-$$

根据消耗的标准 I_2 溶液的体积即可计算求得 $Na_2S_2O_3 \cdot 5H_2O$ 的含量。

【仪器和试剂】

(1) 仪器

烧杯（100mL），量筒（10mL、100mL），容量瓶（100mL），比色管（25mL），碱式滴定管（50mL），锥形瓶（250mL），移液管（10mL），表面皿，磁力加热搅拌器，酒精灯，蒸发皿，布氏漏斗，吸滤瓶，台秤，分析天平，洗耳球，石棉网。

(2) 试剂

硫粉（CP），Na_2SO_3（AR），0.1mol·L^{-1} HCl，无水乙醇，50%乙醇，0.1mol·L^{-1} I_2 溶液，0.1000mol·L^{-1} I_2 标准溶液，25%$BaCl_2$ 溶液，0.05mol·L^{-1} $Na_2S_2O_3$ 溶液，HAc-NaAc 缓冲溶液，1%淀粉溶液，酚酞。

【实验步骤】

(1) $Na_2S_2O_3 \cdot 5H_2O$ 的制备

① 称取 6.3g Na_2SO_3固体于烧杯中，加入 40mL 蒸馏水，加热搅拌使之溶解，用表面皿作盖，继续加热至沸。

② 称取硫粉 2g 于小烧杯中，加入少量 50%乙醇将硫粉调成糊状，在搅拌下分次加入近沸的 Na_2SO_3溶液中，继续加热保持沸腾 1h。在反应过程中，要经常搅拌，并注意适当补加水，保持溶液体积不少于 30mL 左右。

③ 反应完毕，趁热减压过滤，将滤液转移至蒸发皿中，在石棉网上加热、搅拌至溶液呈微黄色浑浊为止，冷却至室温即有大量晶体析出，静置一段时间后，减压过滤，并用少量无水乙醇洗涤晶体。取出晶体，干燥后称量，计算产率。

产品质量/g ＿＿＿＿＿＿；理论产量/g ＿＿＿＿＿＿；产率/% ＿＿＿＿＿＿

(2) SO_3^{2-} 和 SO_4^{2-} 的半定量分析

称取 1g 产品溶于 25mL 水中，加入 15mL 0.1mol•L^{-1} I_2溶液，然后滴加碘水使溶液呈浅黄色。将溶液定量转移至 100mL 容量瓶中，定容。吸取上述溶液 10.00～25mL 比色管中，加入 1mL 0.1mol•L^{-1} HCl 和 3mL 25%$BaCl_2$溶液，稀释至刻度，摇匀，放置 10min。然后加 1 滴 0.05mol•L^{-1} $Na_2S_2O_3$溶液，摇匀，立即与标准系列溶液［见注意事项（1）］进行比浊，确定产品等级。

(3) $Na_2S_2O_3 \cdot 5H_2O$ 含量的测定

准确称取 0.5000g（准确至 0.1mg）产品，用 20mL 水溶解，滴入 1～2 滴酚酞，加入 10mL HAc-NaAc 缓冲溶液（保证溶液弱酸性）。然后用 0.1000mol•L^{-1} I_2标准溶液进行滴定，以 1%淀粉为指示剂，直到 1min 内溶液的蓝色不褪去为止。计算含量，算式为：

$$w = \frac{Vc \times 0.2482 \times 2}{m} \times 100\%$$

式中，V 为所消耗 I_2标准溶液的体积，mL；c 为 I_2标准溶液物质的量浓度，mol•L^{-1}；m 为 $Na_2S_2O_3 \cdot 5H_2O$ 试样的质量，g；w 为 $Na_2S_2O_3 \cdot 5H_2O$ 的质量分数。

试样质量 m/g ＿＿＿＿＿＿；标准溶液的浓度 c/mol•L^{-1} ＿＿＿＿＿＿

I_2标准溶液的体积 V/mL ＿＿＿＿＿＿；质量分数 w/% ＿＿＿＿＿＿

【注意事项】

（1）标准系列溶液由实验室准备，配制方法如下：用吸量管吸取 100mg•L^{-1}的 SO_4^{2-} 标准溶液 0.20mL、0.50mL、1.00mL，依次置于 3 支 25mL 比色管中，再分别加入 1mL 0.1mol•L^{-1} HCl 和 3mL 25% $BaCl_2$溶液，加水稀释至刻度，摇匀。三支比色管中 SO_4^{2-} 的含量分别相当于一级（优级纯）、二级（分析纯）和三级（化学纯）试剂 $Na_2S_2O_3 \cdot 5H_2O$ 中的 SO_4^{2-} 含量允许值。

（2）硫化钠法制备硫代硫酸钠晶体

用硫化钠制备硫代硫酸钠的反应大致可分三步进行。

① 碳酸钠与二氧化硫中和而生成亚硫酸钠：

$$Na_2CO_3 + SO_2 = Na_2SO_3 + CO_2 \uparrow$$

② 硫化钠与二氧化硫反应生成亚硫酸钠和硫：

$$2Na_2S + 3SO_2 = 2Na_2SO_3 + 3S$$

③ 亚硫酸钠与硫反应生成硫代硫酸钠：

$$Na_2SO_3+S = Na_2S_2O_3$$

总反应如下：

$$2Na_2S+Na_2CO_3+4SO_2 = 3Na_2S_2O_3+CO_2$$

含有硫化钠和碳酸钠的溶液，用二氧化硫气体饱和。反应中碳酸钠的用量不宜过少，如用量过少，则中间产物亚硫酸钠量少，使析出的硫不能全部生成硫代硫酸钠。硫化钠和碳酸钠以 2∶1 的物质的量比取量较为合适。

【思考题】

(1) 根据制备反应原理，实验中哪种反应物过量？倒过来可以吗？

(2) 在蒸发、浓缩过程中，溶液可以蒸干吗？

实验6 硫酸亚铁铵晶体的制备

【实验目的】

(1) 了解复盐的一般特性，学习硫酸亚铁铵的制备方法。

(2) 巩固水浴加热、蒸发、结晶、减压过滤等基本操作。

(3) 练习用目视比色法检验产品质量，掌握高锰酸钾滴定法测定硫酸亚铁铵晶体质量分数的方法。

【实验原理】

硫酸亚铁铵 $(NH_4)_2Fe(SO_4)_2 \cdot 6H_2O$ 是一种复盐，俗称摩尔盐，是浅绿色单斜晶体。它在空气中比一般亚铁盐稳定，不易被氧化，因此在定量分析中常用来配制亚铁离子的标准溶液。和其他复盐一样，硫酸亚铁铵在水中比组成它的每一组分 $FeSO_4$ 或 $(NH_4)_2SO_4$ 的溶解度都小，因此将含有 $FeSO_4$ 和 $(NH_4)_2SO_4$ 的溶液经蒸发浓缩、冷却结晶即可得到 $(NH_4)_2Fe(SO_4)_2 \cdot 6H_2O$ 晶体。

本实验采用铁屑与稀硫酸作用生成硫酸亚铁溶液：

$$Fe+H_2SO_4 = FeSO_4+H_2\uparrow$$

然后加入等量的硫酸铵混合，经蒸发浓缩、冷却结晶得到 $(NH_4)_2Fe(SO_4)_2 \cdot 6H_2O$ 晶体。在制备过程中，为了使 Fe^{2+} 不被氧化和水解，溶液需保持足够的酸度。

$$FeSO_4+(NH_4)_2SO_4+6H_2O = (NH_4)_2Fe(SO_4)_2 \cdot 6H_2O$$

产品的质量鉴定可以采用高锰酸钾滴定法来确定有效成分的含量。在酸性介质中，以 $KMnO_4$ 为标准溶液，定量地将 Fe^{2+} 氧化为 Fe^{3+}，$KMnO_4$ 自身颜色可以指示滴定终点的到达。

$$5Fe^{2+}+MnO_4^-+8H^+ = 5Fe^{3+}+Mn^{2+}+4H_2O$$

产品的等级也可以通过目视比色法来确定。目视比色法是确定杂质含量的一种常用方法，在确定杂质含量后便能确定产品的级别。将产品配成溶液，与各标准溶液进行比色，如果产品溶液的颜色比某一标准溶液的颜色浅，就可确定杂质含量低于该标准溶液中的含量，即低于某一规定的限度，所以这种方法又称限量分析法。本实验仅做 $(NH_4)_2Fe(SO_4)_2 \cdot 6H_2O$ 晶体中

杂质 Fe^{3+} 的限量分析。

【仪器和试剂】

(1) 仪器

台秤，分析天平，水浴锅，漏斗，漏斗架，布氏漏斗，吸滤瓶，真空泵，烧杯（100mL、250mL)，量筒（10mL、100mL)，蒸发皿，棕色酸式滴定管（50mL)，锥形瓶（250mL)，吸量管（10mL)，比色管（25mL)，表面皿，称量瓶，pH 试纸，滤纸，红色石蕊试纸。

(2) 试剂

铁屑，$1mol \cdot L^{-1}$ Na_2CO_3，$3mol \cdot L^{-1}$ H_2SO_4，浓 H_3PO_4，$2mol \cdot L^{-1}$ HCl，$2mol \cdot L^{-1}$ NaOH，$(NH_4)_2SO_4(s)$，$0.1000mol \cdot L^{-1}$ $KMnO_4$ 标准溶液，$1mol \cdot L^{-1}$ KSCN，$0.0100mol \cdot L^{-1}$ Fe^{3+} 标准溶液，无水乙醇，$1mol \cdot L^{-1}$ $BaCl_2$，$0.1mol \cdot L^{-1}$ $K_3[Fe(CN)_6]$。

【实验步骤】

(1) 硫酸亚铁铵的制备

① 铁屑的净化　称取 2.0g 铁屑于小烧杯中，加入 20mL $1mol \cdot L^{-1}$ Na_2CO_3 溶液，小火加热约 10min（注意：加热过程中要不断搅拌以防溶液暴沸，并应补充适量水)，除去铁屑表面油污。用倾析法除去碱液，用水将铁屑冲洗干净，备用。

② 硫酸亚铁的制备　在盛有洗净铁屑的烧杯中加入 15mL $3mol \cdot L^{-1}$ H_2SO_4 溶液，盖上表面皿，在通风橱内[1]进行水浴加热（可适当添加去氧水，以补充蒸发掉的水分)，温度控制在 70～80℃[2]，直至不再有气泡放出。趁热过滤[3]，将滤液转移至蒸发皿中。用少量热水洗涤残渣，用滤纸吸干残渣后称量，从而计算出溶液中所溶解铁屑的质量。

③ 硫酸亚铁铵的制备　根据溶液中 $FeSO_4$ 的理论产量，按反应方程式计算并称取固体 $(NH_4)_2SO_4$，加入上述溶液中，水浴加热搅拌使 $(NH_4)_2SO_4$ 完全溶解，调节溶液 pH 值至 1～2，蒸发浓缩至液面出现一层晶膜为止，冷却结晶，减压抽滤，用少量无水乙醇洗去晶体表面的水分，抽干，晶体转移至表面皿上晾干（或真空干燥）后称量，计算产率。

产品外观__________；产品质量/g __________

理论产量/g __________；产率/%__________

(2) 产品检验

① 试用实验方法证明产品中含有 NH_4^+、Fe^{2+} 和 SO_4^{2-}。

② $(NH_4)_2Fe(SO_4)_2 \cdot 6H_2O$ 质量分数的测定　称取 0.8～0.9g（准确至 0.1mg）产品于锥形瓶中，加 50mL 除氧水，15mL $3mol \cdot L^{-1}$ H_2SO_4，2mL 浓 H_3PO_4，使之溶解。从滴定管中加入 10mL $0.1000mol \cdot L^{-1}$ $KMnO_4$ 标准溶液，加热至 70～80℃，再继续用 $KMnO_4$ 标准溶液滴定至溶液刚出现微红色（30 s 内不消失）为终点。

根据 $KMnO_4$ 标准溶液用量，计算 $(NH_4)_2Fe(SO_4)_2 \cdot 6H_2O$ 的质量分数：

$$w=\frac{5cV \times 392.13}{1000m} \times 100\%$$

式中，w 表示 $(NH_4)_2Fe(SO_4)_2 \cdot 6H_2O$ 的质量分数，%；c 表示 $KMnO_4$ 标准溶液的浓度，$mol \cdot L^{-1}$；V 表示 $KMnO_4$ 标准溶液的体积，mL；m 表示所取产品质量，g；392.13 为 $(NH_4)_2Fe(SO_4)_2 \cdot 6H_2O$ 的摩尔质量，$g \cdot mol^{-1}$。

③ Fe^{3+} 限量分析　准确称取 1.00g 产品于比色管中，加入 2.00mL $2mol \cdot L^{-1}$ HCl 和 0.50mL $1mol \cdot L^{-1}$ KSCN 溶液，使之溶解，用煮沸除去氧的水稀释至刻度，摇匀。与标准

溶液[4]（实验室准备）进行比色，确定产品的等级。

质量分数/%__________；产品规格__________

【附注】

[1] 铁屑与稀硫酸反应过程中，会产生大量的 H_2 及少量有毒气体（如 H_2S、PH_3 等），应注意通风，避免发生事故。

[2] 铁屑与酸反应的温度不能过高，否则易生成 $FeSO_4 \cdot H_2O$ 白色晶体。

[3] 硫酸亚铁溶液要趁热过滤，以免以结晶形式析出。

[4] Fe^{3+} 标准溶液的配制（实验室配制）：先配制 $0.01mg \cdot mL^{-1}$ 的 Fe^{3+} 标准溶液，然后用吸量管吸取该标准溶液 5.00mL、10.00mL 和 20.00mL 分别放入三支比色管中，各加入 2.00mL $2mol \cdot L^{-1}$ HCl 和 0.50mL $1mol \cdot L^{-1}$ KSCN 溶液，用除去氧的水稀释至刻度，摇匀。得到三个级别 Fe^{3+} 标准溶液，它们分别为一级、二级、三级试剂中 Fe^{3+} 的最高允许含量。

几种盐的溶解度数据见表 5-2。

表 5-2 几种盐的溶解度数据 单位：g/100g H_2O

温度/℃	10	20	30	40	60
$(NH_4)_2SO_4$	73	75.4	78	81	88
$FeSO_4 \cdot 7H_2O$	40	48	60	73.3	100
$(NH_4)_2Fe(SO_4)_2 \cdot 6H_2O$	17.23	36.47	45	53	—

【思考题】

(1) 在制备 $FeSO_4$ 时，是铁过量还是 H_2SO_4 过量？为什么？

(2) 在制备硫酸亚铁铵时为什么要保持溶液呈强酸性？

(3) 在蒸发硫酸亚铁铵溶液过程中，为什么有时溶液会由浅蓝绿色逐渐变为黄色？此时应如何处理？

(4) 蒸发浓缩硫酸亚铁铵溶液时，能否将溶液加热至干，为什么？

(5) 为什么在检验产品中 Fe^{3+} 的含量时，要用不含氧气的去离子水？如何制备不含氧气的去离子水？

(6) 趁热过滤和热过滤有何异同？

(7) 本实验计算 $(NH_4)_2Fe(SO_4)_2 \cdot 6H_2O$ 的产率时，以 $FeSO_4$ 的量为准是否正确？为什么？

实验7 转化法制备硝酸钾

【实验目的】

(1) 利用物质溶解度随温度变化的差别，学习用转化法制备硝酸钾。

(2) 进一步练习溶解、过滤等基本操作，学习用重结晶法提纯物质。

(3) 熟悉用浊度法测定试样中总氯的方法。

【实验原理】

工业上常采用转化法制备硝酸钾晶体，反应如下：

$$NaNO_3 + KCl \rightleftharpoons NaCl + KNO_3$$

该反应是可逆的，可以改变反应条件使反应向右进行。各盐在不同温度下的溶解度见表 5-3。

表 5-3　各盐在不同温度下的溶解度　　单位：g/100g H_2O

温度/℃	0	10	20	30	40	60	80	100
KNO_3	13.3	20.9	31.6	45.8	63.9	110	169	246
KCl	27.6	31.0	34.0	37.0	40.0	45.5	51.1	56.7
$NaNO_3$	73	80	88	96	104	124	148	180
NaCl	35.7	35.8	36.0	36.3	36.6	37.3	38.4	39.8

由表中数据可以看出，反应体系中 4 种盐的溶解度在不同温度下的差别是很大的，NaCl 的溶解度随温度变化不大，KCl、$NaNO_3$的溶解度随温度升高而增大，而 KNO_3的溶解度随温度升高急剧增大。根据这种差别，将一定浓度的 KCl 和 $NaNO_3$混合液加热浓缩，当温度达 110℃左右时，KNO_3的溶解度增大显著，且未达饱和，而 NaCl 溶解度变化不大，随溶剂的减少将析出。通过热过滤除去氯化钠，将溶液冷却至室温，KNO_3的溶解度急剧减小而析出，过滤即可得到含有少量氯化钠等杂质的硝酸钾粗产品。经过重结晶提纯，可得到纯品。

硝酸钾产品中的氯化钠杂质，可利用 Cl^- 与 Ag^+ 生成白色 AgCl 沉淀来检验。

【仪器和试剂】

(1) 仪器

台秤，烧杯（100mL、250mL），量筒（100mL），玻璃棒，三脚架，酒精灯，温度计（0～200℃），热过滤漏斗，布氏漏斗，吸滤瓶，真空泵，坩埚，坩埚钳，比色管（25mL），试管，马弗炉，滤纸，火柴。

(2) 试剂

氯化钾（工业级），硝酸钠（工业级），氯化钠（AR），0.1mol·L^{-1} $AgNO_3$，5mol·L^{-1} HNO_3，燃料酒精。

【实验步骤】

(1) 硝酸钾的制备

称取 22g $NaNO_3$和 15g KCl，放入烧杯中，加 35mL 蒸馏水。将烧杯放在石棉网上用酒精灯加热，并不断搅拌至固体全部溶解，记下烧杯中液面的位置。当溶液沸腾时用温度计测溶液此时的温度，记录下来。继续加热，使溶液蒸发至原有体积的 2/3，这时有晶体析出（什么物质?），趁热用热过滤漏斗过滤，滤液于小烧杯中自然冷却至室温，即有晶体析出（什么物质?）（注意：不要骤冷，防止结晶过于细小）。减压过滤，晶体尽量抽干。所得粗产品经水浴烤干后称重，计算产率。

产品质量/g ________；理论产量/g ________；产率/% ________

(2) 粗产品的重结晶

保留少量（0.1～0.2g）粗产品供纯度检验，其余产品按粗产品∶水＝2∶1（质量比）的比例将粗产品溶解于蒸馏水中，加热搅拌，使晶体全部溶解（若不溶，可适当加少量水）。冷却至室温后抽滤，水浴烘干，得到纯度较高的硝酸钾晶体，称量。

硝酸钾（重结晶）质量/g ________

(3) 纯度检验

① 定性检验　分别取0.1g粗产品和一次重结晶得到的产品放入两支试管中，各加入2mL蒸馏水配成溶液。在溶液中分别滴入1滴5mol·L^{-1} HNO_3酸化，再各滴入2滴0.1mol·L^{-1} $AgNO_3$溶液，观察现象，进行对比。重结晶后的产品溶液应澄清。

② 产品总氯量的测定　称取1g试样（准确至0.01g）于坩埚中，加热至400℃使其分解，然后在马弗炉中于700℃灼烧15min，冷却，溶于少量蒸馏水中（必要时过滤），稀释至25mL，加5mol·L^{-1} HNO_3和0.1mol·L^{-1} $AgNO_3$溶液各2mL，摇匀，放置10min。与试剂级氯化物的浊度标准[1]（实验室配制）进行比较，确定所得产品含氯量的级别。

本实验要求重结晶后的硝酸钾晶体含氯量达化学纯级别为合格，否则应再次重结晶，直至合格。

注意：在马弗炉中灼烧试样时要防止烧伤。当灼烧物质达到灼烧要求时，必须先关闭电源，待温度降至200℃以下时，再打开马弗炉，然后用长柄坩埚钳取出坩埚，放在石棉网上，切勿用手拿取坩埚！

产品级别________

【附注】

[1] 标准溶液的配制：

(1) 称取0.165g于500～600℃灼烧至恒重的分析纯氯化钠溶于水，移入1000mL容量瓶中，稀释至刻度，即得含Cl^- 0.1mg·mL^{-1}的氯化物标准溶液。

(2) 分别取0.15mL、0.30mL、0.70mL的氯化物标准溶液，稀释至25mL（即得优级纯、分析纯和化学纯级别的氯化物标准溶液），然后加入5mol·L^{-1} HNO_3和0.1mol·L^{-1} $AgNO_3$溶液各2mL，摇匀，放置10min，以待与产品试样溶液进行对照。

化学试剂硝酸钾中杂质最高含量见表5-4。

表5-4　化学试剂硝酸钾中杂质最高含量（指标以x%计）

名称	优级纯	分析纯	化学纯
澄清度试验	合格	合格	合格
水不溶物	0.002	0.004	0.006
干燥失重	0.2	0.2	0.5
总氯量（以Cl计）	0.0015	0.003	0.007
硫酸盐（SO_4^{2-}）	0.002	0.005	0.01
亚硝酸盐及碘酸盐（以NO_2计）	0.0005	0.001	0.002
磷酸盐（PO_4^{3-}）	0.0005	0.001	0.001

续表

名称	优级纯	分析纯	化学纯
钠(Na)	0.02	0.02	0.05
镁(Mg)	0.001	0.002	0.004
钙(Ca)	0.002	0.004	0.006
铁(Fe)	0.0001	0.0002	0.0005
重金属(以 Pb 计)	0.0003	0.0005	0.001

【思考题】

(1) 什么叫重结晶？本实验中应注意些什么？

(2) 在制备硝酸钾过程中，先析出的晶体是什么物质？将晶体与溶液分离时为什么要采取热过滤？

(3) 将 $NaNO_3$ 和 KCl 混合液加热至沸腾时，用温度计测得溶液的温度是多少？为什么会在 100℃以上？

(4) 试设计从母液提取较高纯度的硝酸钾晶体的实验方案，并加以试验。

实验8 三草酸合铁(Ⅲ)酸钾的制备和性质

【实验目的】

(1) 了解配合物制备的一般方法。

(2) 学习用滴定分析法来确定配合物组成的原理和方法。

(3) 综合训练无机合成中滴定分析、水浴加热、过滤等基本操作。

(4) 通过实验加深对物质性质的认识。

【实验原理】

三草酸合铁(Ⅲ)酸钾 $K_3[Fe(C_2O_4)_3]\cdot 3H_2O$ 是翠绿色单斜晶体，易溶于水(溶解度：0℃时，4.7g/100g H_2O；100℃时，117.7g/100g H_2O)，难溶于乙醇，110℃下失去结晶水，230℃分解。该配合物对光敏感，遇光照发生分解：

$$2K_3[Fe(C_2O_4)_3] \xrightarrow{光} 3K_2C_2O_4 + 2FeC_2O_4(黄色) + 2CO_2\uparrow$$

因其具有光敏性，所以常用来作为化学光量计。它在日光直射或强光下分解生成的草酸亚铁，遇六氰合铁(Ⅲ)酸钾生成滕氏蓝，反应为：

$$3FeC_2O_4 + 2K_3[Fe(CN)_6] \Longrightarrow Fe_3[Fe(CN)_6]_2 + 3K_2C_2O_4$$

因此在实验室中可做成感光纸，进行感光实验。

三草酸合铁(Ⅲ)配离子较稳定，$K_f^{\ominus} = 1.58\times 10^{20}$。

目前合成三草酸合铁(Ⅲ)酸钾的工艺路线有多种。用铁屑与稀 H_2SO_4 反应制得 $FeSO_4\cdot 7H_2O$晶体，再与 $H_2C_2O_4$溶液反应制得 $FeC_2O_4\cdot 2H_2O$ 沉淀：

$$Fe + H_2SO_4 \Longrightarrow FeSO_4 + H_2\uparrow$$

$$FeSO_4 + H_2C_2O_4 + 2H_2O \Longrightarrow FeC_2O_4\cdot 2H_2O\downarrow + H_2SO_4$$

或者由硫酸亚铁铵为原料与草酸反应制备草酸亚铁：

$$(NH_4)_2Fe(SO_4)_2 \cdot 6H_2O + H_2C_2O_4 \xlongequal{} FeC_2O_4 \cdot 2H_2O \downarrow + (NH_4)_2SO_4 + H_2SO_4 + 4H_2O$$

然后在过量草酸根存在下，用 H_2O_2 氧化草酸亚铁即可得到三草酸合铁(Ⅲ)酸钾，同时有氢氧化铁生成：

$$6FeC_2O_4 \cdot 2H_2O + 3H_2O_2 + 6K_2C_2O_4 \xlongequal{} 4K_3[Fe(C_2O_4)_3] + 2Fe(OH)_3 \downarrow + 12H_2O$$

加入适量草酸可以使 $Fe(OH)_3$ 转化为三草酸合铁(Ⅲ)酸钾：

$$2Fe(OH)_3 + 3H_2C_2O_4 + 3K_2C_2O_4 \xlongequal{} 2K_3[Fe(C_2O_4)_3] + 6H_2O$$

再加入乙醇，放置即可析出产物的结晶。其后几步总反应式为：

$$2FeC_2O_4 \cdot 2H_2O + H_2O_2 + 3K_2C_2O_4 + H_2C_2O_4 \xlongequal{} 2K_3[Fe(C_2O_4)_3] \cdot 3H_2O$$

本实验直接采用硫酸亚铁铵为原料来制备三草酸合铁(Ⅲ)酸钾配合物。

结晶水含量的确定采用重量分析法。将已知质量的产品在 110℃下干燥脱水，待脱水完全后再进行称量，通过质量的变化即可计算出结晶水的含量。

配离子的组成可通过滴定分析方法确定，用氧化还原滴定法确定配离子中 Fe^{3+} 和$C_2O_4^{2-}$ 的含量。在酸性介质中，用 $KMnO_4$ 标准溶液直接滴定 $C_2O_4^{2-}$：

$$5C_2O_4^{2-} + 2MnO_4^- + 16H^+ \xlongequal{} 10CO_2 \uparrow + 2Mn^{2+} + 8H_2O$$

在上述测定 $C_2O_4^{2-}$ 后剩余的溶液中，用过量还原剂锌粉将 Fe^{3+} 还原为 Fe^{2-}，然后用 $KMnO_4$ 标准溶液滴定 Fe^{2+}：

$$Zn + 2Fe^{3+} \xlongequal{} 2Fe^{2+} + Zn^{2+}$$

$$5Fe^{2+} + MnO_4^- + 8H^+ \xlongequal{} 5Fe^{3+} + Mn^{2+} + 4H_2O$$

根据 $KMnO_4$ 标准溶液的消耗量，可计算出 $C_2O_4^{2-}$ 和 Fe^{3+} 的质量分数。

根据 $n(Fe^{3+}):n(C_2O_4^{2-}) = \dfrac{w(Fe^{3+})}{55.8}:\dfrac{w(C_2O_4^{2-})}{88.0}$可确定 Fe^{3+} 与 $C_2O_4^{2-}$ 的配位比。

【仪器和试剂】

(1) 仪器

台秤，分析天平，烧杯（100mL、250mL），量筒（10mL、100mL），温度计（0～100℃），漏斗，漏斗架，布氏漏斗，吸滤瓶，真空泵，酒精灯，水浴锅，称量瓶，干燥器，滴管，表面皿，酸式滴定管（50mL），锥形瓶（250mL），玻璃棒，滤纸。

(2) 试剂

3%H_2O_2，锌粉，$K_3[Fe(CN)_6]$（s，AR），3mol·L^{-1} H_2SO_4，1mol·L^{-1} $H_2C_2O_4$，饱和 $K_2C_2O_4$，95%乙醇，0.0200mol·L^{-1} $KMnO_4$标准溶液，$(NH_4)_2Fe(SO_4)_2 \cdot 6H_2O$（s，AR）。

【实验步骤】

(1) 三草酸合铁(Ⅲ)酸钾的制备

① $FeC_2O_4 \cdot 2H_2O$ 的制备　称取 5.0g$(NH_4)_2Fe(SO_4)_2 \cdot 6H_2O$ 固体于烧杯中，加入 15mL 蒸馏水和 1mL 3mol·L^{-1} H_2SO_4，加热使其溶解，然后加入 25mL 1mol·L^{-1} $H_2C_2O_4$，加热至沸[1]，不断搅拌，静置便得黄色 $FeC_2O_4 \cdot 2H_2O$ 晶体，待沉淀沉降后用倾析法弃去上层溶液。用倾析法[2]洗涤沉淀三次，方法如下：在沉淀中加 20mL 蒸馏水，温热并搅拌，静置后再弃去上层清液（尽量将清液倒干净），除去可溶性杂质。

② $K_3[Fe(C_2O_4)_3] \cdot 3H_2O$ 的制备　在上述沉淀中加入 15mL 饱和 $K_2C_2O_4$溶液，水浴

加热至40℃，用滴管缓慢滴加20mL 3% H_2O_2溶液，不断搅拌并保温在40℃左右，此时有$Fe(OH)_3$沉淀产生。滴加完后，加热溶液至沸以除去过量的H_2O_2。一次性加入5mL $1mol \cdot L^{-1}$ $H_2C_2O_4$，然后再滴加$H_2C_2O_4$溶液(约3mL)，并保持近沸的温度，直至变成绿色透明溶液。冷却，加入20mL 95%乙醇，放于暗处继续冷却结晶。减压过滤，抽干后用少量乙醇洗涤产品，继续抽干，称量，计算产率。产品在干燥器内避光保存。

产品质量/g ＿＿＿＿＿＿；理论产量/g ＿＿＿＿＿＿；产率/% ＿＿＿＿＿＿

(2) 产物组成的定量分析

① 结晶水的确定　准确称取0.5～0.6g已干燥的产品2份，分别放入两个已干燥、恒重的称量瓶[3]中，在110℃烘箱中干燥1h，然后置于干燥器中冷却至室温，称量。重复上述干燥(改为0.5h)、冷却、称量操作，直至质量恒定。根据称量结果计算产品中结晶水的质量分数。

② 草酸根含量的测定　准确称取0.12～0.15g产品2份，分别放入两个锥形瓶中，各加入20mL水和10mL $3mol \cdot L^{-1}$ H_2SO_4，微热溶解，加热至75～85℃(即液面冒水汽)，趁热用$0.0200mol \cdot L^{-1}$ $KMnO_4$标准溶液滴定溶液至粉红色(30 s内不褪色)为终点。记录$KMnO_4$标准溶液的用量，保留滴定后的溶液待下一步分析使用。

③ 铁含量的测定　在上述保留的溶液中加入半药匙锌粉，加热近沸，直至溶液的黄色消失，将Fe^{3+}还原为Fe^{2+}。趁热过滤除去多余的锌粉，滤液收集在另一锥形瓶中，再用5mL水洗涤残渣，并将洗涤液一并收集在上述锥形瓶中。继续用$KMnO_4$标准溶液滴定至溶液呈粉红色。记录$KMnO_4$标准溶液的用量。

根据滴定数据，计算产品中$C_2O_4^{2-}$、Fe^{3+}的质量分数，确定配离子的组成。

结晶水的质量分数/% ＿＿＿＿＿＿；$C_2O_4^{2-}$的质量分数/% ＿＿＿＿＿＿

Fe^{3+}的质量分数/% ＿＿＿＿＿＿；配离子的组成 ＿＿＿＿＿＿

(3) 产物的化学性质

① 将少许产品放在表面皿上，在日光下观察晶体颜色变化，与放在暗处的晶体比较。

② 制感光纸　称取产品0.3g，$K_3[Fe(CN)_6]$固体0.4g，加5mL水配成溶液，涂在纸上即制成黄色感光纸。附上图案，在日光下(或红外灯光下)照射，曝光部分呈深蓝色，被遮盖部分没有曝光即显影出图案。

③ 配感光液　称取产品0.3g，加5mL水配成溶液，用滤纸做成感光纸。附上图案，在日光下(或红外灯光下)曝光，曝光后去掉图案，用约3.5% $K_3[Fe(CN)_6]$溶液浸润或漂洗，即显影出图案。

【附注】

[1] 将溶液加热至沸，其目的是使$FeC_2O_4 \cdot 2H_2O$颗粒变大，易于沉降。

[2] 用倾析法洗涤$FeC_2O_4 \cdot 2H_2O$沉淀，每次用水不宜太多(约20mL)，至沉淀沉降后再将上层清液弃去，尽量减少沉淀的损失。

[3] 将称量瓶洗净，放在110℃烘箱中干燥1h，然后置于干燥器中冷却至室温，在分析天平上称量。重复上述干燥(改为0.5h)、冷却、称量操作，直至质量恒定(两次称量相差不超过0.3mg)。

【思考题】

(1) 氧化$FeC_2O_4 \cdot 2H_2O$时，温度控制在40℃，不能太高，为什么？

（2）$KMnO_4$滴定$C_2O_4^{2-}$时，加热使温度控制在75～85℃，不能太高，为什么？

（3）测定$C_2O_4^{2-}$的计算公式是什么？计算$C_2O_4^{2-}$质量分数的公式是什么？

（4）合成$K_3[Fe(C_2O_4)_3]\cdot 3H_2O$中，加入3%$H_2O_2$后为什么要煮沸溶液？

（5）最后在溶液中加入乙醇的作用是什么？能否用蒸发浓缩或蒸干溶液的方法来提高产率？本实验的各步反应中哪些试剂是过量的？哪些试剂用量是有限的？

（6）影响三草酸合铁(Ⅲ)酸钾质量的主要因素有哪些？如何减少副反应的发生？产品应如何保存？

实验9 由铬铁矿制备重铬酸钾晶体

【实验目的】

（1）学习固体碱熔氧化法制备重铬酸钾的原理和操作方法。

（2）学习熔融、浸取等操作。

（3）掌握重铬酸钾晶体质量分数测定的方法。

【实验原理】

铬铁矿的主要成分是亚铬酸亚铁[$Fe(CrO_2)_2$或$FeO\cdot Cr_2O_3$]，一般含Cr_2O_3 35%～45%，除铁外，还有硅、铝等杂质。

将铬铁矿与碱混合，在空气中与氧气或其他强氧化剂共熔(1000～1300℃)，能生成溶于水的六价铬酸盐。

$$4FeO\cdot Cr_2O_3+8Na_2CO_3+7O_2 \xlongequal{\triangle} 8Na_2CrO_4+2Fe_2O_3+8CO_2\uparrow$$

实验室中，为降低熔点，可加入固体氢氧化钠作为助熔剂，以氯酸钾代替氧气加速氧化，使上述反应能在较低温度(700～800℃)下进行，反应式为：

$$6FeO\cdot Cr_2O_3+12Na_2CO_3+7KClO_3 \xlongequal{\triangle} 12Na_2CrO_4+3Fe_2O_3+7KCl+12CO_2\uparrow$$

$$6FeO\cdot Cr_2O_3+24NaOH+7KClO_3 \xlongequal{\triangle} 12Na_2CrO_4+3Fe_2O_3+7KCl+12H_2O$$

同时，三氧化二铝、三氧化二铁和二氧化硅转变为相应的可溶性盐：

$$Al_2O_3+Na_2CO_3 = 2NaAlO_2+CO_2\uparrow$$

$$Fe_2O_3+Na_2CO_3 = 2NaFeO_2+CO_2\uparrow$$

$$SiO_2+Na_2CO_3 = Na_2SiO_3+CO_2\uparrow$$

用水浸取熔体，铁酸钠强烈水解，沉淀出氢氧化铁，与其他不溶性杂质(如三氧化二铁、未反应的铬铁矿等)一起成为残渣；而铬酸钠、偏铝酸钠、硅酸钠则进入溶液。过滤后，弃去残渣，将滤液的pH值调到7～8，促使偏铝酸钠、硅酸钠水解生成沉淀，与铬酸钠分开：

$$NaAlO_2+2H_2O = Al(OH)_3\downarrow+NaOH$$

$$Na_2SiO_3+2H_2O = H_2SiO_3\downarrow+2NaOH$$

过滤后，将滤液酸化，使铬酸钠转化为重铬酸钠：

$$2CrO_4^{2-}(\text{黄色})+2H^+ \rightleftharpoons Cr_2O_7^{2-}(\text{橙红色})+H_2O$$

重铬酸钾则由重铬酸钠与氯化钾进行复分解反应制得：

$$Na_2Cr_2O_7 + 2KCl = K_2Cr_2O_7 \downarrow + 2NaCl$$

重铬酸钾的溶解度在室温下很小，但随温度升高显著增大（0℃时为4.6g/100g H_2O，100℃时为94.1g/100g H_2O），而温度对氯化钠的溶解度影响很小，将溶液蒸发浓缩后，冷却，即有大量重铬酸钾晶体析出，而氯化钠仍留在母液中。

【仪器和试剂】

（1）仪器

铁坩埚，水浴锅，酒精喷灯，酒精灯，蒸发皿，漏斗，布氏漏斗，吸滤瓶，真空泵，坩埚钳，泥三角，研钵，台秤，分析天平，烧杯（100mL、250mL），量筒（10mL、100mL），移液管（25mL），容量瓶（250mL），碱式滴定管（50mL），碘量瓶，滤纸，pH试纸。

（2）试剂

铬铁矿粉（100目），无水碳酸钠（AR），氢氧化钠（AR），氯酸钾（AR），氯化钾（AR），碘化钾（AR），2mol·L^{-1} H_2SO_4，3mol·L^{-1} H_2SO_4，6mol·L^{-1} H_2SO_4，0.2%淀粉，0.1000mol·L^{-1} $Na_2S_2O_3$标准溶液，无水乙醇。

【实验步骤】

（1）氧化焙烧

称取6g铬铁矿粉与4g氯酸钾在研钵中混合均匀。另称取碳酸钠和氢氧化钠各4.5g于铁坩埚中混匀后，用小火加热直至熔融，慢慢将矿粉分3～4次加入坩埚中并不断搅拌，以防熔融物喷溅。矿粉加完后，用酒精喷灯加热（约800℃），灼烧30～35min，这时熔融物呈红褐色，稍冷几分钟，将坩埚置于冷水中骤冷一下，以便浸取。

（2）熔块浸取

加少量去离子水于坩埚中，加热至沸，然后将溶液倾入100mL烧杯中，再往坩埚中加水，加热至沸，如此反复2～3次，即可取出熔块。将全部熔块与溶液一起在烧杯中煮沸15min，并不断搅拌，稍冷后抽滤，残渣用10mL去离子水洗涤，控制溶液与洗涤液的总体积为40mL左右，抽干，弃去残渣。

（3）中和除去铝、硅

将滤液用3mol·L^{-1} H_2SO_4调节pH为7～8，加热煮沸3min后，趁热过滤，残渣用少量去离子水洗涤后弃去，滤液转移至蒸发皿中。

（4）酸化和复分解结晶

向滤液中加6mol·L^{-1} H_2SO_4调pH至强酸性（注意溶液颜色的变化），再加1g氯化钾，在水浴上加热至液面上有晶膜出现为止。冷却结晶，抽滤，得重铬酸钾晶体。用滤纸吸干晶体，称重，母液回收。

（5）重结晶

按$K_2Cr_2O_7$：H_2O＝1：1.5的质量比加水，加热使晶体溶解，趁热过滤（若无不溶性杂质，可省去过滤步骤），加热浓缩，冷却结晶，抽滤。晶体用少量乙醇洗涤后，在40～50℃下烘干，称量。母液回收。

注意：所有铬盐废液都要回收集中处理，不许倒入下水道！

（6）产品含量的测定

准确称取2.5g（准确至0.2mg）试样溶于250mL容量瓶中，用移液管吸取25.00mL该溶液放入250mL碘量瓶中，加入10mL 2mol·L^{-1} H_2SO_4和2g碘化钾，放于暗处5min，然后加入 100mL 水，用 $0.1000mol \cdot L^{-1}$ $Na_2S_2O_3$ 标准溶液滴定至溶液变成黄绿色，然后加入 3mL 淀粉指示剂，再继续滴定至蓝色褪去并呈亮绿色为止。根据 $Na_2S_2O_3$ 标准溶液的浓度和用量，计算重铬酸钾的质量分数。算式为：

$$w = \frac{cV \times 294.185 \times 6}{m} \times 100\%$$

式中，w 表示 $K_2Cr_2O_7$ 的质量分数，%；c 表示 $Na_2S_2O_3$ 标准溶液的浓度，$mol \cdot L^{-1}$；V 为 $Na_2S_2O_3$ 标准溶液的体积，mL；m 表示试样质量，g；294.185 为 $K_2Cr_2O_7$ 的摩尔质量，$g \cdot mol^{-1}$。

产品质量/g ____________；理论产量/g ____________

产率/% ____________；重铬酸钾质量分数/% ____________

【注意事项】

如实验中没有铬铁矿，可用三氧化二铬代替。

【思考题】

(1) 向含有 Na_2CrO_4 的滤液中加 $6mol \cdot L^{-1}$ H_2SO_4 调 pH 至强酸性，溶液颜色将如何变化？发生了什么反应？

(2) 浓缩结晶制备 $K_2Cr_2O_7$ 晶体时，能否将溶液蒸干？为什么？

(3) 试推导计算 $K_2Cr_2O_7$ 质量分数的公式。

实验10 由软锰矿制备高锰酸钾晶体

【实验目的】

(1) 学习碱熔法由二氧化锰制备高锰酸钾的原理和方法。

(2) 掌握 Mn(Ⅳ)、Mn(Ⅵ) 和 Mn(Ⅶ) 之间的转化关系。

(3) 熟悉高锰酸钾质量分数的测定方法。

(4) 巩固过滤、结晶和重结晶等基本操作。

【实验原理】

软锰矿(主要成分是 MnO_2) 在较强氧化剂(如氯酸钾) 存在的条件下与碱共熔，可制得墨绿色的锰酸钾熔体：

$$3MnO_2 + KClO_3 + 6KOH \xlongequal{熔融} 3K_2MnO_4 + KCl + 3H_2O$$

熔块由水浸取后，随着溶液碱性降低，发生歧化反应：

$$3MnO_4^{2-} + 2H_2O \xlongequal{} MnO_2 \downarrow + 2MnO_4^- + 4OH^-$$

在弱碱性或近中性介质中，歧化反应趋势较小，反应速率也较慢，但在弱酸性介质中，MnO_4^{2-} 易发生歧化反应。为使歧化反应顺利进行，常用的方法是通入 CO_2，随时中和所产生的 OH^-：

$$3K_2MnO_4+2CO_2 \xlongequal{} 2KMnO_4+MnO_2\downarrow+2K_2CO_3$$

经减压过滤除去二氧化锰后，将溶液浓缩即可析出暗紫色的针状高锰酸钾晶体。

【仪器和试剂】

（1）仪器

铁坩埚，铁棒，玻璃棒，坩埚钳，泥三角，酒精灯，启普发生器，台秤，分析天平，铁架台(带铁圈)，烧杯(250mL)，量筒(10mL、100mL)，蒸发皿，表面皿，玻璃砂芯漏斗，吸滤瓶，真空泵，烘箱，容量瓶(500mL)，棕色酸式滴定管(50mL)，锥形瓶(250mL)，温度计，称量瓶，滤纸，铁棒。

（2）试剂

软锰矿粉(200 目)，氯酸钾(AR)，氢氧化钾(AR)，碳酸钙(AR)，$H_2C_2O_4\cdot 2H_2O$(s，AR)，工业盐酸，$3mol\cdot L^{-1}$ H_2SO_4。

【实验步骤】

（1）锰酸钾溶液的制备

称取 2.5g 氯酸钾固体和 5.2g 氢氧化钾固体，放入铁坩埚中，用铁棒混合均匀。用铁夹将坩埚夹紧，固定在铁架台上。小火加热，边加热边用铁棒搅拌，待混合物熔融后，将 3g 软锰矿粉分多次，小心加入铁坩埚中(为防止外溅，可移开火焰，待全部加完再小火加热)。随着熔融物的黏度增大，用力加快搅拌以防结块或粘在坩埚壁上。待反应物干涸后，提高温度，强热 5min(此时仍要适当翻动)，得到墨绿色熔融物，用铁棒尽量捣碎。

待熔融物冷却后，用铁棒尽量将熔块捣碎，将坩埚和熔块放入盛有 100mL 蒸馏水的 250mL 烧杯中，用小火共煮，直到熔融物全部溶解为止，小心用坩埚钳取出坩埚。得到绿色的 K_2MnO_4溶液。

（2）锰酸钾的歧化

趁热向上述溶液中通入二氧化碳气体(由启普发生器产生）至锰酸钾全部歧化为止(可用玻璃棒蘸取溶液于滤纸上，如果滤纸上只有紫色而无绿色痕迹，即表示锰酸钾已歧化完全，pH 在 10～11 之间)，然后静置片刻，趁热用砂芯漏斗抽滤，滤去 MnO_2残渣。

（3）高锰酸钾的结晶与干燥

将滤液转移至蒸发皿中，蒸发浓缩至表面析出晶膜为止，自然冷却晶体，抽滤至干，称量。以每克产品需蒸馏水 3mL 的比例，将制得的粗 $KMnO_4$晶体加热溶解，趁热过滤。冷却，重结晶，抽干。母液回收。

将晶体转移至已知质量的表面皿中，放入烘箱中(80℃为宜，不能超过 240℃）干燥 0.5h，冷却后称量，计算产率。

产品质量/g ____________；理论产量/g ____________；产率/%____________

（4）纯度分析

准确称取 2.0g 产品(准确至 0.1mg)，加少量水溶解，转移至 500mL 容量瓶中，稀释至刻度，摇匀。即得到 $KMnO_4$溶液，将溶液装入酸式滴定管中，备用。

准确称取 0.12～0.15g 基准物质草酸两份，分别放入两个锥形瓶中，各加入 20mL 水和 10mL $3mol\cdot L^{-1}$ H_2SO_4，微热溶解，加热至 75～85℃(即液面冒水汽)，趁热用上面配制的

$KMnO_4$溶液滴定至溶液呈粉红色(30s内不褪色)为终点。记录$KMnO_4$溶液的用量,计算高锰酸钾的质量分数,见表5-5。

表5-5 高锰酸钾纯度分析

产品质量________g; $KMnO_4$溶液的浓度________$mol \cdot L^{-1}$

序号	1	2
草酸质量/g		
消耗$KMnO_4$溶液的体积/mL		
质量分数/%		
平均值		

【注意事项】

(1) 如实验中没有软锰矿粉,可用二氧化锰代替。

(2) 本实验制备中,为使MnO_4^{2-}的歧化反应能顺利进行,采用的方法是通入CO_2。采用这个方法K_2MnO_4的转化率最高能达66%,尚有1/3变为MnO_2,为提高K_2MnO_4的转化率,还可采用电解的方法:

$$2K_2MnO_4+2H_2O \xrightarrow{电解} 2KMnO_4+2KOH+H_2\uparrow$$

阳极: $2MnO_4^{2-} \longrightarrow 2MnO_4^{-}+2e^{-}$

阴极: $2H_2O+2e^{-} \longrightarrow 2OH^{-}+H_2$

【思考题】

(1) 为什么碱熔融时要用铁坩埚,而不用瓷坩埚?

(2) 过滤$KMnO_4$溶液时,为什么用砂芯漏斗而不用滤纸?

(3) 烘干高锰酸钾晶体时应注意些什么?为什么?

(4) 滴定分析确定高锰酸钾含量时,发生的主要反应是什么?请写出计算高锰酸钾质量分数的过程。

6

化学反应基本原理

实验11 电解质溶液

【实验目的】

(1) 学习可溶电解质溶液的酸碱性，巩固强弱电解质的基本概念。

(2) 掌握弱电解质的解离平衡及其移动。

(3) 理解难溶电解质的多相离子平衡及其移动。

(4) 掌握盐类水解情况及影响盐类水解的主要因素。

(5) 学习缓冲溶液的配制方法并掌握缓冲溶液的性质。

【实验原理】

(1) 酸碱解离平衡及其移动

弱酸和弱碱大部分以分子形式存在于水溶液中，只部分解离为阴、阳离子，与水发生质子转移反应。酸碱解离平衡是质子传递过程，在一定条件下将建立平衡，如一元弱酸 HA（或一元弱碱 A^-）在水溶液中的解离平衡为：

$$HA+H_2O \rightleftharpoons A^- + H_3O^+ \qquad K_a^{\ominus}(HA)=\frac{[c(H_3O^+)/c^{\ominus}][c(A^-)/c^{\ominus}]}{c(HA)/c^{\ominus}} \tag{6-1}$$

$$A^- + H_2O \rightleftharpoons HA+OH^- \qquad K_b^{\ominus}(A^-)=\frac{[c(HA)/c^{\ominus}][c(OH^-)/c^{\ominus}]}{c(A^-)/c^{\ominus}} \tag{6-2}$$

式中，$K_a^{\ominus}(HA)$ 称为弱酸 HA 的解离平衡常数；$K_b^{\ominus}(A^-)$ 称为弱碱 A^- 的解离平衡常数。酸碱解离平衡是化学平衡的一种，有关化学平衡的原理都适用于解离平衡，当维持平衡体系的外界条件改变时，会引起解离平衡移动。在弱电解质溶液中，加入含有相同离子的易溶强电解质时，使弱电解质解离度降低的现象称为同离子效应。如在 $NH_3 \cdot H_2O$ 溶液中，加入少量的 NH_4Ac 固体，抑制了 $NH_3 \cdot H_2O$ 的解离，会使溶液中 OH^- 浓度降低，其实质是离子浓度变化对平衡移动的影响。

(2) 缓冲溶液

在含有共轭酸碱对的混合溶液中，加入少量的酸、碱或将其稀释时，溶液的 pH 维持基本不变，这种溶液称为缓冲溶液。以 HAc-NaAc 为例推导缓冲溶液的 pH 计算公式：已知 HAc 起始浓度为 c_a mol·L^{-1}，NaAc 起始浓度为 c_b mol·L^{-1}。设达到平衡时 $c(H^+)=x$ mol·L^{-1}，则：

$$HAc(aq) \rightleftharpoons H^+(aq) + Ac^-(aq)$$

起始浓度/mol·L^{-1}	c_a	0	c_b
平衡浓度/mol·L^{-1}	c_a-x	x	c_b+x

$$K_a^{\ominus}=\frac{c(H^+)c(Ac^-)}{c(HAc)}=\frac{(c_b+x)x}{c_a-x}\approx\frac{c_b}{c_a}x$$

$$x=c(H^+)=K_a^{\ominus}=\frac{c_a}{c_b}$$

所以

$$pH=-\lg c(H^+)=-\lg\left(K_a^{\ominus}\frac{c_a}{c_b}\right)=pK_a^{\ominus}-\lg\frac{c_a}{c_b} \qquad (6\text{-}3)$$

同理，可以推导出 $NH_3 \cdot H_2O-NH_4Cl$ 缓冲体系 pOH 值的计算公式：

$$pOH=-\lg[c(OH^-)]=-\lg\left(K_b^{\ominus}\frac{c_b}{c_a}\right)=pK_b^{\ominus}-\lg\frac{c_b}{c_a} \qquad (6\text{-}4)$$

缓冲溶液的 pH 首先取决于 $K_a^{\ominus}$ 或 $K_b^{\ominus}$，同时还与 c_a/c_b 或 c_b/c_a 有关。

(3) 盐的水解

盐中的离子与水解离出的 H^+ 或 OH^- 结合生成弱电解质的反应称为盐的水解，其实质是质子酸(碱)与水之间的质子传递。

① 水解原理(用化学平衡原理加以解释)

a. 弱酸强碱盐的水解(以 NaAc 为例)：

$$Ac^- + H_2O \rightleftharpoons OH^- + HAc$$

弱酸强碱盐的水溶液呈碱性。

b. 强酸弱碱盐的水解(以 NH_4Cl 为例)：

$$NH_4^+ + H_2O \rightleftharpoons NH_3 \cdot H_2O + H^+$$

强酸弱碱盐的水溶液呈酸性。

c. 弱酸弱碱盐的水解(以 NH_4Ac 为例)：

$$NH_4^+ + Ac^- + H_2O \rightleftharpoons NH_3 \cdot H_2O + HAc$$

弱酸弱碱盐水溶液的酸碱性与盐的组成有关。

② 影响盐类水解的因素

a. 盐的本性　水解生成的产物中，弱电解质越弱，难溶物质的溶解度越小，易挥发气体的溶解度越小，水解程度越大。

b. 盐浓度　盐浓度越小，盐的水解程度越大。如水玻璃(Na_2SiO_3 的水溶液)稀释。

c. 温度　水解反应为吸热反应，温度升高，水解程度增大。

d. 酸度　盐类水解改变溶液的酸度，加酸或碱可以引起盐类水解平衡的移动。

③ 盐类水解的利用　利用盐的水解反应可以进行新化合物的合成和物质的分离。例如：$SbCl_3$ 水溶液能产生沉淀 SbOCl，同时溶液的酸性增强。反应为：

$$Sb^{3+} + H_2O + Cl^- \rightleftharpoons SbOCl\downarrow + 2H^+$$

有些溶液混合时可加剧酸碱反应的发生。例如 NH_4Cl、$Al_2(SO_4)_3$ 溶液分别与 Na_2CO_3 溶液混合，其反应分别为：

$$NH_4^+ + CO_3^{2-} + H_2O \rightleftharpoons NH_3 \cdot H_2O + HCO_3^-$$

$$2Al^{3+} + 3CO_3^{2-} + 3H_2O \rightleftharpoons 2Al(OH)_3\downarrow + 3CO_2\uparrow$$

(4) 难溶电解质的多相解离平衡及其移动

在含有难溶电解质固体的饱和溶液中，存在着固体与由它解离的离子间的平衡，这是一种多相离子平衡，称为沉淀-溶解平衡。对于任一难溶电解质 A_mB_n，其沉淀-溶解平衡方程可表示为：

$$A_mB_n(s) \underset{沉淀}{\overset{溶解}{\rightleftharpoons}} mA^{n+}(aq) + nB^{m-}(aq)$$

$$K_{sp}^{\ominus}(A_mB_n) = [c(A^{n+})/c^{\ominus}]^m [c(B^{m-})/c^{\ominus}]^n \tag{6-5}$$

上式中的浓度为平衡浓度，这里的平衡常数 $K_{sp}^{\ominus}$ 称为难溶电解质的溶度积常数，简称溶度积，与难溶电解质本性及温度有关，而与浓度无关。

通常用溶度积规则来判断化学反应是否有沉淀生成或沉淀溶解。

溶度积规则：反应商 $J = [c(A^{n+})/c^{\ominus}]^m [c(B^{m-})/c^{\ominus}]^n$。式中的浓度为任一状态下的浓度。

$J > K_{sp}^{\ominus}$ 时，平衡向左移动，沉淀析出。

$J = K_{sp}^{\ominus}$ 时，反应处于平衡状态，为饱和溶液。

$J < K_{sp}^{\ominus}$ 时，平衡向右移动，无沉淀析出；若原来有沉淀存在，则沉淀溶解。

在难溶电解质的饱和溶液中，未溶解固体与溶解后形成的离子间存在着多相解离平衡。如果设法降低上述平衡中某一离子的浓度，使离子浓度的乘积小于其溶度积，则沉淀就溶解。反之，如果在难溶电解质的饱和溶液中加入含有相同离子的强电解质，由于同离子效应，会使难溶电解质的溶解度降低。

如果溶液中含有两种或两种以上的离子都能与加入的某种试剂(沉淀剂）反应，生成难溶电解质，沉淀的先后次序取决于沉淀剂浓度的大小，所需沉淀剂浓度较小的离子先沉淀，较大的后沉淀，这种先后沉淀的现象叫作分步沉淀。只有同一类型的难溶电解质，才可按它们的溶度积大小直接判断沉淀生成的先后次序；对于不同类型的难溶电解质，生成沉淀的先后次序需计算出它们所需沉淀剂离子浓度的大小来确定。利用此原理，可将某些混合离子分离提纯。

使一种难溶电解质转化为另一种更难溶电解质，即把一种沉淀转化为另一种沉淀的过程，叫作沉淀的转化。有些沉淀既不溶于水，也不溶于酸，还无法用配位溶解和氧化还原溶解的方法溶解，可利用沉淀的转化使其溶解。

【仪器和试剂】

(1) 仪器

多支滴管，试管架，点滴板，离心试管，离心机(公用)，pH 试纸，pH 计。

(2) 试剂

$0.1mol \cdot L^{-1}$ $NH_3 \cdot H_2O$，NH_4Ac(AR)，$0.1mol \cdot L^{-1}$ HAc，NH_4Cl(AR)，$0.1mol \cdot L^{-1}$ NH_4Ac，$0.1mol \cdot L^{-1}$ NH_4Cl，$0.1mol \cdot L^{-1}$ NaAc，$0.1mol \cdot L^{-1}$ Na_2CO_3，$0.1mol \cdot L^{-1}$ $NaHCO_3$，$0.1mol \cdot L^{-1}$ NaH_2PO_4，$0.1mol \cdot L^{-1}$ $SbCl_3$，$6mol \cdot L^{-1}$ HCl，$0.1mol \cdot L^{-1}$ HCl，$0.1mol \cdot L^{-1}$ NaOH，$0.01mol \cdot L^{-1}$ $Pb(NO_3)_2$，$0.5mol \cdot L^{-1}$ NaCl，$0.1mol \cdot L^{-1}$ KI，$0.1mol \cdot L^{-1}$ $MgCl_2$，$2mol \cdot L^{-1}$ $NH_3 \cdot H_2O$，$0.1mol \cdot L^{-1}$ NaCl，$0.1mol \cdot L^{-1}$ K_2CrO_4，$0.1mol \cdot L^{-1}$ $AgNO_3$，$1mol \cdot L^{-1}$ $Pb(NO_3)_2$，$0.01mol \cdot L^{-1}$ NaCl，甲基橙，酚酞。

【实验步骤】

(1) 同离子效应

① 用 pH 试纸、酚酞试剂测定和检查 $0.1mol \cdot L^{-1}$ $NH_3 \cdot H_2O$ 的 pH 和酸碱性。再加入

少量 $NH_4Ac(s)$，观察现象，写出反应方程式，并简要解释之。

② 用 0.1mol·L^{-1} HAc 代替 0.1mol·L^{-1} $NH_3·H_2O$，用甲基橙代替酚酞，重复步骤①。

(2) 盐类的水解及影响因素

① 溶液 pH 的测定　用 pH 试纸测定 0.1mol·L^{-1}下列溶液的 pH，填入表 6-1，并与理论值进行比较。用 pH 计测量 HAc 的 pH，其 pH 为____，并与理论值比较。

表 6-1　溶液 pH 的测定

名称	HAc	$NH_3·H_2O$	NH_4Ac	NH_4Cl	NaAc	Na_2CO_3	$NaHCO_3$	NaH_2PO_4
理论 pH								
测量 pH								

② 影响盐类水解的因素

a. 温度对水解的影响　在试管中加入 2mL 0.1mol·L^{-1} NaAc 溶液和 1 滴酚酞试液，摇动均匀后，分成两份，一份留待对照用，另一份加热至沸，观察溶液颜色变化，解释现象。

b. 浓度和介质酸度对水解的影响　在 1mL 蒸馏水中加入 1 滴 0.1mol·L^{-1} $SbCl_3$ 溶液，观察现象，测定该溶液的 pH。再逐滴滴加 6mol·L^{-1}的 HCl 溶液，振荡试管，至沉淀刚好溶解。再加水稀释，又有何现象？写出反应方程式并加以解释。

(3) 缓冲溶液的配制和性质

① 缓冲溶液的配制　用 0.1mol·L^{-1} HAc 和 0.1mol·L^{-1} NaAc 溶液配制 pH=5 的缓冲溶液 10mL，需要 0.1mol·L^{-1} HAc 及 0.1mol·L^{-1} NaAc 溶液各几毫升？然后用 pH 试纸测定缓冲溶液的 pH，比较理论值与实验值是否相符(溶液留作后面实验用)。

② 缓冲溶液的性质　取 3 支试管，分别加入上述 pH=5 的缓冲溶液各 3mL，分别向 3 支试管中加入 1 滴 0.1mol·L^{-1} HCl、1 滴 0.1mol·L^{-1} NaOH、1 滴蒸馏水(注意每支试管只加入三种溶液中的一种)，然后测 3 支试管中溶液的 pH。由此可得到什么结论？

(4) 难溶电解质的多相离子平衡

① 沉淀的生成与转化　往试管中加 5 滴 0.01mol·L^{-1} $Pb(NO_3)_2$ 和 5 滴 0.01mol·L^{-1} NaCl，观察有无沉淀生成，并通过计算解释其原因。

另取一支试管，加 5 滴 1mol·L^{-1} $Pb(NO_3)_2$、5 滴 1mol·L^{-1} NaCl，观察沉淀是否生成。试用溶度积规则说明原因。向该试管的沉淀中加 2 滴 0.1mol·L^{-1} KI 溶液，观察沉淀颜色变化。说明原因并写出反应方程式。

② 沉淀的溶解　在一支试管中加入 2mL 0.1mol·L^{-1} $MgCl_2$，滴入数滴 2mol·L^{-1} $NH_3·H_2O$，观察沉淀的生成。再向此溶液中加入少量 NH_4Cl 固体，振荡，观察沉淀是否溶解？并解释原因。

③ 分步沉淀

a. 取 2 支试管，分别加 5 滴 0.1mol·L^{-1} NaCl 和 0.1mol·L^{-1} K_2CrO_4，然后再向两试管中各加 2 滴 0.1mol·L^{-1} $AgNO_3$，观察并记录 AgCl、Ag_2CrO_4沉淀的生成与颜色。

b. 往 1 支离心试管中加 2 滴 0.1mol·L^{-1} NaCl 溶液和 2 滴 0.1mol·L^{-1} K_2CrO_4溶液，加 2mL 蒸馏水稀释，混合摇匀，逐滴(2 滴左右) 加入 0.1mol·L^{-1} $AgNO_3$溶液，边滴边振荡，当溶液中产生白色沉淀(无砖红色沉淀) 时，停止加入 $AgNO_3$溶液，离心分离后，把上层溶液转移至另一试管中，再向试管中加 3～5 滴 0.1mol·L^{-1} $AgNO_3$溶液。观察并比较两支试管中所生成的沉淀颜色有何不同，溶液颜色有何变化，为什么会有这样的现象？试解释原因，写出有关方程式。

【思考题】

（1）同离子效应对弱电解质的解离度及难溶电解质的溶解度各有什么影响？

（2）什么叫作分步沉淀？计算本实验中实验步骤(4)中③分步沉淀的先后次序。

（3）如何正确配制 $FeCl_3$ 和 $FeCl_2$ 的水溶液？

实验12 酸碱反应与缓冲溶液

【实验目的】

（1）理解酸碱反应的有关概念和原理。

（2）学习试管实验的一些基本操作。

（3）学习缓冲溶液的配制及其 pH 的测定，理解缓冲溶液的缓冲性能。

【实验原理】

（1）酸碱反应

① 同离子效应　强电解质在水中全部解离，弱电解质在水中部分解离。在一定温度下，弱酸、弱碱的解离平衡如下：

$$HA(aq)+H_2O(l) \rightleftharpoons H_3O^+(aq)+A^-(aq)$$

$$B(aq)+H_2O(l) \rightleftharpoons BH^+(aq)+OH^-(aq)$$

在弱电解质溶液中，加入与弱电解质含有相同离子的易溶强电解质，解离平衡向生成弱电解质的方向移动，使弱电解质的解离度下降，这种现象称为同离子效应。

② 盐的水解　强酸强碱盐在水中不水解。强酸弱碱盐(如 NH_4Cl)水解，溶液显酸性；强碱弱酸盐(如 NaAc)水解，溶液显碱性；弱酸弱碱盐(如 NH_4Ac)水解，溶液的酸碱性取决于相应弱酸弱碱的相对强弱。例如：

$$Ac^-(aq)+H_2O(l) \rightleftharpoons HAc(aq)+OH^-(aq)$$

$$NH_4^+(aq)+H_2O(l) \rightleftharpoons NH_3\cdot H_2O(aq)+H^+(aq)$$

$$NH_4^+(aq)+Ac^-(aq)+H_2O(l) \rightleftharpoons HAc(aq)+NH_3\cdot H_2O(aq)$$

水解反应是酸碱中和反应的逆反应，中和反应是放热反应，水解反应是吸热反应，因此，升高温度有利于盐类的水解。

（2）缓冲溶液

① 基本概念　在一定程度上能抵抗外加少量酸、碱或稀释，而保持溶液 pH 值基本不变的作用称为缓冲作用，具有缓冲作用的溶液称为缓冲溶液。

② 缓冲溶液组成及计算公式　缓冲溶液一般是由共轭酸碱对组成的，例如弱酸和弱酸盐，或弱碱和弱碱盐。如果缓冲溶液由弱酸和弱酸盐（例如 HAc-NaAc）组成，则：

$$pH=pK_a^\ominus(HA)-\lg\frac{c(HA)}{c(A^-)}$$

若缓冲溶液由弱碱和弱碱盐（例如 $NH_3\cdot H_2O$-NH_4Cl）组成，则：

$$pOH=pK_b^\ominus(B)-\lg\frac{c(B)}{c(BH^+)} \text{ 或 } pH=14-pK_b^\ominus(B)+\lg\frac{c(B)}{c(BH^+)}$$

③ 缓冲溶液性质

a. 抗酸/碱、抗稀释作用　因为缓冲溶液中具有抗酸成分和抗碱成分，所以加入少量强酸或强碱，其 pH 基本上是不变的。稀释缓冲溶液时，酸和碱的浓度比值不改变，适当稀释不影响其 pH。

b. 缓冲容量　缓冲容量是衡量缓冲溶液缓冲能力大小的尺度，缓冲容量的大小与缓冲组分浓度和缓冲组分的比值有关。缓冲组分浓度越大，缓冲容量越大；缓冲组分比值为 1 时，缓冲容量最大。

【仪器和试剂】

(1) 仪器

试管，量筒(100mL、10mL)，烧杯(100mL、50mL)，点滴板，试管架，石棉网，离心机，酒精灯，pH 试纸等。

(2) 试剂

$1mol \cdot L^{-1}$ HAc，$0.1mol \cdot L^{-1}$ NaAc，$0.1mol \cdot L^{-1}$ NaH_2PO_4，$0.1mol \cdot L^{-1}$ HAc，$1mol \cdot L^{-1}$ NaAc，$0.1mol \cdot L^{-1}$ Na_2HPO_4，$0.1mol \cdot L^{-1}$ NaCl，$0.5mol \cdot L^{-1}$ $Fe(NO_3)_3$，$0.1mol \cdot L^{-1}$ $BiCl_3$，$0.1mol \cdot L^{-1}$ $NH_3 \cdot H_2O$，$0.1mol \cdot L^{-1}$ NH_4Cl，$0.1mol \cdot L^{-1}$ HCl，$0.1mol \cdot L^{-1}$ $CrCl_3$，$0.1mol \cdot L^{-1}$ Na_2CO_3，pH=5 的 HCl，$0.1mol \cdot L^{-1}$ NaOH，pH=9 的 NaOH，NaAc(AR)，$1mol \cdot L^{-1}$ NaOH，NH_4Ac(AR)，$2mol \cdot L^{-1}$ HCl，甲基橙溶液，甲基红溶液，酚酞溶液。

【实验步骤】

(1) 同离子效应

① 在试管中加入 5 滴 $0.1mol \cdot L^{-1}$ $NH_3 \cdot H_2O$ 和 1 滴酚酞，观察溶液颜色并做记录。再向其中加入少量 NH_4Ac 固体，摇动试管使其溶解，观察溶液颜色的变化，解释其原因。

② 在试管中加入 5 滴 $0.1mol \cdot L^{-1}$ HAc 和 1 滴甲基橙，观察溶液颜色并做记录。再向其中加入少量 NaAc 固体，摇动试管使其溶解，观察溶液颜色有何变化？解释其原因。

(2) 盐类的水解

① A、B、C、D 是四种失去标签的盐溶液，只知它们是 $0.1mol \cdot L^{-1}$ 的 NaCl、NaAc、NH_4Cl、Na_2CO_3 溶液，试通过测定其 pH 并结合理论计算确定 A、B、C、D 各为何物。

② 在 2 支试管中，均加入 2mL 蒸馏水和 3 滴 $0.5mol \cdot L^{-1}$ $Fe(NO_3)_3$ 混合均匀。将一支试管小火加热至沸腾，两支试管相比较，观察溶液颜色的变化，解释其现象。

③ 取 2 滴 $0.1mol \cdot L^{-1}$ $BiCl_3$ 于离心试管中，加入少量的去离子水溶解，振荡使其充分反应，离心分离，用吸管小心地吸取上层澄清液注入盛有去离子水的试管里，观察发生的现象，再逐滴滴加 $2mol \cdot L^{-1}$ HCl 溶液，观察有何变化，写出反应方程式。

④ 在试管中加入 2 滴 $0.1mol \cdot L^{-1}$ $CrCl_3$ 溶液和 3 滴 $0.1mol \cdot L^{-1}$ Na_2CO_3 溶液，观察现象，写出反应方程式。

(3) 缓冲溶液

① 缓冲溶液的配制与 pH 的测定　按照表 6-2，通过计算配制(在 50mL 干燥的烧杯中)三种不同 pH 的缓冲溶液，然后用 pH 试纸测定它们的 pH。比较理论值与实验值是否相符(溶液留作后面实验用)。

② 缓冲溶液的性质

a. 取 3 支试管，分别加入蒸馏水，pH=5 的 HCl 溶液，pH=9 的 NaOH 溶液各 4mL(每支试管只加入一种溶液），然后向各管加入 1 滴 0.1mol·L^{-1} HCl，测其 pH 值。用相同的方法，试验 1 滴 0.1mol·L^{-1} NaOH 对上述三种溶液 pH 值的影响。将结果记录在表 6-3 中。

表 6-2 缓冲溶液的配制与 pH 的测定

实验编号	理论 pH	各组分的体积(总体体积 15mL) /mL		测定 pH
		溶液	体积	
1	5.0	0.1mol·L^{-1} HAc		
		0.1mol·L^{-1} NaAc		
2	7.0	0.1mol·L^{-1} NaH_2PO_4		
		0.1mol·L^{-1} Na_2HPO_4		
3	9.0	0.1mol·L^{-1} $NH_3·H_2O$		
		0.1mol·L^{-1} NH_4Cl		

表 6-3 缓冲溶液的性质

实验编号	溶液类型	加 1 滴 HCl 后的 pH	加 1 滴 NaOH 后的 pH	加 1mL 水后的 pH
1	蒸馏水			
2	pH=5 的 HCl 溶液			
3	pH=9 的 NaOH 溶液			
4	pH=5 的缓冲溶液			
5	pH=7 的缓冲溶液			
6	pH=9 的缓冲溶液			

b. 取 3 支试管，分别加入配制的 pH=5、pH=7、pH=9 的缓冲溶液各 4mL。然后向各试管加入 1 滴 0.1mol·L^{-1} HCl，用 pH 试纸测其 pH 值。用相同的方法，试验 1 滴 0.1mol·L^{-1} NaOH 对上述三种缓冲溶液 pH 值的影响。将结果记录在表 6-3 中。

c. 取 5 支试管，分别加入 pH=5、pH=7、pH=9 的缓冲溶液，pH=5 的 HCl 溶液，pH=9 的 NaOH 溶液各 4mL，然后向各管中加入 1mL 水，混匀后用 pH 试纸测其 pH，考察稀释对上述五种溶液 pH 的影响。将实验结果记录于 6-3 表中。

通过以上实验结果，说明缓冲溶液具有什么性质？

③ 缓冲溶液的缓冲容量

a. 缓冲容量与缓冲组分浓度的关系　取 2 支大试管，在一试管中加入 0.1mol·L^{-1} HAc 和 0.1mol·L^{-1} NaAc 各 2mL，另一试管中加入 1mol·L^{-1} HAc 和 1mol·L^{-1} NaAc 各 2mL，混匀后用 pH 试纸测定两试管内溶液的 pH 值(是否相同)。在两试管中分别滴入 2 滴甲基红指示剂，溶液呈什么颜色？(甲基红在 $pH<4.4$ 时呈红色，$pH>6.3$ 时呈黄色）然后在两试管中分别逐滴加入 1mol·L^{-1} NaOH 溶液(每加入 1 滴 NaOH 均需摇匀)，直至溶液的颜色变成黄色。记录各试管所滴入 NaOH 的滴数，说明哪一试管中缓冲溶液的缓冲容量大。

b. 缓冲容量与缓冲组分比值的关系　取 2 支大试管，在一试管中加入 0.1mol·L^{-1} NaH_2PO_4 和 0.1mol·L^{-1} Na_2HPO_4 各 5mL，另一试管中加入 0.1mol·L^{-1} NaH_2PO_4 和 0.1mol·L^{-1} Na_2HPO_4 各 1mL，混匀后用 pH 试纸分别测量两试管中溶液的 pH。然后在每试管中各加入 2 滴 0.1mol·L^{-1} NaOH，混匀后再用 pH 试纸分别测量两试管中溶液的 pH。说明哪一试管中缓冲溶液的缓冲容量大。

【思考题】

（1）如何配制 $SnCl_2$溶液和 $FeCl_3$溶液？写出它们水解反应的离子方程式。

（2）影响盐类水解的因素有哪些？

（3）$NaHCO_3$溶液是否具有缓冲作用，为什么？

（4）为什么缓冲溶液具有缓冲作用？

（5）缓冲溶液的 pH 由哪些因素决定？其中主要的决定因素是什么？

实验13　氧化还原反应和氧化还原平衡

【实验目的】

（1）理解电极电势与氧化还原反应的关系。

（2）学习影响氧化还原反应的因素。

（3）掌握一些常见氧化剂、还原剂的氧化、还原性质。

（4）学习原电池的装置及其工作原理。

【实验原理】

（1）氧化还原反应进行的方向

氧化还原反应中电子从一种物质转移到另一种物质，相应某些元素的氧化值发生了改变，这是一类非常重要的反应。自发的氧化还原反应总是在得电子能力强的氧化剂与失电子能力强的还原剂之间发生。物质氧化还原能力的强弱与其本性有关，一般可根据相应电对电极电势的大小来判断。电极电势愈高，表示氧化还原电对中氧化态物质的氧化性愈强，还原态物质的还原性愈弱；电极电势愈低，表示电对中还原态物质的还原性愈强，氧化态物质的氧化性愈弱。根据热力学原理，$\Delta_r G_m < 0$ 的反应能自发向右进行。对于水溶液中的氧化还原反应，$\Delta_r G_m$ 与原电池电动势 E_{MF}之间存在下列关系：

$$\Delta_r G_m = -zFE_{MF} = -zF(E_+ - E_-) \tag{6-6}$$

式中，E_+为正极的电极电势；E_-为负极的电极电势。根据氧化剂和还原剂所对应电对电极电势的相对大小可以判断氧化还原反应的方向。

$E_+ > E_-$，$\Delta_r G_m < 0$，反应正向进行。

$E_+ = E_-$，$\Delta_r G_m = 0$，反应处于平衡状态。

$E_+ < E_-$，$\Delta_r G_m > 0$，反应逆向进行。

当氧化剂电对和还原剂电对的标准电极电势相差较大时，当 $|E^{\ominus}_{MF}| > 0.2V$，通常可以用标准电极电势判断反应的方向；当 $|E^{\ominus}_{MF}| < 0.2V$ 时，则要考虑浓度的影响。

当某水溶液中同时存在多种氧化剂(或还原剂)，都能与加入的还原剂(或氧化剂）发生氧化还原反应，氧化还原反应则首先发生在电极电势差值最大的两个电对所对应的氧化剂和还原剂之间，即最强氧化剂和最强还原剂之间首先发生氧化还原反应。

(2) 酸度对氧化还原反应的影响

对 H^+ 或 OH^- 参加电极反应的电对，溶液的 pH 会影响某些电对的电极电势或氧化还原反应的方向。介质的酸碱性也会影响某些氧化还原反应的产物，例如在酸性、中性和强碱性溶液中，MnO_4^- 的还原产物分别为 Mn^{2+}、MnO_2 和 MnO_4^{2-}。

$$2MnO_4^- + 5SO_3^{2-} + 6H^+ \longrightarrow 2Mn^{2+}\text{(浅肉色)} + 5SO_4^{2-} + 3H_2O$$

$$2MnO_4^- + 3SO_3^{2-} + H_2O \longrightarrow 2MnO_2\downarrow\text{(棕色)} + 3SO_4^{2-} + 2OH^-$$

$$2MnO_4^- + SO_3^{2-} + 2OH^- \longrightarrow 2MnO_4^{2-}\text{(深绿色)} + SO_4^{2-} + H_2O$$

对于某些有介质参加的半反应，其酸度改变，会影响半反应对应电对的电极电势，从而影响氧化还原反应的方向，例如：

$$H_3AsO_4 + 2I^- + 2H^+ \rightleftharpoons HAsO_2 + I_2 + 2H_2O$$

该反应在酸性溶液中，反应正向进行，在中性或碱性溶液中，反应逆向进行。

(3) 浓度对电极电势的影响

由电极反应的能斯特(Nernst) 方程式可以看出浓度对电极电势的影响。298.15 K 时：

$$E = E^{\ominus} + \frac{0.0592\text{V}}{z}\lg\frac{c(\text{氧化型})}{c(\text{还原型})} \tag{6-7}$$

氧化型(还原型) 物质生成沉淀、弱酸或配合物等，氧化型(还原型) 物质浓度降低，电极电势降低(升高)，可能引起氧化还原反应方向的改变。

(4) 中间氧化态化合物的氧化、还原性

中间氧化态物质既可以与其低价态物质组成氧化还原电对而作为氧化剂，也可以与其高价态物质组成氧化还原电对而作为还原剂，因此它既有获得电子的能力又有失去电子的能力，表现出氧化还原的相对性，例如：H_2O_2 既可以作为氧化剂，又可以作为还原剂。

① 在酸性条件下，H_2O_2 与 KI 发生反应，出现棕红色 I_2，说明 H_2O_2 被还原，是氧化剂。

$$2I^- + H_2O_2 + 2H^+ \longrightarrow I_2 + 2H_2O$$

② 在酸性条件下，H_2O_2 与 $KMnO_4$ 发生反应，$KMnO_4$ 的紫色消失，说明 H_2O_2 被氧化，是还原剂。

$$2MnO_4^- + 5H_2O_2 + 6H^+ \longrightarrow 2Mn^{2+} + 5O_2\uparrow + 8H_2O$$

(5) 原电池

原电池是利用氧化还原反应将化学能转变为电能的装置。电池由正、负两极组成，电池在放电过程中，正极发生还原反应，负极发生氧化反应，电池内部还可以发生其他反应，电池反应是电池中所有反应的总和。原电池的电动势 $E_{MF} = E_+ - E_-$。欲测定某电对的电极电势，可将其与参比电极(电极电势已知，恒定的标准电极电势) 组成原电池，测定原电池的电动势，然后计算出待测电极的电极电势值。在实验中，可以用电位差计测定原电池(如铜-锌原电池) 的电动势，当正极或负极有沉淀或配合物生成时，会引起电极电势和电池电动势发生改变。

原电池中有一类由于正负极反应物种相同但浓度不同而产生电动势称为浓差电池。

【仪器和试剂】

(1) 仪器

伏特计，酒精灯，石棉网，水浴锅，锌片，铜片，饱和 KCl 盐桥，试管，试管架，量筒，烧杯，导线，洗瓶，淀粉-KI试纸，砂纸，CCl_4 回收瓶。

(2) 试剂

0.1mol·L^{-1} KI，0.1mol·L^{-1} $FeCl_3$，0.1mol·L^{-1} KBr，饱和碘水，饱和溴水，CCl_4(AR)，0.1mol·L^{-1} $FeSO_4$，0.1mol·L^{-1} Na_2SO_3，1mol·L^{-1} H_2SO_4，6mol·L^{-1} NaOH，0.01mol·L^{-1} $KMnO_4$，0.1mol·L^{-1} KIO_3，0.1mol·L^{-1} $Fe_2(SO_4)_3$，H_2O_2(30%，质量分数)，1mol·L^{-1} $ZnSO_4$，1mol·L^{-1} $CuSO_4$，0.01mol·L^{-1} $CuSO_4$，0.005mol·L^{-1} $CuSO_4$，6mol·L^{-1} HAc，1mol·L^{-1} HCl，浓HCl，MnO_2(AR)，1mol·L^{-1} Na_2SO_4，浓$NH_3·H_2O$，NH_4F(AR)，酚酞，淀粉。

【实验步骤】

(1) 氧化还原反应和电极电势

① 在试管中加入10滴0.1mol·L^{-1} KI溶液和2滴0.1mol·L^{-1} $FeCl_3$溶液，摇匀后加入10滴CCl_4，充分振荡，观察CCl_4层颜色有无变化。

② 用0.1mol·L^{-1} KBr溶液代替KI溶液进行同样实验，观察现象。

③ 往两支试管中分别加入3滴饱和碘水、3滴饱和溴水，然后均加入10滴0.1mol·L^{-1} $FeSO_4$溶液，摇匀后，两支试管均加入10滴CCl_4充分振荡，观察CCl_4层有无变化。

根据以上实验结果，定性地比较Br_2/Br^-、I_2/I^-和Fe^{3+}/Fe^{2+}三个电对的电极电势。

(2) 酸度对氧化还原反应的影响

① 在3支均盛有2滴0.01mol·L^{-1} $KMnO_4$溶液的试管中，分别加入2滴1mol·L^{-1} H_2SO_4溶液、2滴蒸馏水、2滴6mol·L^{-1} NaOH溶液，混合均匀后，再各加入0.1mol·L^{-1} Na_2SO_3溶液，观察颜色的变化有何不同，写出方程式。

② 在试管中加入10滴0.1mol·L^{-1} KI溶液和2滴0.1mol·L^{-1} KIO_3溶液，再加几滴淀粉溶液，混合后观察溶液颜色有无变化。然后加2～3滴1mol·L^{-1} H_2SO_4溶液酸化混合液，观察有什么变化，最后滴加2～3滴6mol·L^{-1} NaOH使混合液显碱性，又有什么变化？写出有关反应式。

③ 在两支各盛10滴0.1mol·L^{-1} KBr溶液的试管中，分别加入10滴1mol·L^{-1} H_2SO_4和10滴6mol·L^{-1} HAc溶液，然后各加入2滴0.01mol·L^{-1} $KMnO_4$溶液，观察两支试管中红色褪去的速度。分别写出有关反应方程式。

(3) 浓度对氧化还原反应的影响

① 往盛有H_2O、CCl_4和0.1mol·L^{-1} $Fe_2(SO_4)_3$各10滴的试管中加入10滴0.1mol·L^{-1} KI溶液，振荡后观察CCl_4层的颜色。

② 往盛有CCl_4、0.1mol·L^{-1} $FeSO_4$和0.1mol·L^{-1} $Fe_2(SO_4)_3$各10滴的试管中，加入10滴0.1mol·L^{-1} KI溶液，振荡后观察CCl_4颜色有何区别。

③ 在步骤①的试管中，加入少许NH_4F固体，振荡，观察CCl_4层颜色的变化。说明配合物的生成对氧化还原反应的影响。

④ 取少量的固体MnO_2加入试管中，加入5滴1mol·L^{-1} HCl，观察现象，用淀粉-KI试纸检查是否有氯气生成。在通风橱中以浓盐酸代替1mol·L^{-1} HCl进行试验，结果如何？

⑤ 在试管中加入10滴0.1mol·L^{-1} $CuSO_4$和10滴0.1mol·L^{-1} KI，观察沉淀的生成，再加入15滴CCl_4溶液，充分振荡，观察CCl_4层颜色的变化，写出反应方程式。

(4) 氧化数居中物质的氧化还原性

① 在试管中加入5滴0.1mol·L^{-1} KI和2～3滴1mol·L^{-1} H_2SO_4，再加入1～2滴30% H_2O_2，观察试管中溶液颜色的变化，再加入10滴CCl_4，振荡，观察CCl_4层的颜色，并解

释此现象。

② 在试管中加入5滴0.01mol·L^{-1} $KMnO_4$和5滴1mol·L^{-1} H_2SO_4，然后逐滴加入30% H_2O_2，观察有什么现象，并写出反应方程式。

(5) 原电池的实验

① 铜锌原电池　往一只100mL小烧杯中加入约30mL 1mol·L^{-1} $ZnSO_4$溶液，在其中插入锌片；往另一只小烧杯中加入约30mL 1mol·L^{-1} $CuSO_4$溶液，在其中插入铜片。用盐桥将两烧杯相连，组成一个原电池。用导线将锌片和铜片分别与伏特计的负极和正极相接，测量两极之间的电压。

在$CuSO_4$溶液中注入浓氨水至生成的沉淀溶解，形成深蓝色溶液为止：

$$Cu^{2+}+4NH_3 = [Cu(NH_3)_4]^{2+}$$

测量电压，观察有何变化。再于$ZnSO_4$溶液中加入浓氨水至生成的沉淀完全溶解为止：

$$Zn^{2+}+4NH_3 = [Zn(NH_3)_4]^{2+}$$

测量电压，观察又有什么变化。利用Nernst方程式来解释实验现象。

② 浓差电池　往一只100mL小烧杯中加入约30mL 1mol·L^{-1}$CuSO_4$溶液，在其中插入铜片；往另一只小烧杯中加入约30mL 0.005mol·L^{-1} $CuSO_4$（再做一组0.01mol·L^{-1} $CuSO_4$溶液），在其中插入铜片。用盐桥将两烧杯相连，组成一个浓差电池。用导线将铜片和铜片分别与伏特计的正极和负极相接，测量两极之间的电压。

$$(-)Cu \mid Cu^{2+}(0.005mol \cdot L^{-1}) \parallel Cu^{2+}(1mol \cdot L^{-1}) \mid Cu(+)$$

$$(-)Cu \mid Cu^{2+}(0.01mol \cdot L^{-1}) \parallel Cu^{2+}(1mol \cdot L^{-1}) \mid Cu(+)$$

测量电压，观察有什么变化。利用Nernst方程式来解释实验现象。

【注意事项】

(1) 盐桥的制法　称取1g琼脂，放在100mL KCl饱和溶液中浸泡一会儿，在不断搅拌下，加热煮成糊状，趁热倒入U形玻璃管中（管内不能留有气泡，否则会增加电阻），冷却即成。

(2) 电极的处理　电极的锌片、铜片要用砂纸擦干净，以免增大电阻。

【思考题】

(1) 水溶液中氧化还原反应进行的方向可用什么判断？影响因素又有哪些？

(2) 什么叫浓差电池？

(3) 介质对$KMnO_4$的氧化性有何影响？用本实验事实及电极电势予以说明。

(4) 为什么H_2O_2既具有氧化性，又具有还原性？试从电极电势予以说明。

实验14　配合物的性质

【实验目的】

(1) 了解配离子的形成及其与简单离子的区别。

(2) 加深对配合物特性的理解，比较并解释配离子的相对稳定性。

(3) 了解配位平衡与酸碱平衡、沉淀溶解平衡、氧化还原平衡之间的关系。

(4) 了解螯合物的形成及特点。

(5) 了解配合物的一些应用。

【实验原理】

由中心离子(或原子)和几个配体分子(或离子)以配位键相结合而形成的复杂分子或离子，通常称为配位单元。凡是含有配位单元的化合物都称作配位化合物，简称配合物。配合物一般由内界和外界两部分组成，具有复杂结构的配离子形成配合物的内界，表示在方括号内，其他离子为外界，如 $[Co(NH_3)_6]Cl_3$ 中，Co^{3+} 和 NH_3 组成内界，三个 Cl^- 处于外界，在水溶液中主要存在 $[Co(NH_3)_6]^{3+}$ 和 Cl^- 两种离子，因配离子的形成，在一定程度上失去 Co^{3+} 和 NH_3 各自独立存在时的化学性质，因而用一般方法检查不出 Co^{3+} 和 NH_3 来，而复盐在水溶液中是离解为简单离子的。

配离子在水溶液中或多或少地解离成简单离子，因此，在溶液中同时存在着配离子的生成和解离过程，即存在着配位平衡，如：

$$Cu^{2+} + 4NH_3 \rightleftharpoons [Cu(NH_3)_4]^{2+}$$

$$K_f^{\ominus} = \frac{c\{[Cu(NH_3)_4]^{2+}\}/c^{\ominus}}{[c(Cu^{2+})/c^{\ominus}][c(NH_3)/c^{\ominus}]^4} \tag{6-8}$$

平衡常数 $K_f^{\ominus}$ 称为配离子稳定常数，也叫配离子生成常数。它具有平衡常数的一般特点，$K_f^{\ominus}$ 越大，配离子越稳定，解离的趋势越小(同类型)，利用它可大致判断配位反应进行的方向，一个体系中首先生成最稳定的配合物，稳定性小的配合物可转化为稳定性大的配合物。

根据平衡移动原理，改变中心离子或配位体的浓度，配位平衡会发生移动。当溶液中某种配合物的组分离子生成沉淀、更稳定的配合物、弱电解质时，该离子浓度降低，使配位平衡发生移动，配离子解离。

在鉴定和分离离子时，常常利用形成配合物的方法来掩蔽干扰离子。例如 Co^{2+} 和 Fe^{3+} 共存时，用 NH_4SCN 法鉴定 Co^{2+}，生成的 $[Co(SCN)_4]^{2-}$ 易溶于有机溶剂戊醇呈现蓝绿色，若有 Fe^{3+} 存在，蓝色会被 $[Fe(SCN)_n]^{3-n}$ 的血红色掩蔽，这时可加入 NH_4F，使 Fe^{3+} 离子生成无色的 $[FeF_6]^{3-}$，以消除 Fe^{3+} 的干扰。

中心原(离)子与配位体形成稳定的具有环状结构的配合物，称为螯合物。常用于实验化学中鉴定金属离子，如 Ni^{2+} 的鉴定反应就是利用 Ni^{2+} 与丁二酮肟在弱碱性条件下反应，生成玫瑰红色螯合物。

$$2NH_3\cdot H_2O + 2\begin{array}{l}CH_3-C{=}NOH\\ \quad\quad\ \ |\\ CH_3-C{=}NOH\end{array} + Ni^{2+} \rightleftharpoons \begin{array}{c}O\cdots H-O\\ H_3C-C{=}N\quad N{=}C-CH_3\\ Ni\\ H_3C-C{=}N\quad N{=}C-CH_3\\ O-H\cdots O\end{array} + 2NH_4^+ + 2H_2O$$

【仪器和试剂】

(1) 仪器

离心机，漏斗，烧杯(50mL、100mL)，量筒(10mL)，过滤装置。

(2) 试剂

$0.2mol\cdot L^{-1}$ $FeCl_3$，$2mol\cdot L^{-1}$ NH_4F，$0.1mol\cdot L^{-1}$ NH_4SCN，$2mol\cdot L^{-1}$ $NaOH$，$0.1mol\cdot L^{-1}$ $K_3[Fe(CN)_6]$，$0.1mol\cdot L^{-1}$ $CuSO_4$，$2mol\cdot L^{-1}$ $NH_3\cdot H_2O$，饱和 $CaCl_2$，$6mol\cdot L^{-1}$ $NH_3\cdot H_2O$，$0.1mol\cdot L^{-1}$ $BaCl_2$，$0.1mol\cdot L^{-1}$ $NaOH$，$0.5mol\cdot L^{-1}$ $FeCl_3$，$0.5mol\cdot L^{-1}$ NH_4SCN，$6mol\cdot L^{-1}$ HCl，饱和 $(NH_4)_2C_2O_4$，$0.2mol\cdot L^{-1}$ $CuSO_4$，$1mol\cdot L^{-1}$ H_2SO_4，$0.2mol\cdot L^{-1}$ $(NH_4)_2C_2O_4$，$6mol\cdot L^{-1}$ H_2SO_4，$0.1mol\cdot L^{-1}$ $AgNO_3$，$0.1mol\cdot L^{-1}$ $NaCl$，

0.1mol·L^{-1}EDTA，0.1mol·L^{-1} KBr，0.1mol·L^{-1} $Na_2S_2O_3$，0.1mol·L^{-1} KI，0.1mol·L^{-1} $Ni(NO_3)_2$，0.1mol·L^{-1} $CoCl_2$，0.1mol·L^{-1} $FeCl_3$，戊醇，CCl_4，丁二酮肟。

【实验步骤】

(1) 简单离子和配离子的区别

① 在试管中加入2滴0.2mol·L^{-1} $FeCl_3$溶液，观察溶液的颜色，在此溶液中逐滴加入2mol·L^{-1} NH_4F溶液，观察颜色的变化。然后逐滴加入0.1mol·L^{-1} NH_4SCN溶液，观察溶液颜色的变化，解释此现象。

② 在试管中加入2滴0.2mol·L^{-1} $FeCl_3$溶液，然后逐滴加入少量2mol·L^{-1} NaOH溶液，观察现象。以0.1mol·L^{-1} $K_3[Fe(CN)_6]$溶液代替$FeCl_3$，做同样实验观察现象有何不同，并解释原因。

(2) 配合物的生成

① 含配阳离子的配合物　往试管中加入约2mL 0.1mol·L^{-1} $CuSO_4$，逐滴加入2mol·L^{-1} $NH_3·H_2O$,直至最初生成的沉淀溶解。注意沉淀和溶液的颜色，写出反应的方程式。

在2支试管中分别加入上述溶液10滴[其余部分可留用做步骤(4) ③a的实验]，一份加3～5滴0.1mol·L^{-1} $BaCl_2$，另一份加3滴0.1mol·L^{-1} NaOH，观察现象。

② 含配阴离子的配合物　往试管中加入1.0mL饱和NaCl溶液，然后向此溶液中逐滴加入0.1mol·L^{-1} $CuSO_4$溶液，边加边振荡，观察溶液颜色的变化。

在盛有0.5mL 0.2mol·L^{-1}的$CuSO_4$溶液的试管中，边滴加0.1mol·L^{-1}的KI溶液边振荡，溶液变为棕黄色（CuI为白色沉淀、I_2溶于KI呈黄色）。再滴加过量的0.5mol·L^{-1}的$Na_2S_2O_3$溶液。观察产物的颜色和状态，写出反应式。

(3) 配合物的稳定性

在1支含有5滴0.5mol·L^{-1} $FeCl_3$溶液的试管中，依次加入0.5mol·L^{-1} NH_4SCN、2mol·L^{-1}的NH_4F和饱和$(NH_4)_2C_2O_4$溶液，观察一系列试验现象，比较这三种Fe(Ⅲ)配离子的稳定性，说明这些配离子间的转化关系。

(4) 配位平衡

① 配体过量　在1支试管中加入2滴0.2mol·L^{-1}的$FeCl_3$和15滴0.2mol·L^{-1}的$(NH_4)_2C_2O_4$溶液，检查溶液中是否有Fe^{3+}存在(如何检查)，在检查液中加入6mol·L^{-1}的HCl溶液，观察有何现象，解释原因。

② 中心离子过量　在1支试管中加入3滴0.2mol·L^{-1}的$FeCl_3$和3滴0.2mol·L^{-1}的$(NH_4)_2C_2O_4$溶液，检验溶液中有无$C_2O_4^{2-}$存在(如何检验)，在检查液中逐滴加入0.1mol·L^{-1}EDTA有何现象？解释并写出有关方程式。

③ 酸碱平衡与配位平衡

a. 10滴0.2mol·L^{-1}的$CuSO_4$溶液中逐滴加入2mol·L^{-1}的$NH_3·H_2O$，振荡试管，直到沉淀全部溶解为止，观察现象，写出反应式，逐滴加入1mol·L^{-1}的H_2SO_4，有什么变化？继续滴加1mol·L^{-1} H_2SO_4至溶液显酸性，有何变化？写出反应方程式。

b. 试管中加入10滴0.2mol·L^{-1}的$FeCl_3$溶液，逐滴加入2mol·L^{-1} NH_4F至溶液无色，将此溶液分为两份，分别滴加1滴0.1mol·L^{-1}的NaOH和1滴6mol·L^{-1}的H_2SO_4，观察现象，写出有关反应式并解释原因。

由上述实验，综合说明酸碱平衡对配位平衡的影响。

④ 沉淀平衡与配位平衡　在盛有5滴0.1mol·L^{-1} $AgNO_3$溶液试管中，加入5滴0.1mol·L^{-1}NaCl溶液，观察到白色沉淀生成，边滴加6mol·L^{-1}$NH_3·H_2O$边振摇至沉淀

刚好溶解，再加 5 滴 0.1mol·L^{-1} KBr 溶液，观察到浅黄色沉淀生成。然后滴加 0.1mol·L^{-1} $Na_2S_2O_3$溶液，边加边摇，直至刚好溶解。滴加 0.1mol·L^{-1}KI 溶液，又有何沉淀生成？

通过以上实验，比较各配合物的稳定性大小，并比较各沉淀溶度积大小，写出有关反应方程式，并讨论沉淀平衡对配位平衡间的影响。

⑤ 氧化还原平衡与配位平衡 往 5 滴 0.1mol·L^{-1}的 KI 溶液中加入 3 滴 0.2mol·L^{-1}的 $FeCl_3$溶液和 10 滴 CCl_4，振荡试管，观察 CCl_4层及溶液的颜色变化。另取 1 支试管，加入 5 滴0.1mol·L^{-1} KI 溶液和 3 滴 0.2mol·L^{-1} $FeCl_3$溶液，再逐滴加入饱和$(NH_4)_2C_2O_4$溶液和 10 滴 CCl_4，振荡，对比两支试管中 CCl_4层和溶液的颜色，分别写出反应方程式。

(5) 配合物的应用

① 利用形成有色配合物鉴定金属离子 在 1 支试管中加入 5 滴 0.1mol·L^{-1} $Ni(NO_3)_2$溶液，观察溶液的颜色。逐滴加入 2mol·L^{-1} $NH_3·H_2O$，每加 1 滴都要充分振荡，并嗅其氨味，如果嗅不出氨味，再加入第 2 滴，直至出现氨味，并注意观察溶液颜色。然后滴加 5 滴丁二酮肟溶液，摇动，观察玫瑰红色结晶的生成。

② 利用生成配合物掩蔽某些干扰离子 在 1 支试管中加入 2 滴 0.1mol·L^{-1} $CoCl_2$溶液和几滴 0.5mol·L^{-1} NH_4SCN，再加一些戊醇(10 滴左右)（现象不明显，可再加入少量丙酮)，观察现象。

在 1 支试管中加入 1 滴 0.1mol·L^{-1}的 $FeCl_3$溶液和 5 滴 0.1mol·L^{-1}的 $CoCl_2$溶液，然后滴加 0.5mol·L^{-1} NH_4SCN 溶液 3～4 滴，观察现象。再逐滴加入 2mol·L^{-1}的 NH_4F 溶液，并振摇试管，观察现象，等溶液的血红色褪去后，加适量戊醇(现象不明显，可再加入少量丙酮)，振摇，静置，观察戊醇层颜色。

③ 硬水软化 取 2 只 100mL 烧杯，各盛 50mL 自来水，在其中 1 只烧杯中加入 3～5 滴 0.1mol·L^{-1}EDTA 二钠盐溶液。然后将两只烧杯中的水加热煮沸 10min。可以看到，未加 EDTA 二钠盐溶液的烧杯中有白色悬浮物（何物?）生成，加 EDTA 二钠盐溶液的烧杯中则没有，解释该现象。

【注意事项】

(1) 在性质实验中一般来说，试剂要逐滴加入，否则一次性加入过量的试剂可能看不到中间产物的生成。制备配合物时，配位剂要逐滴加入，有利于看到中间产物沉淀的生成；生成沉淀的步骤，沉淀量要少，即刚观察到沉淀生成就可以；使沉淀溶解的步骤，加入试液越少越好，即使沉淀恰好溶解为宜。因此，溶液必须逐滴加入，且边滴边摇，若试管中溶液量太多，可在生成沉淀后，离心沉降弃去清液，再继续实验。

(2) 生成配合物时，要选择合适浓度的配位剂，例如，$[Cu(NH_3)_4]^{2+}$ 的生成要用 2mol·L^{-1} $NH_3·H_2O$，AgCl 的溶解要用 6mol·L^{-1} $NH_3·H_2O$，实验中不要将药品浓度搞错。

(3) NH_4F 试剂对玻璃有腐蚀作用，储藏时最好放在塑料瓶中。

【思考题】

(1) 氧化剂(还原剂) 生成配离子时，氧化还原性如何改变?

(2) 根据实验中的现象，总结影响配位平衡的主要因素。

7

一些物理常数的测定

实验15 阿伏伽德罗常数的测定

【实验目的】

(1) 掌握电解的基本原理。

(2) 巩固分析天平的使用方法。

【实验原理】

单位物质的量的任何物质均含有相同数目的基本单元，此数据称为阿伏伽德罗常数 N_A。测定该常数的方法有多种，本实验采用的是电解法。

如用两块已知质量的铜片作电极，进行 $CuSO_4$ 溶液的电解实验，测定生成 1mol Cu(s) 所需的电量 Q，已知 1 个 Cu^{2+} 所带的电量($2\times1.6\times10^{-19}$C)，则可求出 1mol Cu(s) 中所含的原子个数 N_A，此数值为阿伏伽德罗常数。

$$N_A = \frac{Q}{2\times1.6\times10^{-19}\text{C}} \tag{7-1}$$

电解时，电流强度为 I(A)，通电时间为 t(s)，阴极铜片增加的质量为 m(kg)，则电解得到的 1mol Cu(s) 所需的电量 Q 为：

$$Q = \frac{ItM(\text{Cu})}{m} \tag{7-2}$$

则 1mol Cu(s) 所含的原子个数 N_A 为：

$$N_A = \frac{ItM(\text{Cu})}{mze} \tag{7-3}$$

式中，z 为电极反应的得失电子数；电子电荷量 $e=1.60\times10^{-19}$C；M(Cu) 为铜单质的摩尔质量。

同理，阳极铜片减少的质量为 m'(kg)，则耗去 1mol Cu(s) 所需的电荷量 Q' 为：

$$Q' = \frac{ItM(\text{Cu})}{m} \tag{7-4}$$

$$N_A' = \frac{ItM(\text{Cu})}{m'ze} \tag{7-5}$$

从理论上讲，$m=m'$，但由于铜片往往不纯，使 $m<m'$，因此，按阴极铜片增加的质量计算阿伏伽德罗常数 N_A 值较为准确。

【仪器和试剂】

（1）仪器

分析天平，直流电源，变阻箱，毫安表，烧杯，砂纸，棉花。

（2）试剂

$CuSO_4$（0.5mol·L^{-1}、pH=3.0，加 H_2SO_4 酸化），无水乙醇，纯紫铜片（3cm×5cm）。

【实验步骤】

取 3cm×5cm 薄的纯紫铜片两块，分别用 0 号、000 号砂纸擦去表面氧化物，然后用去离子水洗，再用蘸有无水乙醇的棉花擦净。待完全干燥后，精确称量（准确至 0.0001g）。一块作阴极，另一块作阳极（千万不要弄错，最好在电极上作记号）。在 100mL 烧杯中加入约 80mL 酸化的 $CuSO_4$ 溶液。将每块铜片高度的 2/3 左右浸在 $CuSO_4$ 溶液中，两个电极的距离保持在 1.5cm，按图 7-1 连接电路。直流电压控制为 10V，实验开始后，变阻箱的电阻值控制在 60～70Ω。接通电源，迅速调节电阻使毫安表指针在 100mA 处，同时准确记下时间。通电 60min，断开电源，停止电解。

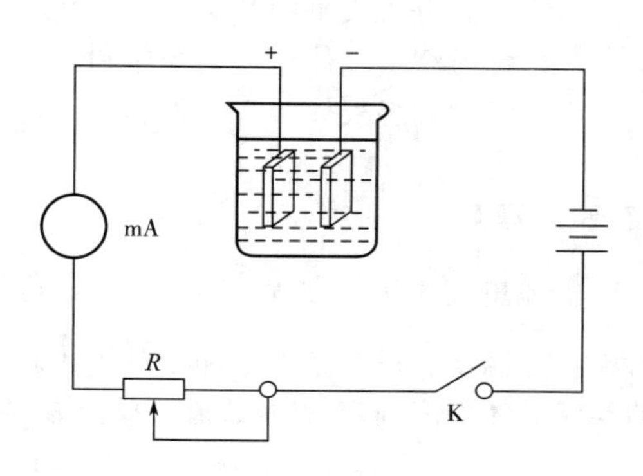

图 7-1　硫酸铜溶液电解示意图

mA—毫安表；K—开关；R—变阻箱

在整个电解期间，电流尽可能保持不变，如有变动，可调节电阻以维持恒定。

实验数据记录与处理见表 7-1。

表 7-1　实验数据记录与处理

电极铜片称量	阴极铜片增量 m/g（m=电解后－电解前）	阳极铜片失量 m'/g（m'=电解前－电解后）
电解时间 t/s		
电流强度 I/A		
$N_A=\dfrac{It\times 63.5\text{g}\cdot\text{mol}^{-1}}{m\times 2\times 1.6\times 10^{19}\text{C}}$		

【思考题】

（1）实验中，$CuSO_4$ 溶液的浓度对实验结果有无影响？

（2）测定阿伏伽德罗常数的原理是什么？

（3）根据本实验所用的参数方程，还可以测量哪些物理量？试设计测量方案。

（4）如果在电解过程中，电流不能维持恒定，对实验结果会有何影响？

（5）由阴、阳极板质量的变化量获得两个 N_A 值，误差大的是哪一个极板？为什么？

（6）写出在阴极和阳极上进行的反应。

（7）电解时，实验的电流强度为 I(A)，在时间 t(s) 内通过的总电量应如何计算？

（8）设阴极铜片的增量为 m(g)，试计算每增加一单位质量时所需的电量，以及得到1mol 铜所需要的电量。

（9）由 1 个 Cu^{2+} 所带的电量，以及得到或失去 1mol 铜所需的电量，能否求出阿伏伽德罗常数？试写出计算式。

实验16 摩尔气体常数的测定

【实验目的】

（1）了解分析天平的基本结构、性能和使用规则。

（2）练习测量气体体积的操作和大气压力计的使用。

（3）掌握理想气体状态方程和分压定律的应用。

【实验原理】

由理想气体状态方程 $pV=nRT$，可知摩尔气体常数 $R=\frac{pV}{nT}$。因此对一定量的气体，若在一定温度、压力条件下测出其体积就可求出 R，本实验通过测定金属镁与盐酸反应产生的氢气的体积来确定 R 的数值。反应方程式为：

$$Mg(s) + 2HCl \longrightarrow MgCl_2(aq) + H_2(g)$$

准确称取一定质量 [m(Mg)]的金属镁片与过量的 HCl 反应，在一定的温度与压力条件下，测出被置换的湿氢气的体积 $V(H_2)$，而氢气的物质的量可由镁片的质量算出。实验室的温度和压力可以分别由温度计和大气压力计测得。由于氢气是采用排水集气法收集的，氢气中混有水蒸气，若查出实验温度下水的饱和蒸气压，就可由分压定律，算出氢气的分压：

$$p(H_2) = p - p(H_2O) \tag{7-6}$$

将以上各项数据代入理想气体状态方程中，就可以利用公式 $R=\frac{pV}{nT}$ 求出 R。

本实验也可选用铝或锌与盐酸反应来测定 R 值。

【仪器和试剂】

（1）仪器

量气管(或 50mL 的碱式滴定管)，试管，漏斗，铁架台，乳胶管，砂纸，镁条等。

（2）试剂

HCl($6mol \cdot L^{-1}$)。

【实验步骤】

（1）试样的称取

准确称取三片已擦去表面氧化膜的镁条，每份质量为 0.0200～0.0400g；如果用铝片，则称取 0.0200～0.0300g；如果用锌片，则称取 0.0800～0.1000g。

（2）仪器的安装

按图 7-2 所示装好仪器。打开试管的塞子由漏斗往量气管内装水至略低于刻度“0”，上下移动漏斗以赶净胶管和量气管器壁的气泡，然后固定漏斗。

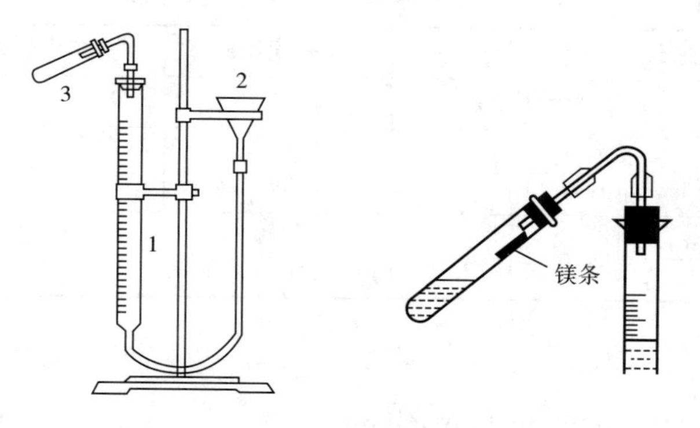

图 7-2 摩尔气体常数测定装置

1—量气管；2—漏斗；3—试管

(3) 检查装置是否漏气

塞紧试管的橡皮塞，将漏斗向上(或向下) 移动一段距离，使漏斗中水面低于(或高于)量气管中的水面。固定漏斗位置，量气管中的水面若不停移动，表示装置漏气，应检查各连接处是否接好，重复操作直至不漏气为止。

(4) 测定

取下试管，调整漏斗高度，使量气管水面略低于刻度“0”。小心向试管中加入 3mL $6mol \cdot L^{-1}$ HCl 溶液，注意不要使盐酸沾湿试管壁。将已称量的金属片蘸少许水，贴在试管内壁上(勿与酸接触)。固定试管，塞进橡皮塞，再次检漏。调整漏斗位置，使量气筒内水面与漏斗内水面保持在同一水平面，准确读出量气管内液面的位置 V_1。

轻轻振荡试管，使镁条落入 HCl 中，镁条与 HCl 反应放出 H_2，此时量气管内水平面开始下降。为了避免量气管中压力过大而造成漏气，在量气管内水平面下降的同时，慢慢下移漏斗，使漏斗中的水面和量气管中的液面基本保持相同水平，反应停止后，固定漏斗。待试管冷却至室温(5～10min)，再次移动漏斗，使其水面与量气管内水面相平，读出反应后量气管内水面的精确读数 V_2。

记录实验时的室温 T 与大气压 p。从附录中查出室温时水的饱和蒸气压 $p(H_2O)$。用另两个镁条重复上述操作。

(5) 数据记录和结果处理

摩尔气体常数测定实验结果记录于表 7-2，数据处理结果记录于表 7-3。

表 7-2 摩尔气体常数实验记录

数据记录	第一次试验	第二次试验	第三次试验
镁条质量 m/g			
反应前量气管液面读数 V_1/mL			
反应后量气管液面读数 V_2/mL			
室温 T/℃			
大气压 p/Pa			
室温时的饱和水蒸气压 $p(H_2O)$ /Pa			

表 7-3　摩尔气体常数实验数据处理结果

数据记录	第一次试验	第二次试验	第三次试验
氢气的分压 $[p(H_2)=p-p(H_2O)]/Pa$			
气体常数 R 的数值，$R=\frac{p(H_2)V(H_2)}{n(H_2)T}$			
相对误差 $\left(\frac{\lvert R_{通用值}-R_{实验值}\rvert}{R_{通用值}}\times 100\%\right)/\%$			

【思考题】

（1）检查实验装置是否漏气的原理是什么？

（2）在读取量气管中水面的读数时，为什么要使漏斗中的水面与量气管中的水面相平？

（3）造成本实验误差的原因是什么？哪几步是关键操作？

（4）如有下列情况对实验结果有何影响？

① 反应过程中实验装置漏气；

② 镁片表面有氧化膜；

③ 反应过程中，从量气管中压入漏斗的水过多而使水从漏斗中溢出。

实验17　化学反应平衡常数的测定(光电比色法)

【实验目的】

（1）了解光电比色法测定化学平衡常数的方法。

（2）学习分光光度计的使用方法。

【实验原理】

化学平衡常数有时可用比色法来测定，比色法原理是：当一束波长一定的单色光通过有色溶液时，被吸收的光量和溶液的浓度、溶液的厚度以及入射光的强度等因素有关。

设 c 为溶液浓度，l 为溶液的厚度，I_0 为入射光的强度，I 为透过溶液后光的强度。根据实验的结果表明，有色溶液对光的吸收程度与溶液中的有色物质的浓度和溶液的厚度的乘积成正比。这就是朗伯-比耳定律，其数学表达式为：

$$\lg\frac{I_0}{I}=\varepsilon cl \tag{7-7}$$

式中，$\lg\frac{I_0}{I}$ 为光线通过溶液时被吸收的程度，称为吸光度；ε 为一个常数，称为吸光系数。如将 $\lg\frac{I_0}{I}$ 用 A 表示，式(7-7) 也可以写成：

$$A=\varepsilon cl \tag{7-8}$$

根据式(7-8) 有以下两种情况。

（1）若同一种有色物质的两种不同浓度的溶液吸光度相同，则可得：

$$c_1 l_1=c_2 l_2 \quad 或 \quad c_2=\frac{l_1}{l_2}c_1 \tag{7-9}$$

如果已知标准溶液有色物质的浓度为 c_1，并测得标准溶液的厚度为 l_1，未知溶液的厚

度为 l_2，则从式(7-9) 即可求出未知溶液中有色物质的浓度 c_2，这就是目测比色法的依据。

(2) 若同一种有色物质的两种不同浓度的溶液的厚度相同，则可得：

$$\frac{A_1}{A_2}=\frac{c_1}{c_2} \quad 或 \quad c_2=\frac{A_2}{A_1}c_1 \tag{7-10}$$

如果已知标准溶液有色物质的浓度为 c_1，并测得标准溶液的吸光度为 A_1，未知溶液的吸光度为 A_2，则从式(7-10) 即可求出未知溶液中有色物质的浓度 c_2，这就是本实验中光电比色法的依据。

本实验通过光电比色法测定下列化学反应的平衡常数。

$$Fe^{3+}+HSCN \longrightarrow [Fe(SCN)]^{2+}+H^+$$

$$K^{\ominus}=\frac{[Fe(SCN)^{2+}][H^+]}{[Fe^{3+}][HSCN]} \tag{7-11}$$

由于反应中 Fe^{3+}、HSCN 和 H^+ 都是无色，只有 $[Fe(SCN)]^{2+}$ 是深红色的，所以平衡时溶液的 $[Fe(SCN)]^{2+}$ 的浓度可以用已知浓度的 $[Fe(SCN)]^{2+}$ 标准溶液通过比色测得，然后根据反应方程式和 Fe^{3+}、HSCN、H^+ 的初始浓度，求出平衡时各物质的浓度，即可根据式(7-11) 算出化学平衡常数 $K^{\ominus}$。

本实验中，已知浓度的 $[Fe(SCN)]^{2+}$ 标准溶液可以根据下面的假设配制：当 $[Fe^{3+}]=$ [HSCN]时，反应中 HSCN 可以假设全部转化为 $[Fe(SCN)]^{2+}$。因此，$[Fe(SCN)]^{2+}$ 的标准溶液浓度就是所用 HSCN 的初始浓度，实验中作为标准溶液的初始浓度为：$[Fe^{3+}]=0.1000mol \cdot L^{-1}$，$[HSCN]=0.0002000mol \cdot L^{-1}$。

由于 Fe^{3+} 水解会产生一系列有色离子，例如棕色 $[Fe(OH)]^{2+}$，因此，溶液必须保持较大的 $[H^+]$ 以阻止 Fe^{3+} 的水解，较大的 $[H^+]$ 不仅可以阻止 Fe^{3+} 的水解，还可以使 HSCN 基本上保持未电离状态。

本实验中的溶液用 HNO_3 保持溶液的 $[H^+]=0.5mol \cdot L^{-1}$。

【仪器和试剂】

(1) 仪器

分光光度计，移液管，烧杯(50mL、400mL)。

(2) 试剂

$Fe(NO_3)_3$($0.2000mol \cdot L^{-1}$、$0.002000mol \cdot L^{-1}$)，KSCN ($0.002000mol \cdot L^{-1}$)。

【实验步骤】

(1) $[Fe(SCN)]^{2+}$ 标准溶液的配制

在 1 号干燥、洁净的烧杯中倒入 10.00mL $0.2000mol \cdot L^{-1}$ Fe^{3+} 溶液、2.00mL $0.0002mol \cdot L^{-1}$ KSCN 溶液和 8.00mL H_2O 充分混合，得到$[Fe(SCN)]^{2+}$标准溶液的浓度为 $0.000200mol \cdot L^{-1}$。

(2) 混合

在 2～5 号烧杯中，分别按表 7-4 中的剂量配制溶液并混合均匀。

表 7-4 溶液配制剂量

烧杯编号	$0.0002mol \cdot L^{-1}$ Fe^{3+}/mL	$0.0020mol \cdot L^{-1}$ KSCN/mL	H_2O/mL
2	5.00	5.00	0.00
3	5.00	4.00	1.00

续表

烧杯编号	0.0002mol·L^{-1} Fe^{3+}/mL	0.0020mol·L^{-1} KSCN/mL	H_2O/mL
4	5.00	3.00	2.00
5	5.00	2.00	3.00

(3) 测吸光度

在分光光度计上，用波长 447nm，测得 1～5 号溶液的吸光度。

(4) 数据记录和处理

将溶液的吸光度、初始浓度和计算得到的各平衡浓度及 $K^{\ominus}$ 值记录在表 7-5 中。

表 7-5　数据记录

试管编号	吸光度 A	初始浓度/mol·L^{-1}		平衡浓度/mol·L^{-1}			
		$[Fe^{3+}]_{始}$	$[HSCN]_{始}$	$[H^+]_{平}$	$[Fe(SCN)^{2+}]_{平}$	$[Fe^{3+}]_{平}$	$[HSCN]_{平}$
2							
3							
4							
5							

计算各平衡浓度：$[H^+]_{平衡}=\dfrac{1}{2}[HNO_3]$，$[Fe(SCN)^{2+}]_{平衡}=\dfrac{A_n}{A_1}[Fe(SCN)^{2+}]_{标准}$

$$[Fe^{3+}]_{平衡}=[Fe^{3+}]_{始}-[Fe(SCN)^{2+}]_{平衡}$$

$$[HSCN]_{平衡}=[HSCN]_{始}-[Fe(SCN)^{2+}]_{平衡}$$

计算 $K^{\ominus}$ 值时，将上面求得的各平衡浓度代入式(7-11) 中，求出结果。

上面计算的 $K^{\ominus}$ 值是近似值，精确计算时，平衡时的 [HSCN] 应考虑 HSCN 的电离部分：

$$[HSCN]_{始}=[HSCN]_{平衡}+[Fe(SCN)^{2+}]_{平衡}+[SCN^-]_{平衡}$$

由于：

$$HSCN = H^+ + SCN^-$$

$$K_{HSCN}=\frac{[H^+][SCN^-]}{[HSCN]}$$

故：

$$[SCN^-]_{平衡}=K_{HSCN}\frac{[HSCN]_{平衡}}{[H^+]_{平衡}}$$

因此：

$$[HSCN]_{始}=[HSCN]_{平衡}+[Fe(SCN)^{2+}]_{平衡}+K_{HSCN}\frac{[HSCN]_{平衡}}{[H^+]_{平衡}}$$

$$[HSCN]_{平衡}+K_{HSCN}\frac{[HSCN]_{平衡}}{[H^+]_{平衡}}=[HSCN]_{始}-[Fe(SCN)^{2+}]_{平衡}$$

$$[HSCN]_{平衡}\left(1+\frac{K_{HSCN}}{[H^+]_{平衡}}\right)=[HSCN]_{始}-[Fe(SCN)^{2+}]_{平衡}$$

$$[HSCN]_{平衡}=\frac{[HSCN]_{始}-[Fe(SCN)^{2+}]_{平衡}}{1+\dfrac{K_{HSCN}}{[H^+]_{平衡}}}$$

式中，$K_{HSCN}=0.141(25℃)$。

【思考题】

（1）测定波长为什么选择447nm？

（2）吸光度A和透光率T两者关系如何？用分光光度计测定时，一般读取吸光度A值，该值在标尺上取什么范围好？为什么？

实验18 化学反应速率和活化能的测定

【实验目的】

（1）巩固化学反应速率、基元反应、复杂反应、反应级数、质量作用定律等概念。

（2）掌握反应速率方程表达式。

（3）了解浓度、温度对反应速率的影响，掌握阿伦尼乌斯公式。

【实验原理】

（1）浓度对反应速率的影响

在水溶液中，过二硫酸铵与碘化钾发生如下反应：

$$(NH_4)_2S_2O_8+3KI = (NH_4)_2SO_4+K_2SO_4+KI_3$$

离子方程式为：

$$S_2O_8^{2-}+3I^- = 2SO_4^{2-}+I_3^- \qquad ①$$

其反应速率方程可表示为：

$$r=kc^m(S_2O_8^{2-})\,c^n(I^-)$$

式中，k为反应速率常数；$m+n$为反应级数；r为瞬时反应逗率。当$c(S_2O_8^{2-})$、$c(I^-)$均为起始浓度时，r为起始反应速率。k、m、n均可由实验确定。

反应①中的r也可用反应物$(NH_4)_2S_2O_8$的浓度随时间的变化率来表示：

$$r=-\frac{dc(S_2O_8^{2-})}{dt} \text{ 或 } \bar{r}=-\frac{\Delta c(S_2O_8^{2-})}{\Delta t} \qquad (7\text{-}12)$$

式中，$\bar{r}$是Δt内的平均速率，$r\neq\bar{r}$。但当$r=-\frac{dc(S_2O_8^{2-})}{\Delta t}$无法测定时，可以用$\bar{r}$近似代替$r$，则有：

$$\bar{r}=-\frac{\Delta c(S_2O_8^{2-})}{\Delta t}=kc^m(S_2O_8^{2-})c^n(I^-) \qquad (7\text{-}13)$$

为测定$\bar{r}$，同时在反应①的溶液中加入定量的$Na_2S_2O_3$和淀粉指示剂，$S_2O_3^{2-}$与I_3^-发生快速反应：

$$2S_2O_3^{2-}+I_3^- = S_4O_6^{2-}+3I^- \qquad ②$$

因为反应②比反应①快得多，所以反应①生成的I_3^-立即与$S_2O_3^{2-}$反应，生成无色的$S_4O_6^{2-}$和I^-，在$S_2O_3^{2-}$没有耗尽之前，反应体系中看不到所加淀粉与I_3^-反应呈现的特征蓝色。而当$S_2O_3^{2-}$耗尽时，则呈现I_3^-与淀粉反应的特征蓝色。从反应开始到出现蓝色这段时间Δt就是溶液中$S_2O_3^{2-}$耗尽的时间，结合反应①和②可以看出，在Δt时间内其所消耗的$\Delta c(S_2O_3^{2-})$与$\Delta c(S_2O_8^{2-})$间的关系为：$\Delta c(S_2O_8^{2-})=1/2\Delta c(S_2O_3^{2-})$，从而可以根据所加入的$Na_2S_2O_3$的量和反应出现蓝色的时间求得反应①的反应速率：

$$\bar{r}=-\Delta c(S_2O_8^{2-})/\Delta t=-\Delta c(S_2O_3^{2-})/(2\Delta t)$$

为求出反应速率方程式$r=kc^m(S_2O_8^{2-})c^n(I^-)$中的反应级数$m$、$n$的值，将$c(S_2O_8^{2-})$

固定、改变 $c(I^-)$ 以及将 $c(I^-)$ 固定、改变 $c(S_2O_8^{2-})$，求得同一温度、不同浓度条件下的反应速率，即可根据上式求得相应 m、n 的值。求得 m、n 后，利用反应速率方程式即可求出一定温度下的反应速率常数 k：

$$k=\frac{r}{c^m(S_2O_8^{2-})c^n(I^-)}$$

(2) 温度对反应速率的影响

温度升高，反应速率增大，反应所需时间减少。由阿伦尼乌斯方程可得 $\lg k=\frac{-E_a}{2.303RT}+\lg A$（$E_a$为反应的活化能，$R$ 为 $8.314 J\cdot mol^{-1}\cdot K^{-1}$，$T$ 为热力学温度）。若测得不同温度下的一系列 k 值，然后作 $\lg k-1/T$ 图，可得一直线，其斜率为 $-E_a/(2.303R)$，由此可求得反应的活化能 E_a。

(3) 催化剂对反应速率的影响

催化剂是影响化学反应速率的重要因素。催化剂是一种能改变化学反应速率，而其本身的质量和化学组成在反应前后保持不变的物质。通常人们所提到的催化剂是能够加快反应速率的正催化剂。$Cu(NO_3)_2$可用作上述$(NH_4)_2S_2O_8$与 KI 反应的催化剂。

【仪器和试剂】

(1) 仪器

烧杯或锥形瓶，量筒，温度计，秒表，恒温水浴锅。

(2) 试剂

$0.20 mol\cdot L^{-1}$ KI，$0.20 mol\cdot L^{-1}$ $(NH_4)_2S_2O_8$，$0.010 mol\cdot L^{-1}$ $Na_2S_2O_3$，$0.20 mol\cdot L^{-1}$ KNO_3，$0.20 mol\cdot L^{-1}$ $(NH_4)_2SO_4$，$0.20 mol\cdot L^{-1}$ $Cu(NO_3)_2$，淀粉溶液($2 g\cdot L^{-1}$)。

【实验步骤】

(1) 浓度对化学反应速率的影响

在室温下，用量筒（贴上标签，以免混用）量取表 7-6 中编号 1 的 KI、$Na_2S_2O_3$、淀粉溶液于 100mL 烧杯（或锥形瓶）中混合，然后量取$(NH_4)_2S_2O_8$溶液，迅速加入烧杯（或锥形瓶）中，同时按动秒表计时，并不断搅拌，仔细观察溶液颜色，待溶液刚出现蓝色时，即停止计时。将反应所用的时间 Δt 记录于表 7-6。按表中编号 2～5 所列用量重复上述实验。为了使溶液中的离子强度和总体积保持不变，将编号 2～5 中减少的$(NH_4)_2S_2O_8$和 KI 溶液的用量，分别用 KNO_3和 $(NH_4)_2SO_4$溶液补充。浓度对反应速率的影响实验数据记录与处理见表 7-6。

表 7-6 浓度对反应速率的影响

实验编号		1	2	3	4	5
试剂用量/mL	$0.20 mol\cdot L^{-1}$ $(NH_4)_2S_2O_8$	20.0	10.0	5.0	20.0	20.0
	$0.20 mol\cdot L^{-1}$ KI	20.0	20.0	20.0	10.0	5.0
	$0.010 mol\cdot L^{-1}$ $Na_2S_2O_3$	8.0	8.0	8.0	8.0	8.0
	$2 g\cdot L^{-1}$淀粉溶液	2.0	2.0	2.0	2.0	2.0
	$0.20 mol\cdot L^{-1}$ KNO_3	0	0	0	10.0	15.0
	$0.20 mol\cdot L^{-1}$ $(NH_4)_2SO_4$	0	10.0	15.0	0	0

续表

实验编号		1	2	3	4	5
试剂起始浓度/$mol \cdot L^{-1}$	$(NH_4)_2S_2O_8$					
	KI					
	$Na_2S_2O_3$					
反应时间 Δt/s						
反应速率 r/$mol \cdot L^{-1} \cdot s^{-1}$						
反应速率常数 k						
平均反应速率常数 $\bar{k}$						
反应级数		$m=$		$n=$		

(2) 温度对化学反应速率的影响

按表 7-6 中编号 4 的试剂用量，把 KI、$Na_2S_2O_3$、KNO_3和淀粉溶液加到 100mL 烧杯中，并把$(NH_4)_2S_2O_8$溶液加在另一支大试管中，然后将它们共同放入比室温高约 10℃的恒温水浴中加热，并不断搅拌，使溶液温度达到平衡时测量温度并记录。将$(NH_4)_2S_2O_8$溶液加到 KI、$Na_2S_2O_3$、KNO_3和淀粉的混合溶液中，立即计时，并搅拌溶液，当溶液刚出现蓝色时即停表，记录时间。在反应的整个过程中，烧杯不能离开恒温水浴。

将水浴温度提高到高于室温约 20℃、30℃、40℃，按表 7-6 中编号 4 的试剂用量重复上述实验，测定温度和反应所需的时间，将所得数据记录于表 7-7。

表 7-7 温度对化学反应速率的影响

实验编号	6(同表 7-6 中编号 4)	7(t+40℃)	8(t+30℃)	9(t+20℃)	10(t+10℃)
反应温度 T/K					
反应时间 Δt/s					
反应速率 r/$mol \cdot L^{-1} \cdot s^{-1}$					
反应速率常数 k					
$\lg k$					
$(1/T) \times 10^3$					

注：t 为室温。

(3) 催化剂对反应速率的影响

按表 7-6 中编号 4 的试剂用量，把 KI、$Na_2S_2O_3$、KNO_3和淀粉溶液加到 100mL 烧杯中，再加入 2 滴 $Cu(NO_3)_2$溶液，然后迅速加入$(NH_4)_2S_2O_8$溶液，搅拌，立即计时，当溶液刚出现蓝色时即停表，记录时间。将此实验的反应速率与不加催化剂时的反应速率比较，得出结论。

(4) 实验数据记录与处理

① 计算反应级数　将表 7-6 中编号 1 和 3 的实验结果数据分别代入：

$$\frac{r_1}{r_3}=\frac{kc_1^m(S_2O_8^{2-})c_1^n(I^-)}{kc_3^m(S_2O_8^{2-})c_3^n(I^-)}$$

因为 $c_3^n(I^-)=c_1^n(I^-)$，所以：

$$\frac{r_1}{r_3}=\frac{kc_1^m(S_2O_8^{2-})}{kc_3^m(S_2O_8^{2-})}$$

又因为 r_1、r_3 已测得，$c_1(S_2O_8^{2-})$、$c_3(S_2O_8^{2-})$ 已知，即可求 m 值。同理可求出 n 值。

② 计算不同温度下反应速率常数 k，作图法计算反应的活化能 E_a。见上述实验原理(文献值 $E_a=56.7\text{kJ}\cdot\text{mol}^{-1}$)。

【注意事项】

$(NH_4)_2S_2O_8$ 本身具有强氧化性而不稳定，其 $E^{\ominus}(S_2O_8^{2-}/SO_4^{2-})=2.01\text{V}$，在受热或有还原剂存在的条件下易分解或被还原。因此，$(NH_4)_2S_2O_8$(s) 需在低温条件下保存，且不能长期存放。当使用近期的 $(NH_4)_2S_2O_8$(s) 时，由于 $(NH_4)_2S_2O_8$ 的实际含量低于试剂标明的含量，实验可能出现反常情况。如配制的 $c[(NH_4)_2S_2O_8]$ 低于 $1/2c(Na_2S_2O_3)$ 时，可能发生 $\Delta t\rightarrow\infty$ 的现象。配制好的 $(NH_4)_2S_2O_8$ 溶液也不稳定，随存放时间延长浓度不断下降。因此该实验应使用新购置，且在有效期内的 $(NH_4)_2S_2O_8$(s) 试剂。配制好的 $(NH_4)_2S_2O_8$ 也不宜放置过长时间，最好是现用现配。

又由于 $Na_2S_2O_3$ 水溶液也不太稳定，常发生下列反应：

$$2Na_2S_2O_3+O_2(\text{空气中})\longrightarrow 2Na_2SO_4+2S\downarrow$$

$$Na_2S_2O_3\longrightarrow Na_2SO_3+S\downarrow$$

如果 $Na_2S_2O_3$ 溶液中的 $Na_2S_2O_3$ 已全部分解，此时加入 $(NH_4)_2S_2O_8$ 溶液，则可能会立即现出蓝色，$\Delta t\rightarrow 0$。所以本实验结果的准确性主要依赖于 $Na_2S_2O_3$，$(NH_4)_2S_2O_8$ 溶液浓度的准确性。

【思考题】

(1) 实验中向 KI、$Na_2S_2O_3$、KNO_3 和淀粉混合溶液中加入 $(NH_4)_2S_2O_8$ 时为什么要迅速？加 $Na_2S_2O_3$ 的目的是什么？$Na_2S_2O_3$ 的用量过多或过少，对实验结果有何影响？

(2) 为什么可以由反应溶液出现蓝色的时间长短来计算反应速率？溶液出现蓝色后，反应是否终止了？

(3) 若不用 $S_2O_8^{2-}$ 而用 I^- 的浓度变化来表示反应速率，反应速率常数 k 是否一样？

(4) 下列哪种情况对实验结果有影响？

① 实验步骤(2) 中，反应时没有恒温或恒温了，但温度偏高或偏低。

② 先加 $(NH_4)_2S_2O_8$ 溶液，最后加 KI 溶液。

③ 量取 6 种溶液的量筒未分开专用。

实验19 pH 法测定乙酸解离度和解离常数

【实验目的】

(1) 了解 pH 法测定乙酸解离度和解离常数的基本原理。

(2) 掌握滴定原理、滴定操作及正确判断滴定终点的方法。

(3) 学习酸度计的使用方法。

【实验原理】

乙酸(CH_3COOH 或 HAc)是弱电解质，在水溶液中存在如下平衡：

$$\mathrm{HAc(aq)} + \mathrm{H_2O} \rightleftharpoons \mathrm{H^+(aq)} + \mathrm{Ac^-(aq)}$$

起始浓度/$mol·L^{-1}$　　c_0　　0　　0

平衡浓度/$mol·L^{-1}$　　$c_0 - c_0\alpha$　　$c_0\alpha$　　$c_0\alpha$

其中，c_0为乙酸的分析浓度，α 为乙酸的解离度。用 $[H^+]$、$[Ac^-]$ 和 $[HAc]$ 分别表示 H^+、Ac^- 和 HAc 的平衡浓度，$K_a^\ominus$ 为乙酸的解离常数，则有：

$$[H^+]=[Ac^-]=c_0\alpha，[HAc]=c_0(1-\alpha)$$

解离度：
$$\alpha=\frac{[H^+]}{c_0}\times 100\% \tag{7-14}$$

解离常数：
$$K_a^\ominus = [H^+][Ac^-]/[HAc] = [H^+]^2/(c_0 - [H^+]) \tag{7-15}$$

当 $\alpha<5\%$时，$c_0 - [H^+] \approx c_0$，$K_a^\ominus = [H^+]^2/c_0$

已知 $pH=-\lg[H^+]$，所以测定了已知浓度的乙酸溶液的 pH，就可以求出它的解离度和解离常数。

【仪器和试剂】

(1) 仪器

pH 计，碱式滴定管(50mL)，容量瓶(50mL)，吸量管(10mL)，移液管(25mL)，烧杯(50mL)，洗耳球，锥形瓶(250mL)，碎滤纸。

(2) 试剂

0.2$mol·L^{-1}$ HAc，0.2$mol·L^{-1}$NaOH 标准溶液，酚酞(1%)。

【实验步骤】

(1) 乙酸溶液初始浓度的滴定

以酚酞作指示剂，用已知准确浓度的氢氧化钠标准溶液滴定乙酸溶液的初始浓度。用移液管移取 25.00mL 待滴定的乙酸溶液置于 250mL 锥形瓶中，加 1～2 滴酚酞指示剂，用氢氧化钠标准溶液滴定至溶液呈粉红色，30s 内不褪色为止。记下所消耗的 NaOH 标准溶液的体积。平行滴定 3 次，要求 3 次所消耗 NaOH 标准溶液的体积相差小于 0.05mL。计算 HAc 溶液的初始浓度，把结果填入表 7-8。

表 7-8　乙酸溶液初始浓度的滴定

实验编号	Ⅰ	Ⅱ	Ⅲ
NaOH 标准溶液的浓度/$mol·L^{-1}$			
NaOH 溶液初读数/mL			
NaOH 溶液终读数/mL			
消耗 NaOH 标准溶液的体积/mL			
消耗 NaOH 标准溶液的平均体积/mL			
HAc 溶液的体积/mL			
HAc 溶液的浓度 $[c(HAc)=c(NaOH)V(NaOH)/V(HAc)]$/$mol·L^{-1}$			

(2) 不同浓度乙酸溶液的配制

用移液管或吸量管分别取 25.00mL、5.00mL、2.50mL 已测得准确浓度的 HAc 溶液，分别置于 3 个 50mL 容量瓶中，用蒸馏水定容，摇匀，并计算出这 3 个 HAc 溶液的浓度。

(3) 不同浓度乙酸溶液 pH 的测定

将以上 3 种不同浓度的 HAc 溶液分别倒入 3 个干净、干燥的小烧杯中，按浓度由稀到浓的顺序用 pH 计分别测其 pH，并记录。测定解离度和解离常数的数据记录和处理见表 7-9。

表 7-9　测定解离度和解离常数的数据记录和处理

乙酸溶液初始浓度：__________ $mol \cdot L^{-1}$，实验时室温：__________℃

实验序号	$c_0/mol \cdot L^{-1}$	pH	$[H^+]$ $/mol \cdot L^{-1}$	$\alpha/\%$	解离常数 $K_a^\ominus$	
					计算值	平均值
1						
2						
3						

【注意事项】

(1) 测 pH 时按从稀到浓的次序进行测定。

(2) pH 计先通电 30min，然后定位，才能使用。

【思考题】

(1) 本实验的操作关键是什么？

(2) 改变所测的乙酸溶液的浓度或温度，则解离度和解离常数有无变化？若有，会怎样变化？

(3) 下列说法是否王确？为什么？

① HAc 的浓度稀释一倍，则解离度 α 增加一倍。

② HAc 的浓度越小，则解离度 α 越大，$[H^+]$ 也越大。

(4) 将 NaOH 标准溶液装入碱式滴定管中滴定待测 HAc 溶液，以下情况对滴定结果有何影响？

① 滴定过程中滴定管下端有气泡。

② 滴定近终点时，没有用蒸馏水冲洗锥形瓶的内壁。

③ 滴定完后，有液滴悬挂在滴定管的尖口处。

④ 滴定过程中，有一些滴定液自滴定管的活塞处渗漏出来。

实验20　缓冲溶液法测定乙酸解离常数

【实验目的】

(1) 利用测缓冲溶液 pH 的方法测定弱酸的 $pK_a^\ominus$。

（2）学习移液管、容量瓶的使用方法，并练习配制溶液。

【实验原理】

在 HAc 和 NaAc 组成的缓冲溶液中，由于同离子效应，当达到解离平衡时，$c(\text{HAc}) \approx c_0(\text{HAc})$，$c(\text{Ac}^-) \approx c_0(\text{NaAc})$。酸性缓冲溶液 pH 的计算公式为：

$$\text{pH} = \text{p}K_a^{\ominus}(\text{HAc}) - \lg\frac{c(\text{HAc})}{c(\text{Ac}^-)}$$

$$= \text{p}K_a^{\ominus}(\text{HAc}) - \lg\frac{c_0(\text{HAc})}{c_0(\text{NaAc})}$$

对于由相同浓度 HAc 和 NaAc 组成的缓冲溶液，则有：

$$\text{pH} = \text{p}K_a^{\ominus}(\text{HAc})$$

实验中，量取两份相同体积的 HAc 溶液，在其中一份中以酚酞为指示剂，滴加 NaOH 溶液至恰好中和，然后加入另一份 HAc 溶液，即得到等浓度的 HAc-NaAc 缓冲溶液，测其 pH，即可得到 $\text{p}K_a^{\ominus}(\text{HAc})$ 及 $K_a^{\ominus}(\text{HAc})$。

【仪器和试剂】

（1）仪器

pH 计，容量瓶(50mL)，吸量管(10mL)，移液管(25mL)，烧杯(50mL、100mL)，洗耳球，量筒，碎滤纸。

（2）试剂

$0.1\text{mol}\cdot\text{L}^{-1}$ HAc，$0.1\text{mol}\cdot\text{L}^{-1}$ NaOH 溶液，酚酞(1%)。

【实验步骤】

（1）用 pH 计测定等浓度的 HAc 和 NaAc 混合溶液的 pH

① 配制不同浓度的 HAc 溶液　用干燥的小烧杯盛已知浓度的 HAc 溶液。用吸量管或移液管分别取 5.00mL、10.00mL、25.00mL $0.1\text{mol}\cdot\text{L}^{-1}$ HAc 溶液，分别置于 3 个 50mL 容量瓶中，用蒸馏水定容，摇匀，编号为 1、2、3 号容量瓶。

② 制备等浓度的 HAc 和 NaAc 混合溶液　从 1 号容量瓶中用 10mL 量筒取出 10.0mL 已知浓度的 HAc 溶液于 1 号烧杯中，加入 1 滴酚酞后用滴管滴入 $0.1\text{mol}\cdot\text{L}^{-1}$ NaOH 溶液至溶液变为微红色，半分钟内不褪色为止。再从 1 号容量瓶中取出 10.0mL HAc 溶液加入 1 号烧杯中，混合均匀，测定混合溶液的 pH。这一数值就是 HAc 的 $\text{p}K_a^{\ominus}$。

③ 用 2 号、3 号容量瓶中的已知浓度的 HAc 溶液和实验室准备的 $0.1\text{mol}\cdot\text{L}^{-1}$ HAc 溶液(作为 4 号溶液)，重复上述实验，分别测定它们的 pH。

（2）上述所测的 4 个 $\text{p}K_a^{\ominus}(\text{HAc})$，由于实验误差可能不完全相同，可取其平均值。

【思考题】

（1）实验所用烧杯、移液管(或吸量管）各用哪种 HAc 溶液润冲？容量瓶是否要用 HAc 溶液润冲？为什么？

（2）由测定等浓度的 HAc 和 NaAc 混合溶液的 pH，来确定 HAc 的 $\text{p}K_a^{\ominus}$ 的基本原理是什么？

实验21 分光光度法测定碘化铅的溶度积常数

【实验目的】

(1) 了解用分光光度法测定难溶盐溶度积常数的原理和方法。

(2) 学习分光光度计(V-5000 型) 的使用方法。

【实验原理】

碘化铅(PbI_2) 是难溶电解质，在其饱和水溶液中存在下列沉淀-溶解平衡：

$$PbI_2(s) \rightleftharpoons Pb^{2+}(aq) + 2I^-(aq)$$

其溶度积常数表达式为：$K_{sp}^{\ominus}(PbI_2) = [c(Pb^{2+})/c^{\ominus}][c(I^-)/c^{\ominus}]^2$

在一定温度下，测得 PbI_2 饱和溶液中的 $c(I^-)$ 和 $c(Pb^{2+})$，即可以求得 $K_{sp}^{\ominus}(PbI_2)$。

若将已知浓度的 $Pb(NO_3)_2$ 溶液和 KI 溶液按不同体积比混合，生成的 PbI_2 沉淀与溶液达到平衡，通过测定溶液中的 $c(I^-)$，再根据系统的初始组成及沉淀反应中 Pb^{2+} 与 I^- 的化学计量关系，可以计算出溶液中的 $c(Pb^{2+})$。由此可求得 PbI_2 的溶度积常数。

本实验采用分光光度法测定溶液中的 $c(I^-)$。I^- 是无色的，利用其还原性，在酸性条件下用 KNO_2 将 I^- 氧化为 I_2(保持 I_2 浓度在其饱和浓度以下)，I_2 在水溶液中呈棕黄色，其最大吸收波长为 525nm。用分光光度计在 525nm 波长下测定一系列不同浓度 I_2 溶液的吸光度 A，绘制 I_2 溶液的标准吸收曲线，然后由标准吸收曲线查出 $c(I^-)$，则可计算出饱和溶液中的 $c(I^-)$。

【仪器和试剂】

(1) 仪器

V-5000 型分光光度计，比色皿，烧杯，试管，吸量管，漏斗，滤纸，镜头纸，橡皮塞等。

(2) 试剂

6.0mol·L^{-1} HCl，0.015mol·L^{-1} $Pb(NO_3)_2$，0.035mol·L^{-1} KI，0.0035mol·L^{-1} KI，0.010mol·L^{-1}、0.020mol·L^{-1} KNO_2。

【实验步骤】

(1) 绘制 A-$c(I^-)$ 标准曲线

在 5 支干净、干燥的小试管中分别加入 1.00mL、1.50mL、2.00mL、2.50mL、3.00mL 0.0035mol·L^{-1} 的 KI 溶液，再分别加入 2.00mL 0.020mol·L^{-1} 的 KNO_2 溶液，3.00mL 去离子水及 1 滴 6.0mol·L^{-1} 的 HCl 溶液。摇匀后，分别倒入比色皿中。以水作参比溶液，在 525nm 波长下测定吸光度 A。以测得的吸光度 A 为纵坐标，以相应 I^- 浓度为横坐标，绘制出 A-$c(I^-)$ 标准曲线。

注意，氧化后得到的 I_2 浓度应小于室温下 I_2 的溶解度。不同温度下，I_2 的溶解度见表 7-10。

表 7-10 不同温度下 I_2 的溶解度

温度/℃	20	30	40
溶解度/(g/100g H_2O)	0.0290	0.560	0.78

(2) 制备 PbI_2 饱和溶液

① 取3支洁净、干燥的大试管，按表7-11用吸量管准确加入 $0.015mol \cdot L^{-1}$ 的 $Pb(NO_3)_2$ 溶液、$0.035mol \cdot L^{-1}$ 的KI溶液和去离子水，使每个试管中溶液的总体积为10.00mL。

表 7-11　PbI_2 饱和溶液制备

试管编号	$V[Pb(NO_3)_2]$ /mL	$V(KI)$/mL	$V(H_2O)$/mL
1	5.00	3.00	2.00
2	5.00	4.00	1.00
3	5.00	5.00	0.00

② 用橡皮塞塞紧试管，充分摇荡，大约摇20min后将试管静置3～5min。

③ 在装有干燥滤纸的干燥漏斗上将制得的含有 PbI_2 固体的饱和溶液过滤，同时用干净、干燥的试管接取滤液。弃去沉淀，保留滤液。

④ 用吸量管分别在3支干净、干燥的小试管中注入1号、2号、3号 PbI_2 的饱和溶液2mL，再分别注入4mL $0.010mol \cdot L^{-1}$ 的 KNO_2 溶液及 $6.0mol \cdot L^{-1}$ 的HCl溶液1滴。摇匀后，分别倒入2cm比色皿中，以水作参比溶液，在525nm波长下测定溶液的吸光度 A。

(3) 数据记录与处理

将实验中做出的各项数据记入表7-12中。

表 7-12　PbI_2 饱和溶液数据

试管编号	1	2	3
$V[Pb(NO_3)_2]$ /mL			
$V(KI)$/mL			
$V(H_2O)$/mL			
溶液总体积 $V_{总}$/mL			
I^- 的初始浓度 $a/mol \cdot L^{-1}$			
Pb^{2+} 的初始浓度 $c/mol \cdot L^{-1}$			
滤液反应后的吸光度 A			
由标准曲线查得 $c(I^-)/mol \cdot L^{-1}$			
沉淀溶解平衡时 I^- 的浓度 $b/mol \cdot L^{-1}$			
沉淀溶解平衡时 Pb^{2+} 的浓度 d $\{d=[c-(a-b)/2]\}/mol \cdot L^{-1}$			
$K_{sp}^{\ominus}(PbI_2)$ $\{[c-(a-b)/2]b^2\}$			
$K_{sp}^{\ominus}(PbI_2)$ 平均值			

【思考题】

(1) 配制 PbI_2 饱和溶液时为什么要充分摇荡?

(2) 如果使用湿的小试管配制比色溶液，对实验结果将产生什么影响?

实验22 离子交换法测定碘化铅的溶度积常数

【实验目的】

(1) 掌握滴定原理、滴定操作及正确判断滴定终点。

(2) 了解离子交换法测定难溶盐溶度积常数的基本原理。

(3) 学习离子交换法测定碘化铅的溶度积常数的基本操作。

(4) 了解离子交换树脂及其使用方法。

【实验原理】

离子交换树脂是含有能与其他物质进行离子交换的活性基团的高分子化合物。含有酸性基团而能与其他物质交换阳离子的称为阳离子交换树脂；含有碱性基团而能与其他物质交换阴离子的称为阴离子交换树脂。本实验采用阳离子交换树脂与碘化铅饱和溶液中的铅离子进行交换。其交换反应可以用下式来示意：

$$2RH + Pb^{2+} \rightleftharpoons R_2Pb + 2H^+$$

将一定体积的碘化铅饱和溶液通过阳离子交换树脂，树脂上的氢离子即与铅离子进行交换。交换后，氢离子随流出液流出。然后用标准氢氧化钠溶液滴定，可求出氢离子的含量。根据流出液中氢离子的含量，可计算出通过离子交换树脂的碘化铅饱和溶液中的铅离子浓度，从而得到碘化铅饱和溶液的浓度，然后求出碘化铅的溶度积常数。

【仪器和试剂】

(1) 仪器

离子交换柱(见图 7-3，可用一支直径约为 2cm，下口较细的玻璃管代替。下端细口处填少许玻璃棉，并连接一段乳胶管，夹上螺旋夹)，碱式滴定管(50mL)，滴定管架，锥形瓶(250mL)，温度计(50℃)，烧杯，移液管(25mL)，玻璃棉，pH 试纸，长玻璃棒。

(2) 试剂

碘化铅，强酸型离子交换树脂，NaOH 标准溶液(0.005000mol·L^{-1})，HNO_3(1mol·L^{-1})，溴百里酚蓝指示剂等。

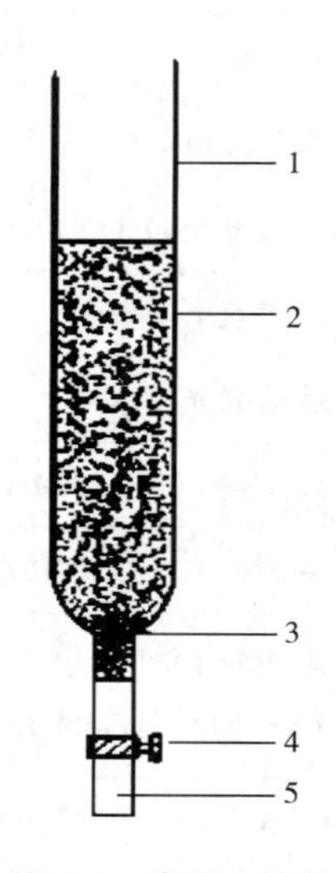

图 7-3 离子交换柱

1—交换柱；2—阳离子交换树脂；3—玻璃棉；4—螺旋夹；5—胶皮管

【实验步骤】

(1) 转型

在进行离子交换前，须将钠型树脂完全转变成氢型树脂。可用 100mL 1mol·L^{-1}的 HNO_3 以每分钟 30～40 滴的流速流过钠型离子交换树脂。然后用蒸馏水淋洗树脂至淋洗液呈中性(可用 pH 试纸检验)。

（2）交换和洗涤

将碘化铅饱和溶液过滤到一个洁净、干燥的锥形瓶中。测量并记录饱和溶液的温度，然后用移液管准确量取25.00mL该饱和溶液，放入一小烧杯中，分几次将其转移至离子交换柱内，用蒸馏水多次冲洗烧杯并将水转移至离子交换柱内。用一个250mL的洁净锥形瓶盛接流出液。待碘化铅饱和溶液流出后，再用蒸馏水淋洗树脂至流出液呈中性。将洗涤液一并放入锥形瓶中。注意在交换和洗涤过程中，流出液不得有任何损失。

（3）滴定

将锥形瓶中的流出液用0.005000mol·L^{-1}的NaOH标准溶液滴定，用溴化百里酚蓝作指示剂，在pH=6.5～7时，溶液由黄色转变为鲜艳的蓝色，即到达滴定终点，记录数据。

（4）离子交换树脂的后处理

回收用过的离子交换树脂，经蒸馏水洗涤后，再用约100mL 1mol·L^{-1}的HNO_3淋洗，然后用蒸馏水洗涤至流出液为中性，即可再次使用。

（5）数据处理

碘化铅饱和溶液的温度/℃ ____________________

通过交换柱的碘化铅饱和溶液的体积/mL __________

NaOH标准溶液的浓度/mol·L^{-1} ______________

NaOH标准溶液初读数/mL __________

NaOH标准溶液终读数/mL __________

消耗NaOH标准溶液的体积/mL ____________

流出液中H^+的量/mol ____________________

饱和溶液中[Pb^{2+}]/mol·L^{-1} ______________

碘化铅的$K_{sp}^{\ominus}(PbI_2)$ ____________________

本实验测定$K_{sp}^{\ominus}(PbI_2)$值数量级为10^{-9}～10^{-8}视为合格。

【注意事项】

（1）碘化铅饱和溶液的配制

将过量的碘化铅固体溶于经煮沸除去二氧化碳的蒸馏水中，搅拌并放置过夜，使其充分溶解，达到沉淀溶解平衡。

若无现成碘化铅试剂，可用硝酸铅溶液与过量的碘化钾溶液反应而制得。制成的碘化铅沉淀需用蒸馏水反复洗涤，过滤，得到碘化铅固体，再配成饱和溶液。

（2）装柱

事先将阳离子交换树脂用蒸馏水浸泡24～48h。

装柱前，在交换柱下端填入少许玻璃棉，以防止离子交换树脂随流出液流出。然后将浸泡过的阳离子交换树脂约40g随蒸馏水一并注入交换柱中。为防止离子交换树脂中有气泡，可用长玻璃棒插入交换柱中搅动树脂，以赶走树脂中的气泡。在装柱和之后树脂转型和交换的整个过程中，要注意液面始终要高出树脂，避免空气进入树脂层影响离子交换结果。

【思考题】

（1）在离子交换树脂的转型中，如果加入硝酸的量不够，树脂没完全转变成氢型，会对实验结果造成什么影响？

（2）在交换和洗涤过程中，如果流出液有一少部分损失掉，会对实验结果造成什么影响？

(3) 已知碘化铅在0℃、25℃、50℃时的溶解度分别为0.044g/100g H_2O、0.076g/100g H_2O、0.17g/100g H_2O。试用作图法求出碘化铅溶解过程的ΔH和ΔS。

实验23 银氨配离子配位数及稳定常数的测定

【实验目的】

应用配位平衡和溶度积原理测定银氨配离子$[Ag(NH_3)_n]^+$的配位数n及其稳定常数。

【实验原理】

在$AgNO_3$溶液中加入过量氨水，即生成稳定的$[Ag(NH_3)_n]^+$：

$$Ag^+ + nNH_3 \rightleftharpoons [Ag(NH_3)_n]^+ \qquad ①$$

$$K_f^{\ominus} = \frac{[Ag(NH_3)_n^+]}{[Ag^+][NH_3]^n} \qquad (7\text{-}16)$$

再往溶液中加入KBr溶液，直到刚刚出现AgBr沉淀（浑浊）为止，这时混合液中还存在着如下平衡：

$$Ag^+ + Br^- \rightleftharpoons AgBr(s) \qquad ②$$

$$c(Ag^+)c(Br^-) = K_{sp}^{\ominus} \qquad (7\text{-}17)$$

①－②，得：

$$AgBr(s) + nNH_3 \rightleftharpoons [Ag(NH_3)_n]^+ + Br^-$$

$$\frac{[Ag(NH_3)_n^+][Br^-]}{[NH_3]^n} = K_{sp}^{\ominus} K_f^{\ominus} \qquad (7\text{-}18)$$

$$[Br^-] = K_{sp}^{\ominus} K_f^{\ominus} [NH_3]^n / [Ag(NH_3)_n^+] \qquad (7\text{-}19)$$

式中，$[Br^-]$、$[NH_3]$、$[Ag(NH_3)_n^+]$都是相应物质平衡时的浓度，$mol \cdot L^{-1}$。它们可以近似的按以下方法计算。

设每份混合溶液最初取用的$AgNO_3$溶液的体积为$V(Ag^+)$（各份相同），浓度分别为$c_0(Ag^+)$，每份中所加入过量氨水和KBr溶液的体积分别为$V(NH_3)$和$V(Br^-)$，其浓度分别为$c_0(NH_3)$和$c_0(Br^-)$，混合液总体积为$V_{总}$，则混合后并达到平衡时：

$$[Br^-] = c_0(Br^-)\frac{V(Br^-)}{V_{总}} \qquad (7\text{-}20)$$

$$[Ag(NH_3)_n^+] = c_0(Ag^+)\frac{V(Ag^+)}{V_{总}} \qquad (7\text{-}21)$$

$$[NH_3] = c_0(NH_3)\frac{V(NH_3)}{V_{总}} \qquad (7\text{-}22)$$

将式(7-20)～式(7-22)代入式(7-19)并整理得：

$$V(Br^-) = \frac{V_{总}\,c(Br^-)}{c_0(Br^-)} = \frac{V_{总}}{c_0(Br^-)} \times \frac{K_{sp}^{\ominus} K_f^{\ominus}[NH_3]^n}{[Ag(NH_3)_n^+]} = \frac{V_{总} K_{sp}^{\ominus} K_f^{\ominus}\left[\frac{c_0(NH_3)V(NH_3)}{V_{总}}\right]^n}{c_0(Br^-)\frac{c_0(Ag^+)V(Ag^+)}{V_{总}}} \qquad (7\text{-}23)$$

由于式(7-23)等号右边除$V^n(NH_3)$外，其他各量在实验过程中均保持不变，故式(7-23)可写为：

$$V(Br^-) = V^n(NH_3)K' \tag{7-24}$$

将式(7-24)两边取对数得直线方程：

$$\lg V(Br^-) = n\lg V(NH_3) + \lg K'$$

以 $\lg V(Br^-)$ 为纵坐标，$\lg V(NH_3)$ 为横坐标作图，所得直线斜率即为$[Ag(NH_3)_n]^+$的配位数 n。截距为 $\lg K'$，再由 K'和 AgBr 的 $K_{sp}^{\ominus}$ 可计算出$[Ag(NH_3)_n]^+$的 $K_f^{\ominus}$。

【仪器和试剂】

(1) 仪器

量筒(5mL、10mL、25mL)，酸式滴定管(25mL)，锥形瓶(150mL)。

(2) 试剂

$0.01mol \cdot L^{-1}$ $AgNO_3$，$2mol \cdot L^{-1}$ $NH_3 \cdot H_2O$，$0.01mol \cdot L^{-1}$ KBr。

【实验步骤】

按照表 7-13 各实验编号所列数量依次加入 $AgNO_3$溶液、$NH_3 \cdot H_2O$ 和蒸馏水于锥形瓶中，在不断缓慢摇荡下，从酸式滴定管中逐滴加入 KBr 溶液，直到刚产生的 AgBr 浑浊不再消失为止，记下所用 KBr 溶液的体积 $V(Br^-)$ 和溶液总体积 $V_总$。从 2 号实验开始，当滴定接近终点时，还要补加适量的去离子水，连续滴定至终点，使溶液的总体积都与 1 号实验的体积基本相同。

表 7-13 银氨配离子稳定常数测定实验数据及结果处理

编号	$V(Ag^+)$ /mL	$V(NH_3)$ /mL	$V(H_2O)$ /mL	$V(Br^-)$ /mL	$V_补(H_2O)$ /mL	$V_总$/mL	$\lg[V(NH_3)/mL]$	$\lg[V(Br^-)/mL]$
1	4.0	8.0	8.0					
2	4.0	7.0	9.0					
3	4.0	6.0	10.0					
4	4.0	5.0	11.0					
5	4.0	4.0	12.0					
6	4.0	3.0	13.0					
7	4.0	2.0	14.0					

以 $\lg[V(Br^-)/mL]$ 为纵坐标，$\lg[V(NH_3)/mL]$ 为横坐标作图，求出直线的斜率，从而求得$[Ag(NH_3)_n]^+$的配位数 n(取最接近的整数)。由截距 $\lg K'$求得 K'，进而求出 $K_f^{\ominus}$。

【思考题】

(1) 测定银氨配离子配位数的理论依据是什么？如何利用作图法处理实验数据？

(2) 在滴定时，以产生 AgBr 浑浊不再消失为终点，怎样避免 KBr 过量？若已发现 KBr 少量过量，能否在此实验基础上设法补救？

(3) 实验中所用的锥形瓶开始时是否必须是干燥的？在滴定过程中，是否需用蒸馏水洗锥形瓶内部？为什么？

实验24 凝固点降低法测定分子量

【实验目的】

(1) 用凝固点降低法测定萘的分子量(或摩尔质量)。

(2) 掌握贝克曼温度计的使用方法。

【实验原理】

溶液的凝固点低于纯溶剂的凝固点，其根本原因就在于溶液的蒸气压下降。当溶液很稀时，难挥发非电解质稀溶液的凝固点降低(ΔT_f) 与溶质的质量摩尔浓度成正比。

$$\Delta T_f = T_f^* - T_f = K_f b \tag{7-25}$$

式中，K_f为凝固点降低常数，$K \cdot kg \cdot mol^{-1}$；$\Delta T_f$为凝固点降低值，K；$T_f^*$ 为纯溶剂的凝固点，K；b 为溶质的质量摩尔浓度，$mol \cdot kg^{-1}$。其中：

$$b = \frac{m_B}{M_B m_A} \times 1000 \tag{7-26}$$

式中，m_B为溶剂的质量，g；M_B为溶质的摩尔质量，$g \cdot mol^{-1}$。

将式(7-26) 代入式(7-25)，得：

$$M_B = K_f \frac{1000 m_B}{\Delta T_f m_A} \tag{7-27}$$

如果已知溶剂的 K_f值，则通过实验求出 ΔT_f值，利用式(7-27)，计算出溶质的分子量。

纯溶剂的凝固点是在一定压力下它的液相与固相平衡时的温度。若将纯溶剂逐步冷却，在凝固点前，液体的温度随时间均匀下降，当达到凝固点时，液体凝为固体，放出热量，补偿了对环境的热散失，因而温度保持恒定，直到液体全部凝固为止，以后温度又均匀下降。纯溶剂的冷却曲线如图 7-4 中曲线 a 所示。

在实际过程中往往有过冷现象，液体的温度可以降到凝固点以下，待固体析出后温度再上升到凝固点，其冷却曲线如图 7-4 中曲线 b 所示，溶液的凝固点是该溶液的液相与溶剂的固相平衡共存时的温度，若将该溶液逐步冷却，其冷却曲线与纯溶剂不同，如图 7-4 中曲线 c 和曲线 d 所示。由于部分溶剂凝固而析出，使剩余溶液的浓度逐渐增大，因而剩余的溶液与溶剂固相平衡共存的温度也在逐渐下降。今欲测已知浓度的某溶液的凝固点，要求析出的溶剂的量不能太多，否则将影响原溶液的浓度。若稍有过冷现象，如图 7-4 中的曲线 d 所示，对测定分子量无显著影响，但若过冷严重，如图 7-4 中曲线 e 所示，则所测得的凝固点将偏低，亦影响分子量的测定结果。为了避免过冷，可采用加入少量晶种、控制冷源温度和搅拌速度等方法。

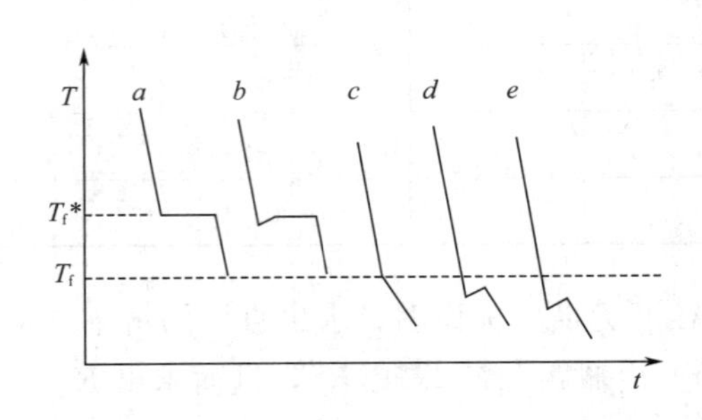

图 7-4 冷却曲线

因为稀溶液的凝固点降低值不大，所以温度的测量需要精密的测温仪器，本实验用贝克曼温度计。

(1) 贝克曼温度计的构造及特点

贝克曼温度计也是水银温度计的一种，其构造如图 7-5 所示。它的主要特点有如下几个。

① 刻度精细，刻线间隔为 0.01℃，用放大镜可以估读至 0.002℃，测量精度较高。

② 量程较短，一般只有 5～6℃的刻度。因而不能测定温度的绝对值，一般只用于测温差。

③ 同水银温度计不同之处在于除了毛细管下端有一水银球外，在温度计的上部还有一水银储槽，根据测定不同范围内温度的变化情况，利用上端的水银储槽中的水银可以调节下端水银球的水银量，即可在不同的温度范围应用。

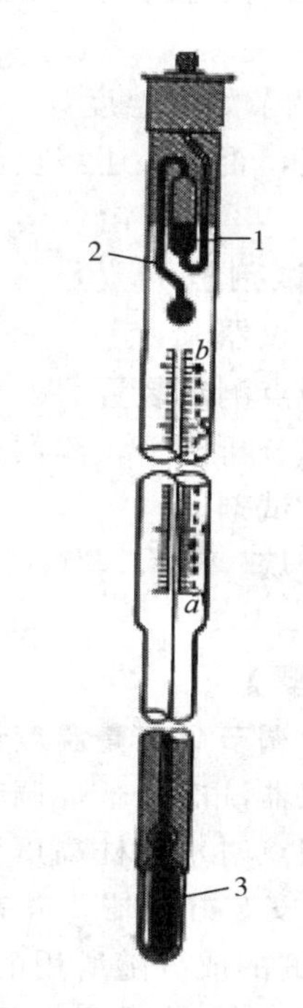

图 7-5 贝克曼温度计构造
1—水银储槽；2—毛细管；3—水银球

(2) 贝克曼温度计的调节

在调节前应明确反应是放热还是吸热，以及温差范围，这样才好选择一个合适的位置。所谓合适位置是指在所测量的起始温度时，毛细管中的水银柱最高点应在刻度尺的某一位置才能达到实验的要求。若用于凝固点降低测分子量，溶剂达凝固点时应使它的水银柱停在刻度的上段；若用于沸点升高法测分子量，在沸点时，应使水银柱停在刻度的下段；若用于测定温度的波动时，应使水银柱停在刻度的中间部分。

在调节前，首先估计一下从水银柱刻度最高处 a(a 为实验需要的温度 t 所对应的刻度位置）到毛细管末端 b 所相当的刻度数值，设为 R，对于一般的贝克曼温度计来说，水银柱由刻度 a 上升至 b，还需要再提高 3℃左右，一般根据这个估计值调节水银球中的水银量。

在调节时，先将水银球与水银储槽连接起来，以调节水银球中的水银量，使适合所需要的测温范围，然后再将它们在连续处断开。方法如下：

① 将贝克曼温度计放在盛有水的小烧杯中慢慢加热，使水银柱上升至毛细管顶部，此时将贝克曼温度计从烧杯中移出，并倒置使毛细管的水银柱与水银储槽中的水银相连接，然后再小心地倒回温度计至垂直位置。

② 再将贝克曼温度计放到小烧杯中慢慢加热到 $t+R$(即为使其水银柱上升至毛细管末端 b 处的温度)，等约 5min 使水银的温度与水温一致。

③ 取出温度计，右手握其中部，温度计垂直，水银球向下，以左手掌轻轻拍右手腕(注意：操作时应远离实验台，以免碰碎温度计，并且切不可直接敲打温度计)。靠振动的力量使毛细管中的水银与储槽中的水银在其接口处断开。

④ 将调节好的温度计置于欲测温度的恒水浴中，观察读数值，并估计量程是否符合要求。例如在冰点降低的实验中，即可用 0℃的冰水浴予以检验，若温度值落在 3～6℃处，意味着量程合适。但若偏差过大，则需按上述步骤重新调节。

(3) 使用贝克曼温度计的注意事项

① 贝克曼温度计属于较贵重、精密玻璃仪器，在使用时应胆大心细、轻拿轻放，必要时握其中部，不得随意旋转，一般应安装在仪器上，调节时握在手中，否则应放置在温度计

盒中。

② 调节时，注意防止骤冷骤热，以免温度计炸裂。

③ 用左手拍右手手腕时，注意温度计一定要垂直，否则毛细管易折断，还应避免重击和碰撞。

④ 调节好的温度计一定要放置在温度计架上，注意勿使毛细管中的水银柱与储槽中的水银相接，否则，还需重新调节。

【仪器和试剂】

(1) 仪器

凝固点测定装置(图 7-6)，贝克曼温度计，普通温度计，分析天平，读数放大镜，移液管(25mL)。

(2) 试剂

环已烷(AR)，萘(AR)。

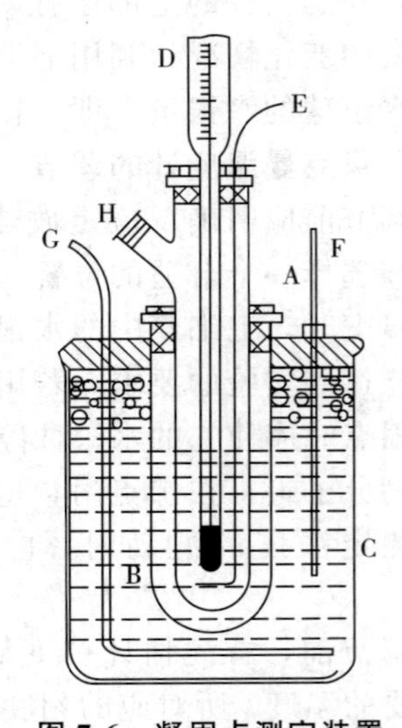

图 7-6 凝固点测定装置

A—盛溶液的内管；B—空气套管；C—水槽；D—贝克曼温度计；E—玻璃搅拌棒；F—普通温度计；G—水槽搅拌棒；H—加溶质的支管

【实验步骤】

(1) 调节贝克曼温度计和冰槽温度

将仪器洗净烘干，调节好贝克曼温度计，在环已烷的凝固点时水银柱高度距离顶端刻度相差 1～2℃，按图 7-6 安装好仪器，并在冰槽中加入适量的碎冰和水(冷冻剂的成分随所用的溶剂而定)，冰槽温度控制在 2～3℃，实验过程中用搅拌棒 G 经常搅拌并间断补充少量的冰，以使冰槽温度保持恒定。

(2) 环已烷凝固点的测量

在室温下用移液管吸取 25.00mL 环已烷，自上口加入 A 管中，加入环已烷要足够浸没贝克曼温度计的水银球，但也不宜过多，尽量不要让贝克曼温度计的水银球触及管壁和管底。

用搅拌棒 E 慢慢搅动溶剂，搅拌时要防止搅拌棒与管壁或温度计相摩擦。使温度逐渐降低，当晶体开始析出时注意温度的回升，每分钟观察一次贝克曼温度计的读数，直到温度稳定，记录读数，此为近似凝固点。

取出内管 A，用手温热至管中的固体全部熔化，将内管 A 直接插入冰槽中，温度慢慢下降，当温度降至高于近似凝固点 0.3℃时，迅速取出并擦干，立刻放入预先浸泡在水槽中的套管 B 中，把 A 管固定在其中，不断搅拌，继续冷却，当温度低于近似凝固点 0.2℃时加速搅拌，当过冷的环已烷结晶时，温度回升，立刻改为缓慢搅拌，读取回升的最高点温度，此点为环已烷的凝固点，重复三次，读数之差应在 0.005℃之内，取平均值作为环已烷的凝固点。

(3) 溶液凝固点的测定

准确称量已压成片状的萘 0.1～0.2g，从支管 H 放入 A 管，待萘全部溶解后，再把 A 管放入套管 B 中，搅拌使其冷却。同上法测定溶液的近似凝固点和精确凝固点，记录数据。计算萘的摩尔质量。

【思考题】

(1) 如何调节贝克曼温度计？使用时有哪些注意事项？

(2) 什么叫凝固点？凝固点下降公式在什么条件下适用？

(3) 严重的过冷现象为什么会给实验结果带来较大误差？

实验25 过氧化氢分解热的测定

【实验目的】

(1) 了解测定化学反应热效应的一般原理和方法。

(2) 学习过氧化氢稀溶液分解热的测定。

【实验原理】

过氧化氢浓溶液在温度高于150℃或混入具有催化活性的Fe^{2+}、Cr^{3+}等一些变价金属离子时，就会发生爆炸性分解：

$$H_2O_2(l) = H_2O(l) + \frac{1}{2}O_2(g)$$

但在常温和无催化活性杂质存在情况下，过氧化氢比较稳定。对于过氧化氢稀溶液来说，升高温度或加入催化剂，均不会引起爆炸性分解。本实验以二氧化锰为催化剂，用保温杯式简易量热计测定过氧化氢稀溶液的催化分解反应热效应。

保温杯式简易量热计如图7-7所示。

在一般的测定实验中，溶液的浓度很稀。因此，溶液的比热容(C_{aq}) 近似地等于溶剂的比热容(C_{solv})，并且溶液的质量m_{aq}近似地等于溶剂的质量m_{solv}。量热计的热容C可由下式表示：

$$C = C_{aq}m_{aq} + C_p \approx C_{solv}m_{solv} + C_p$$

式中，C_p为量热计装置(包括保温杯、温度计等部件)的热容。

化学反应产生的热量，使量热计的温度升高。要测量量热计吸收的热量必须先测定量热计的热容(C)。在本实验中采用稀的过氧化氢水溶液，因此：

$$C = C_{H_2O}\,m_{H_2O} + C_p$$

式中，C_{H_2O}为水的质量热容，$C_{H_2O} = 4.184J \cdot g^{-1} \cdot K^{-1}$；$m_{H_2O}$为水的质量。在室温附近水的密度约等于$1.00g \cdot mL^{-1}$，因此$m_{H_2O} \approx V_{H_2O}$，其中$V_{H_2O}$表示水的体积。而量热计装置的热容可用下述方法测得：

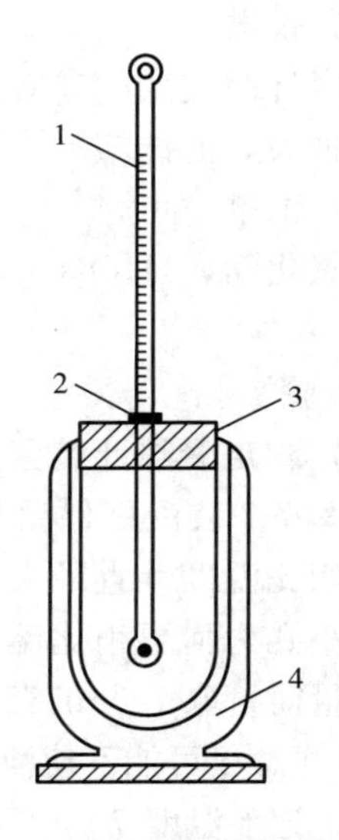

图7-7 保温杯式简易量热计装置

1—温度计；2—橡皮圈；3—泡沫塑料塞；4—保温杯

往盛有质量为m的一定量水(温度为T_1) 的量热计装置中，迅速加入相同质量的热水(温度为T_2)，测得混合后的水温为T_3，则：

$$热水失热 = C_{H_2O}\,m_{H_2O}(T_2 - T_3)$$

$$冷水得热 = C_{H_2O}m_{H_2O}(T_3 - T_1)$$

$$量热计装置得热 = (T_3 - T_1)C_p$$

根据热量平衡得到：

$$C_{H_2O}m_{H_2O}(T_2-T_3)=C_{H_2O}m_{H_2O}(T_3-T_1)+C_p(T_3-T_1)$$

$$C_p=\frac{C_{H_2O}m_{H_2O}(T_2+T_1-2T_3)}{T_3-T_1}$$

严格地说，简易量热计并非绝热体系。因此，在测量温度变化时会碰到下述问题，即当冷水温度正在上升时，体系和环境已发生了热量交换，这就使人们不能观测到最大的温度变化。这一误差，可用外推作图法予以消除，即根据实验所测得的数据，以温度对时间作图，在所得各点间作一最佳直线 AB，延长 BA 与纵轴相交于 C，C 点所表示的温度就是体系本应上升的最高温度，如图 7-8 所示。如果量热计的隔热性能好，在温度升高到最高点时，数分钟内温度并不下降，那么可不用外推作图法。

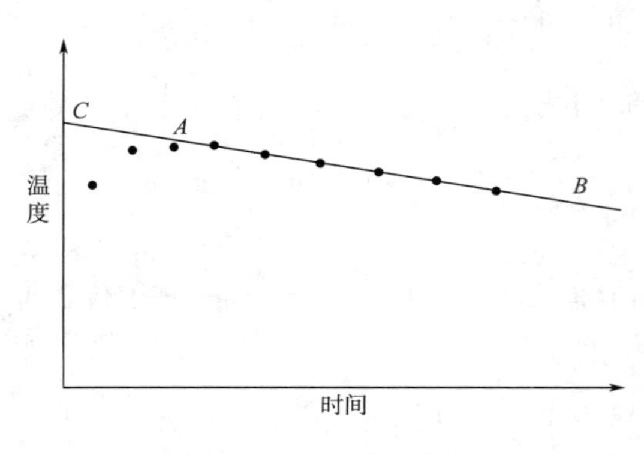

图 7-8 温度-时间曲线

应当指出的是，由于过氧化氢分解时，有氧气放出，所以本实验的反应热 ΔH 不仅包括体系内能的变化，还应包括体系对环境所做的膨胀功，但因后者所占的比例很小，在近似测量中，通常可忽略不计。

【仪器和试剂】

(1) 仪器

温度计两支(0～50℃，分刻度 0.1℃和量程 100℃普通温度计)，保温杯，量筒，烧杯，研钵，秒表，泡沫塑料塞，吸水纸等。

(2) 试剂

二氧化锰，H_2O_2(0.3%)。

【实验步骤】

(1) 测定量热计装置热容 *C*

按图 7-7 装配好保温杯式简易量热计装置。保温杯盖可用泡沫塑料或软木塞。杯盖上的小孔要稍比温度计直径大一些，为了不使温度计接触杯底，在温度计底端套一橡皮圈(思考：杯盖上小孔为何要稍比温度计直径大些？这样对实验结果会产生何影响)。

用量筒量取 100mL 蒸馏水倒入洁净、干燥的保温杯中，盖好塞子，用双手握住保温杯进行摇动(注意尽可能不使液体溅到塞子上)，几分钟后用精密温度计测量温度，若连续 3min 温度不变，记下温度 T_1。再量取 100mL 蒸馏水，倒入 100mL 烧杯中，把此烧杯置于温度高于室温 20℃的热水浴中，放置 10～15min 后，用精密温度计准确读出热水温度 T_2(为了节省时间，在其他准备工作之前就把蒸馏水置于热水浴中，用 100℃温度计测量，热水温度不高于 50℃)，迅速将此热水倒入保温杯中，盖好塞子，以上述同样的方法摇动保温杯。在倒热水的同时，按动秒表，每 10s 记录一次温度。记录三次后，隔 20s 记录一次，直到体系温度不再变化或等速下降为止。倒尽保温杯中的水，把保温杯洗净并用吸水纸擦干待用。

(2) 测定过氧化氢稀溶液的分解热

取 200mL 已知准确浓度的过氧化氢溶液倒入保温杯中，塞好塞子，缓缓摇动保温杯，用精密温度计观测温度3min，当溶液温度不变时，记下温度T_1'。迅速加入1.0g研细过的二氧化锰粉末，塞好塞子后，立即摇动保温杯，以使二氧化锰粉末悬浮在过氧化氢溶液中。在加入二氧化锰的同时，按动秒表，每隔10s记录一次温度。当温度升高到最高点时，记下此时的温度T_2'，以后每隔20s记录一次温度。在相当一段时间（例如3min）内若温度保持T_2'不变，T_2'即可视为该反应达到的最高温度，否则就需用外推法求出反应的最高温度。

应当指出的是，由于过氧化氢的不稳定性，因此其溶液浓度的标定应在本实验前不久进行。此外，无论在量热计热容的测定中，还是在过氧化氢分解热的测定中，保温杯摇动的节奏要始终保持一致。思考：为何要使二氧化锰粉末悬浮在过氧化氢溶液中？

（3）数据记录和处理

① 量热计装置热容C_p的计算　具体见表7-14。

表7-14　量热计装置热容计算

冷水温度 T_1/K	
热水温度 T_2/K	
冷热水混合温度 T_3/K	
冷（热）水的质量 m/g	
水的质量热容 C_{H_2O} /$J \cdot g^{-1} \cdot K^{-1}$	
量热计装置热容 C_p/$J \cdot K^{-1}$	

② 分解热的计算：

$$Q=C_p(T_2'-T_1')+C_{H_2O_2}m_{H_2O_2}(T_2'-T_1')$$

由于H_2O_2稀水溶液的密度和比热容近似地与水的相等，因此：

$$C_{H_2O_2}\approx C_{H_2O}=4.184J \cdot g^{-1} \cdot K^{-1}$$

$$m_{H_2O_2}\approx V_{H_2O_2}$$

$$Q=C_p\Delta T+4.184V_{H_2O_2}\Delta T$$

$$\Delta H=\frac{-Q}{c_{H_2O_2}V_{H_2O_2}/1000}=\frac{-(C_p+4.184V_{H_2O_2})\Delta T\times 1000}{c_{H_2O_2}V_{H_2O_2}}$$

过氧化氢分解热实验值与理论值的相对百分误差应该在±10%以内，见表7-15。

表7-15　分解热计算

反应前温度 T_1'/K	
反应后温度 T_2'/K	
ΔT/K	
H_2O_2溶液体积 V/mL	
量热计吸收的总热量 Q/J	
分解热 ΔH/$kJ \cdot mol^{-1}$	
与理论值比较百分误差/%	

【注意事项】

(1) 过氧化氢溶液(约 0.3%) 使用前应用 $KMnO_4$ 法或碘量法准确测定其物质的量浓度(单位：$mol \cdot L^{-1}$)。

(2) 二氧化锰要尽量研细，并在 110℃烘箱中烘 1～2h 后，置于干燥器中待用。

(3) 一般市售保温杯的容积为 250mL 左右，故过氧化氢的实际用量取 150mL 为宜。为了减少误差，尽可能使用较大的保温杯(例如 400mL 或 500mL 的保温杯) 来做过氧化氢实验(注意此时 MnO_2 的用量亦应相应按比例增加)。

(4) 重复分解热实验时，一定要使用干净的保温杯。

(5) 实验合作者注意相互密切配合。

【思考题】

(1) 结合本实验理解下列概念：体系、环境、比热容、热容、反应热、内能和焓。

(2) 实验中使用二氧化锰的目的是什么？在计算反应所放出的总热量时，是否要考虑加入的二氧化锰的热效应？

(3) 在测定量热计装置热容时，使用一支温度计先后测冷、热水的温度好，还是使用两支温度计分别测定冷、热水的温度好？它们各有什么利弊？

(4) 试分析本实验结果产生误差的原因，你认为影响本实验结果的主要因素是什么？

实验26 二氧化碳分子量的测定

【实验目的】

(1) 了解相对密度法测定气态物质分子量的原理和方法。

(2) 熟悉有效数字及其应用规则。

【实验原理】

由理想气体状态方程很容易推得：

$$\frac{m}{M}=\frac{pV}{RT}$$

即在同温同压下，同体积的不同气体的质量与摩尔质量之比(m/M) 相等。若已知某一气体的分子量，在相同条件下测定其某一体积的质量和相同体积另一气体的质量，即可求得另一气体的摩尔质量。本实验就是通过比较同体积的 CO_2 气体与空气(平均分子量为 28.96) 的质量求得 CO_2 的分子量的，计算公式如下：

$$M(CO_2)=\frac{28.96m(CO_2)}{m(空气)}$$

式中，$m(CO_2)$、m(空气) 分别为同温同压下相同体积的 CO_2 和空气的质量。$m(CO_2)/m$(空气) 可视为[$m(CO_2)/V$]/[m(空气)$/V$]，即 CO_2 密度与空气密度之比，通常称为 CO_2 对空气的相对密度。用此法测定气体分子量的方法就称为相对密度法。

式中，CO_2 的质量可通过天平称量获得，空气的质量则要通过 m(空气)$=pVM$(空气)$/(RT)$ 计算得到，因此还需测定大气压 p、热力学温度 T、盛装 CO_2 气体的锥形瓶容积 V。测定时要注意各种测量数据的准确性。

【仪器和试剂】

（1）仪器

启普发生器，分析天平，电子天平，气压计，洗气瓶，锥形瓶，量筒，大烧杯。

（2）试剂

大理石，浓 HCl，浓 H_2SO_4，$NaHCO_3$ 饱和溶液。

【实验步骤】

（1）实验装置

按图 7-9 装配连接好启普发生器及 CO_2 净化干燥装置，使之导出干燥纯净的 CO_2 气体。

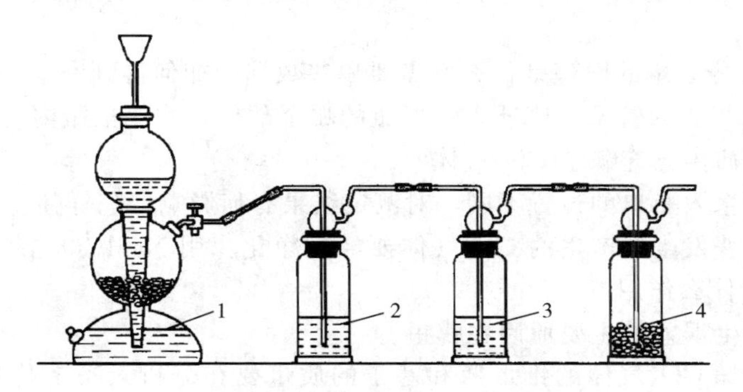

图 7-9　制取、净化和收集二氧化碳装置

1—稀硫酸；2—硫酸铜溶液；3—碳酸氢钠溶液；4—无水氯化钙

（2）准备实验用的锥形瓶

取一个带橡皮塞的干燥、洁净的锥形瓶，塞上塞子（记录塞子塞入瓶口的位置），在分析天平上称出质量 m_1（准确到 0.0001g）。

（3）称量实验用 CO_2 气体

把经过净化的 CO_2 气体通过导管导入锥形瓶内（注意导管插进锥形瓶的位置），通气 4～5min后慢慢取出导管，塞上塞子（注意塞子的位置），然后在分析天平上称出质量 m_2。重复通入 CO_2 气体并称量，直到前后两次称量的 $\Delta m < 1mg$ 为止。

（4）称量充满水的锥形瓶

在锥形瓶内装满水，塞上塞子（注意塞子的位置），称出其质量 m_3（准确至 0.1g，可以用哪种仪器进行称量）。

实验数据记录与处理见表 7-16。

表 7-16　二氧化碳分子量测定

实验时室温 T/K	
实验时大气压 p/Pa	
充满空气的锥形瓶和塞的质量 m_1/g	
充满二氧化碳的锥形瓶和塞的质量 m_2/g	
装满水的锥形瓶和塞的质量 m_3/g	
锥形瓶的容积 V $\left(V=\frac{m_3-m_1}{1.0}\right)$/mL	

续表

锥形瓶内空气的质量 m(空气) $\left[m(\text{空气})=\frac{pVM(\text{空气})}{RT}\right]$/g	
锥形瓶内二氧化碳的质量 $m(CO_2)$ $\{m(CO_2)=[(m_1-m_2)+m(\text{空气})]\}$/g	
二氧化碳相对摩尔质量 $M(CO_2)$ $\left[M(CO_2)=\frac{m(CO_2)}{m(\text{空气})}\times 28.96\right]$/g·mol^{-1}	
百分误差［文献值 $M(CO_2)$ = 44.01g·mol^{-1}］/%	

【思考题】

(1) 测定 CO_2 分子量的原理是什么？需要哪些数据？如何得到？

(2) 导入 CO_2 气体的管子，应插入锥形瓶的哪个部位，才能把瓶内的气体赶净？

(3) 怎样判断瓶内已充满了 CO_2 气体？

(4) 每次塞子塞入瓶口的位置不同，对测定结果有何影响？怎样使塞子固定？

(5) 为什么启普发生器产生的 CO_2 气体要经过净化？用 $NaHCO_3$ 溶液、浓 H_2SO_4 等净化 CO_2 气体时各起什么作用？

(6) 本实验产生误差的主要原因在哪里？

(7) 为什么充满 CO_2 气体的锥形瓶和塞子的质量要在分析天平上称量，而充满水的锥形瓶和塞子的质量要在台秤上称量？

实验27 原子结构和分子的性质

【实验目的】

(1) 了解阴极射线的产生和性质，认识电子的微粒性。

(2) 认识电子的微粒性，了解电子的波动性。

(3) 了解原子光谱的产生和性质，了解电子能级的不连续性。

(4) 测试分子的极性。

【实验原理】

在一般情况下，气体中总是会有极少的离子存在。当阴极射线管内气体稀薄到压强为 0.1333Pa，并在阳极与阴极之间加上高压时，正离子在强电场中获得足够的能量而趋向阴极且与阴极碰撞后失去能量，结果使阴极得到能量而逸出电子，形成电子流，即阴极射线。由于管内屏板上涂有荧光粉，当阴极射线打到屏板上时，致使荧光粉发光，故可以看到阴极射线所经过的印痕。

阴极射线是一束具有一定质量和很大速度的带负电荷的电子流，它的产生与阴极射线管内充填的气体种类和不同金属电极无关，由此可以证明一切物质的原子中均含有电子。

原子光谱实验告诉人们，电子在核外是处于一系列不连续的能量状态，当电子发生能级跃迁时，就形成一系列具有一定波长的、不连续的光谱。

分子有极性与非极性之分，极性分子的偶极在外电场作用下会发生取向，取向后的分子与电场互相吸引，极性增强。而非极性分子在外电场作用下不会发生取向。

【仪器和试剂】

(1) 仪器

静电偏转阴极射线管，示直进阴极射线管，机械效应阴极射线管，磁效应阴极射线管，氢光谱管，氦光谱管，氖光谱管，高压发生器，手持分光镜，马蹄形磁铁。

(2) 试剂

甲醛，乙醇，丙酮，四氯化碳，二硫化碳。

【仪器操作】

(1) 仪器的构造

J1210 高压发生器见图 7-10。

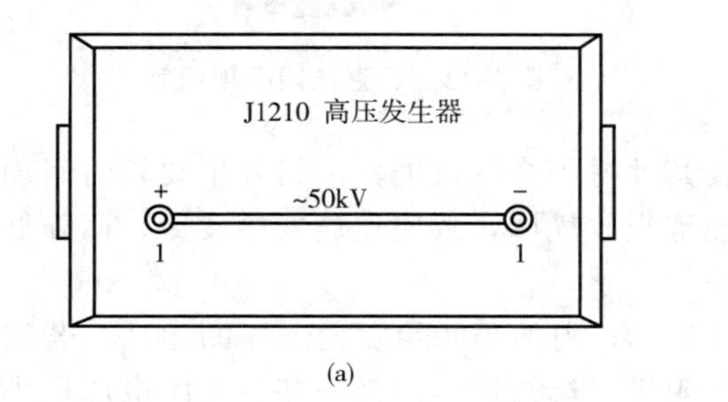

(a)

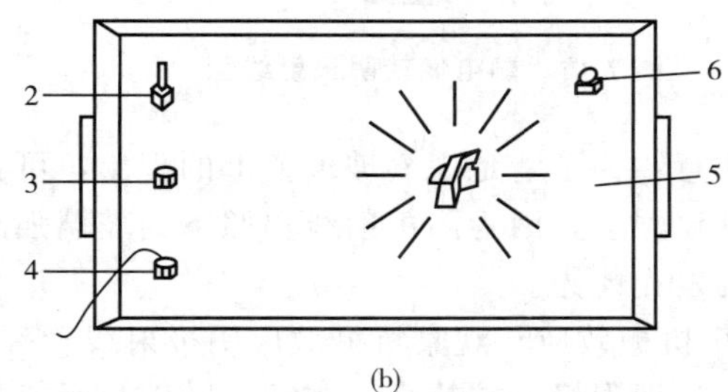

(b)

图 7-10 J1210 高压发生器

1—输出插座；2—电源开关；3—保险丝；4—电源线；5—选择钮；6—电源指示灯

(2) 使用方法及注意事项

① 根据实验的要求，选择输出高压。

② 用高压输出连接线连接实验仪器，两端的距离应大于 8cm。

③ 连接负载，检查无误后，才可开启电源开关；实验完毕，先关闭电源开关，然后拔下输出插座。

④ 在接上负载前，输出正常(可用火花法试验)，接上负载后，发生无输出(停振) 现象，这是因为负载电流过大。可串接限流电阻，限阻值为 2～100MΩ。

⑤ 为了安全，连续工作时间不得超过 3min。

⑥ 仪器工作时应放置在绝对干燥(可垫塑料板、橡皮等) 的台面上，以防高压触电。

⑦ 工作时严禁用手直接接触高压输出线，以免击伤；关机后电源输出端仍有高压存在，千万不可用手碰摸，以免击伤。

【实验步骤】

(1) 阴极射线的产生和性质

① 静电偏转　将静电偏转管接在高压发生器上，阴极接高压发生器的负极性端，阳极接正极性端。接通电源插头，然后开启电源开关，旋转选择旋钮至看到阴极射线产生。当正确连接时，可在屏板上看到阴极射线经过的一条水平亮线。如调试后无此现象，交换高压发生器的输出插头即可。

观察静电偏转阴极射线管内(图 7-11) 涂有荧光物质的屏板有何现象并解释之，若改变电压极性，有何现象?

② 直线性　按上述操作将示直进阴极射线管(图 7-12) 安装好，先放倒管内的星形金属板，开启电源产生高压，观察玻璃壁，有何现象？随后关闭电源，再使星形金属板直立，重新进行演示，有何现象并解释之。

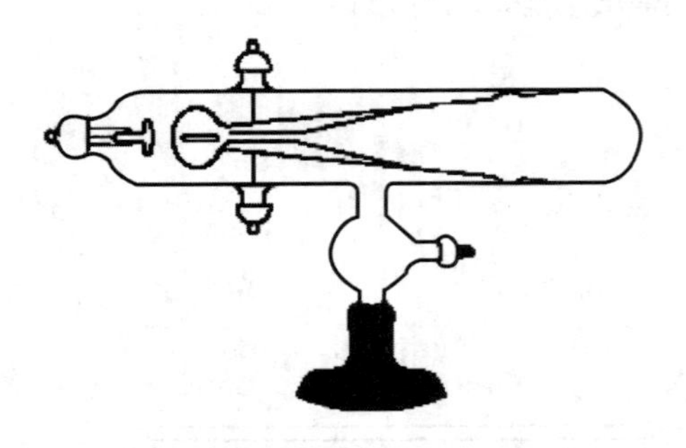

图 7-11　静电偏转阴极射线管

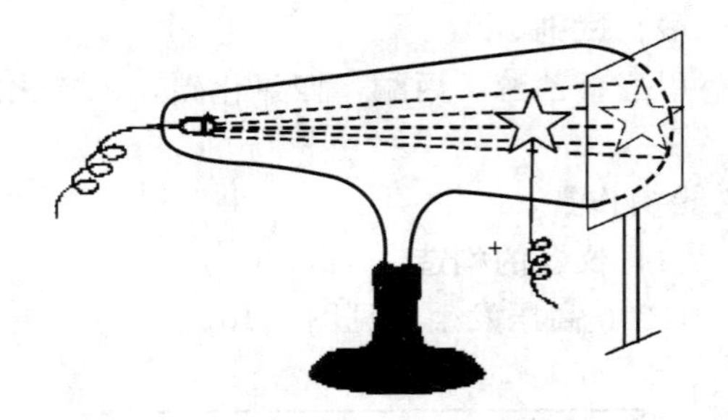

图 7-12　示直进阴极射线管

注意：为了清楚观察玻璃壁上的现象，可在其外衬一个深色屏幕。另外不要长时间加电压于本仪器上，因为阴极射线辐照下的玻璃强烈地吸收气体，致使玻璃发生疲劳，而降低其本身的发光能力。

③ 机械效应　观察机械效应阴极射线管(图 7-13) 内的小叶轮发生怎样的运动？若用一个小木片把阳极一端垫高，观察小叶轮是否能从阴极一端被推向阳极一端？关闭电源，小叶轮是否又回到阴极？解释上述现象。

④ 磁效应　在磁效应阴极射线管内(图 7-14) 有阴极射线产生时，以马蹄形磁铁的 N 极靠近阴极射线管，观察阴极射线向哪一方向偏转？试应用磁场对电流作用的左手定则解释此现象，这一现象说明阴极射线的什么性质？

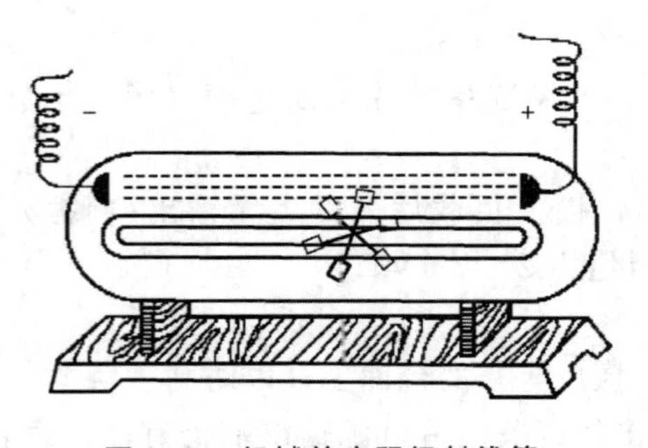

图 7-13　机械效应阴极射线管

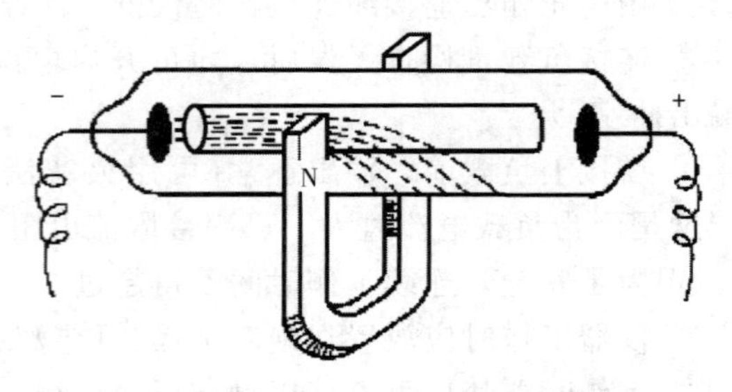

图 7-14　磁效应阴极射线管

(2) 光的衍射

取两张带有单缝的硬纸卡，第一单缝的缝宽在 1mm 左右，第二单缝的缝宽在 0.20mm 左右。将第一单缝卡放在白炽灯前，第二单缝卡置于第一单缝 1～1.5m 处，保持两单缝平行，用眼睛紧靠第二单缝，如图 7-15 所示，观察有何现象？解释这种现象。

(3) 原子光谱

将光谱管与高压发生器连接，开启电源，使光谱管放电(图 7-16)。气体原子受激发所发出的光，经过分光镜中的棱镜折射后，被分成不连续的有色光谱。

① 用手持分光镜观察氢原子光谱的可见光部分，它由哪几条谱线组成？什么颜色？试根据学过的知识说明各条谱线的名称和相应的波长，各对应哪些电子能级跃迁？将实验结果

填入表 7-17。

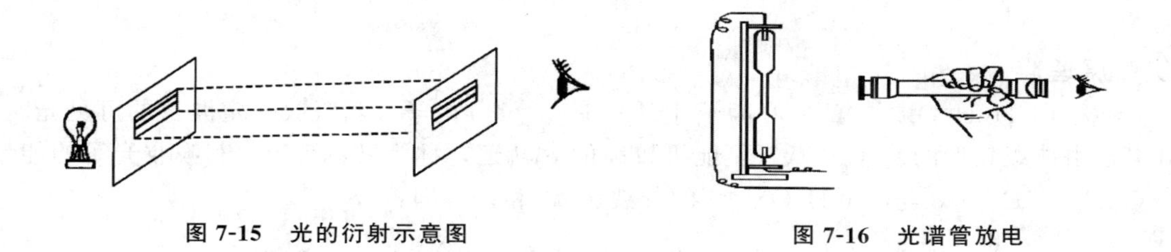

图 7-15 光的衍射示意图

图 7-16 光谱管放电

表 7-17 氢原子光谱

谱线名称	
颜色	
波长/nm	
能级跃迁	

② 换上氦光谱管，接通电源，观察氦光谱的可见部分有几条谱线？什么颜色？

③ 换上氖光谱管，接通电源，观察氖光谱。与氢光谱、氦光谱比较，它是否更复杂些？

④ 用手持分光镜观察白炽灯的光谱，它与氢、氦、氖的光谱有何不同？

(4) 分子的极性

用硬聚氯乙烯塑料棒与羊毛织物摩擦产生静电场(也可用塑料笔杆在头发上摩擦产生静电)，再用滴管分别将水、乙醇、甲醛、丙酮、四氯化碳、二硫化碳等液体呈线状流出(分别用干净烧杯盛接流出的液体，实验后回收)，将塑料棒靠近流动的液体(注意不要与液流接触，以免沾湿)，观察液流是否受静电场吸引，使流转方向偏转，验证流动的液体是否具有极性。将实验结果填入表 7-18。

表 7-18 分子的极性

偏转及极性	水	乙醇	甲醛	丙酮	四氯化碳	二硫化碳
液流是否偏转						
分子的极性						

【思考题】

(1) 试从阴极射线的本质说明电子所具有的微粒性。

(2) 电子束通过金属薄片时，也能产生和光的衍射相似的衍射图吗？

(3) 原子光谱是怎样产生的？如何从实验结果来说明？

实验28 分光光度法测定配合物$[Ti(H_2O)_6]^{3+}$的分裂能

【实验目的】

(1) 了解配合物的吸收光谱。

（2）了解分光光度法测定配合物分裂能的原理和方法。

（3）学习分光光度计的使用。

【实验原理】

配离子$[Ti(H_2O)_6]^{3+}$的中心离子Ti^{3+}仅有一个3d电子，当吸收一定波长的可见光时，3d电子由能级较低的t_{2g}轨道跃迁至能级较高的e_g轨道，称为d-d跃迁。其吸收光子的能量等于$(E_{e_g}-E_{t_{2g}})$，与$[Ti(H_2O)_6]^{3+}$的分裂能Δ_o相等，即：

$$E_{光}=h\nu=E_{e_g}-E_{t_{2g}}=\Delta_o$$

因为：

$$h\nu=\frac{hc}{\lambda}=hc\sigma(\sigma\text{ 称为波数})$$

所以：

$$\sigma=\frac{\Delta_o}{hc}$$

$$hc=6.626\times10^{-34}\ J\cdot s\times3\times10^{10}\ cm\cdot s^{-1}$$
$$=6.626\times10^{-34}\times3\times10^{10}J\cdot cm$$

因为

$$1J=5.034\times10^{22}cm^{-1}$$

则

$$hc=6.626\times10^{-34}\times3\times10^{10}\times5.034\times10^{22}$$
$$=1$$

故：

$$\sigma=\Delta_o$$

即：

$$\Delta_o=\sigma=\frac{1}{\lambda}\ nm^{-1}=\frac{1}{\lambda}\times10^7\ cm^{-1}$$

λ值可通过吸收光谱求得，先取一定浓度的$[Ti(H_2O)_6]^{3+}$溶液，用分光光度法测出不同波长下的吸光度A，以A为纵坐标，λ为横坐标作图可得吸收曲线，曲线最高峰所对应的λ_{max}为$[Ti(H_2O)_6]^{3+}$的最大吸收波长，即：

$$\Delta_o=\frac{1}{\lambda_{max}}\times10^7\ cm^{-1}(\lambda_{max}\text{ 的单位为 nm})$$

【仪器和试剂】

（1）仪器

V-5000型分光光度计，容量瓶，烧杯，吸量管，洗耳球等。

（2）试剂

$TiCl_3$(15%～20%)。

【实验步骤】

（1）溶液制备

用吸量管取5mL 15%～20%的$TiCl_3$溶液于50mL容量瓶中，加去离子水稀释至刻度。

（2）吸光度A的测定

以去离子水作为参比液，用分光光度计在波长420～560nm范围内，每隔10nm测一次$[Ti(H_2O)_6]^{3+}$的吸光度A，在接近峰值附近，每隔5nm测一次数据。

（3）数据记录和结果处理

① 吸光度数据记录　将吸光度A的测定值记录于表7-19中。

表 7-19 配合物$[Ti(H_2O)_6]^{3+}$在不同波长时的吸光度

λ/nm	A	λ/nm	A
460		505	
470		510	
480		520	
490		530	
495		540	
500		550	

② 作图 以 A 为纵坐标，λ 为横坐标作$[Ti(H_2O)_6]^{3+}$的吸收曲线图。

③ 计算 Δ_o 在吸收曲线上找出最高峰所对应的 λ_{max}，计算$[Ti(H_2O)_6]^{3+}$的分裂能 Δ_o。

【思考题】

（1）配合物的分裂能受哪些因素的影响？

（2）本实验测定吸收曲线时，溶液浓度的高低对测定分裂能是否有影响？

实验29 邻菲啰啉亚铁配合物组成及铁含量的测定

【实验目的】

（1）学习吸收曲线的绘制及分光光度计的使用。

（2）掌握可见分光光度法测定铁的原理和方法。

【实验原理】

（1）铁含量的测定

微量 Fe 的测定最常用和最灵敏的方法是邻菲啰啉法。此法准确度高，重现性好。Fe^{2+}和显色剂邻菲啰啉（又称邻二氮菲，简写为 phen）反应生成橘红色配合物，反应方程式如下：

$$Fe^{2+} + 3\,\text{phen} \longrightarrow [Fe(\text{phen})_3]^{2+}$$

该配合物的最大吸收波长为 510nm，摩尔吸光系数 $\varepsilon = 1.1 \times 10^4 L \cdot mol^{-1} \cdot cm^{-1}$，反应灵敏度高，稳定性好。

在最大吸收波长下该有色溶液的浓度与其吸光度之间的关系服从朗伯-比耳定律：

$$A = \varepsilon bc$$

若溶液中存在 Fe^{3+}，则 Fe^{3+} 也会与邻菲啰啉反应，生成 3∶1 的淡蓝色配合物，因此必须将 Fe^{3+} 还原为 Fe^{2+}，再与邻菲啰啉反应。一般用盐酸羟胺作还原剂，显色前将 Fe^{3+} 全部还原为 Fe^{2+}：

$$2Fe^{3+}+2NH_2OH\cdot HCl \xlongequal{} 2Fe^{2+}+N_2\uparrow+2H_2O+4H^{+}+2Cl^{-}$$

Fe^{2+}与邻菲啰啉在 pH=2～9 范围内都能显色。由于酸度高，反应进行缓慢，酸度太低Fe^{2+}水解影响显色，所以控制在 pH=5 左右较为适宜。

本法选择性很高，相当于含 Fe 量 40 倍的 Sn^{2+}、Al^{3+}、Ca^{2+}、Mg^{2+}、Zn^{2+}、SiO_3^{2-}，20 倍的 Cr^{3+}、Mn^{2+}、V(Ⅴ)、PO_4^{3-}，5 倍的 Co^{2+}、Cu^{2+}、Ni^{2+} 等均不干扰测定。

用分光光度法测定铁的含量，一般采用标准曲线法，即配制一系列浓度的标准溶液，在实验条件下依次测量各标准溶液的吸光度 A，以溶液的浓度为横坐标，相应的吸光度为纵坐标，绘制标准曲线。在同样的实验条件下，测定待测溶液的吸光度，根据吸光度值从标准曲线上查出相应的浓度值，即可计算试样中被测物质的质量浓度。

（2）配合物组成的测定

分光光度法是研究配合物组成最有效的方法之一。其中摩尔比法最为常用。

设金属离子 M 与配合剂 R 形成一种有色配合物 MR_n(电荷省略)，反应如下：

$$M+nR \xlongequal{} MR_n$$

测定配合物的组成即确定 n(配位数）的数值，可用摩尔比法(或称饱和法）进行测定：首先配制一系列溶液，各溶液的金属离子浓度(M)、酸度、温度等条件恒定，只改变配体浓度，每份溶液的总体积保持不变。在这一系列溶液中，形成配合物的浓度是先逐渐增大后基本不变。开始时，金属离子过量，配合物的浓度取决于配体的浓度，随着加入配体的量不断增大，配合物浓度也增大，溶液颜色加深，吸光度也逐渐增大。当配位剂浓度与金属离子浓度比值恰好为 n 时，金属离子与配位剂全部生成配合物，溶液颜色最深，吸光度最大。当配位剂浓度继续增大时，由于金属离子已反应完全，不会再有配合物生成，故溶液颜色基本不变，吸光度数值也基本保持稳定。

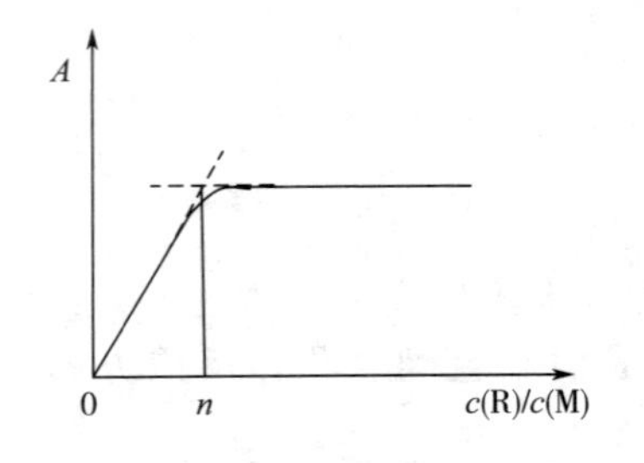

图 7-17 摩尔比法测定配合物组成

以吸光度对摩尔比 $\frac{c(R)}{c(M)}$ 作图，如图 7-17 所示，将曲线的线性部分延长相交于一点，该点对应的 $\frac{c(R)}{c(M)}$ 值即为配位数 n。

摩尔比法适用于稳定性较高的配合物的组成测定。

【仪器和试剂】

（1）仪器

可见分光光度计，分析天平，容量瓶(50mL)，吸量管(1mL、2mL、5mL、10mL)，烧杯(250mL)，比色皿等。

（2）试剂

$10.00mg\cdot L^{-1}$ Fe^{2+}标准溶液，称取 0.7022g 分析纯$(NH_4)_2SO_4\cdot FeSO_4\cdot 6H_2O$ 于 250mL 烧杯中，加入 50mL $6mol\cdot L^{-1}$ HCl 溶液使之溶解后，转移至 1000mL 容量瓶中，用纯水定容，摇匀，得到 $100.0mg\cdot L^{-1}$ Fe^{2+}标准溶液，将其稀释 10 倍即可。

$0.001mol\cdot L^{-1}$ Fe^{2+}标准溶液，$1.5g\cdot L^{-1}$邻菲啰啉(先用少许乙醇溶解，再用纯水稀释)，$0.001mol\cdot L^{-1}$邻菲啰啉，10%盐酸羟胺水溶液(新配制)，$1.0mol\cdot L^{-1}$ NaAc。

【实验步骤】

(1) 吸收曲线的绘制

用吸量管吸取 6.00mL Fe^{2+} 标准溶液，注入一支 50mL 容量瓶中，另一支 50mL 容量瓶中不加 Fe^{2+} 标准溶液，然后各加入 1.0mL 盐酸羟胺和 5.0mL NaAc，最后加入 2.0mL 邻菲啰啉，用纯水稀释至刻度，摇匀。以试剂溶液为参比进行校正，用 2cm 比色皿，在 450～570nm 范围内，每隔 10nm 或 5nm 测定一次吸光度。每改变一次波长，均需用参比溶液重新进行仪器校正。以波长为横坐标，吸光度为纵坐标，绘制吸收曲线，以此选择测量的适宜波长(一般选用最大吸收波长 λ_{max})。

(2) 标准曲线的绘制和铁含量的测定

取七支 50mL 容量瓶，前六支容量瓶中分别用吸量管加入 0.00mL、2.00mL、4.00mL、6.00mL、8.00mL、10.00mL Fe^{2+} 标准溶液，第七支容量瓶中加入 5.00mL Fe^{2+} 未知液，再各加入 1.0mL 盐酸羟胺和 5.0mL NaAc，最后加入 2.0mL 邻菲啰啉，用纯水稀释至刻度，摇匀。在所选择的波长下(一般选用最大吸收波长 λ_{max})，用 2cm 比色皿，以试剂溶液为参比，测定每支容量瓶中溶液的吸光度。以 Fe^{2+} 标准溶液的质量浓度 ρ 为横坐标，吸光度 A 为纵坐标，绘制标准曲线。从曲线上查出试液的浓度，再计算原未知液中 Fe^{2+} 的质量浓度 ρ ($mg \cdot L^{-1}$)。

(3) 数据处理

① 吸收曲线的绘制和最大吸收波长的确定

a. 数据记录　将测定的吸光度填入表 7-20 中。

表 7-20　数据记录 (1)

λ/nm	450	470	490	500	505	510	515	520	530	550	570
A											

b. 作吸收曲线图，确定最大吸收波长 λ_{max} = ________ nm。

② 标准曲线的制作和铁含量的测定

a. 数据记录(0 号为参比溶液)　将质量浓度与吸光度填入表 7-21 中。

表 7-21　数据记录 (2)

序号	0	1	2	3	4	5	6
加入 Fe^{2+} 溶液的体积/mL	0.00	2.00	4.00	6.00	8.00	10.00	5.00
$\rho(Fe^{2+})/mg \cdot L^{-1}$							
吸光度 A							

b. 作标准曲线图。

c. 从标准曲线上查得 6 号容量瓶中 $\rho(Fe^{2+})$ = ________ $mg \cdot L^{-1}$，原试液中 Fe^{2+} 的质量浓度 $\rho(Fe^{2+})$ = ________ $mg \cdot L^{-1}$。

【思考题】

(1) 吸收曲线与标准曲线有何区别？各有何实际意义？

(2) 用邻菲啰啉法测定铁时，为什么在测定前需要加入盐酸羟胺？若不加入盐酸羟胺，对测定结果有何影响？

实验30 磺基水杨酸合铁(Ⅲ)配合物的组成及稳定常数的测定

【实验目的】

(1) 了解采用分光光度法测定配合物组成和稳定常数的原理和方法。

(2) 学习用图解法处理实验数据的方法。

(3) 进一步学习分光光度计使用方法，了解其工作原理。

(4) 进一步练习吸量管、容量瓶的使用。

【实验原理】

磺基水杨酸($C_7H_6O_6S$，HO—C₆H₃(COOH)—SO_3H，简式为 H_3R) 可以与 Fe^{3+} 形成稳定的配合物。配合物的组成随溶液 pH 值的不同而改变。在 pH＝2～3、4～9、9～11 时，磺基水杨酸与 Fe^{3+} 能分别形成三种不同颜色、不同组成的配离子。在 pH 值为 2～3 时，生成红褐色(紫红色) 的螯合物(有一个配位体)；pH 值为 4～9 时，生成红色螯合物(有 2 个配位体)；pH 值为 9～11.5 时，生成黄色螯合物(有 3 个配位体)；pH＞12 时，有色螯合物被破坏而生成 $Fe(OH)_3$沉淀。本实验是测定 pH＝2～3 时所形成的红褐色磺基水杨酸合铁(Ⅲ)配离子的组成及其稳定常数。实验中通过加入一定量的 $HClO_4$ 溶液来控制溶液的 pH 值，用高氯酸($HClO_4$) 来控制溶液的 pH 值和作空白溶液其优点主要是 ClO_4^- 不易与金属离子配合。由于所测溶液中磺基水杨酸是无色的，Fe^{3+} 溶液的浓度很小，也可认为是无色的，只有磺基水杨酸合铁(Ⅲ)配离子(MR_n) 是有色的。测定配合物的组成常用分光光度计，其前提条件是溶液中的中心离子和配位体都为无色，只有它们所形成的配合物有色。如前所述，测定的前提条件是基本满足的。通过对溶液吸光度的测定，可以求出该配离子的组成。

当一束波长一定的单色光通过有色溶液时，一部分光被溶液吸收，一部分光透过溶液。

光被溶液吸收和透过程度，通常有两种表示方法：

一种是用透光率 T 表示。即透过光的强度 I_t与入射光的强度 I_0之比：

$$T=\frac{I_t}{I_0}$$

另一种是用吸光度 A(又称消光度，光密度) 来表示。它是取透光率的负对数：

$$A=-\lg T=\lg\frac{I_0}{I_t}$$

A 值大表示光被有色溶液吸收的程度大，反之，A 值小，光被溶液吸收的程度小。

实验结果证明：有色溶液对光的吸收程度与溶液的浓度 c 和光穿过的液层厚度 b 的乘积成正比。这一规律称朗伯-比尔定律：

$$A=\varepsilon bc$$

根据朗伯-比尔定律 $A=\varepsilon bc$ 可知，当波长 λ、溶液的温度 T 及比色皿的厚度 b 均一定时，溶液的吸光度 A 只与有色配离子的浓度 c 成正比。通过对溶液吸光度的测定，可以求出配离子的组成。用分光光度法测定配离子组成，通常有摩尔比法、等摩尔系列法、斜率法和平衡移动法等，每种方法都有一定的适用范围。下面介绍一种常用的测定方法。

等摩尔系列法：用一定波长的单色光，测定一系列变化组分的溶液的吸光度(中心离子

M和配体R的总物质的量保持不变，而M和R的摩尔分数连续变化）。显然，在这一系列的溶液中，有一些溶液中金属离子是过量的，而另一些溶液中配体是过量的；在这两部分溶液中，配离子的浓度都不可能达到最大值；只有当溶液离子与配体的物质的量之比与配离子的组成一致时，配离子的浓度才能最大。由于中心离子和配体基本无色，只有配离子有色，所以配离子的浓度越大，溶液颜色越深，其吸光度也就越大，若以吸光度对配体的摩尔分数作图，则从图上最大吸收峰处可以求得配合物的组成 n 值。具体操作时，取用摩尔浓度相等的金属离子溶液和配体溶液，按照不同的体积比（即物质的量之比）配成一系列溶液，测定其吸光度值。以吸光度值 A 为纵坐标，体积分数（$\frac{V_M}{V_M+V_R}$，即摩尔分数。式中，V_M 为金属离子溶液的体积，V_R 为配体溶液的体积）为横坐标作图得如图7-18所示的曲线，将曲线两边的直线部分延长相交于 A 点，A 点对应的吸光度值 ε_1 最大。由 A 点对应的摩尔分数值，可计算配离子中金属离子与配体的物质的量之比，即可求得配离子 MR_n 中配体的数目 n。如图7-18所示，根据最大吸收处：

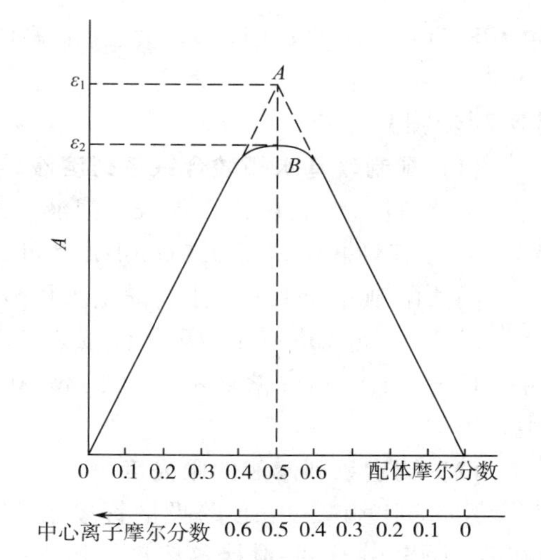

图7-18 等摩尔系列法

$$配体摩尔分数=\frac{配体物质的量}{总物质的量}=0.5$$

$$中心离子摩尔分数=\frac{中心离子物质的量}{总物质的量}=0.5$$

$$n=\frac{配体摩尔分数}{中心离子摩尔分数}=1$$

即：金属离子与配体物质的量之比为1∶1。

最大吸光度 A 点可被认为M和R全部形成配合物时的吸光度，其值为 ε_1。由于配离子有一部分解离，其浓度再稍小些，所以实验测得的最大吸光度在 B 点，其值为 ε_2，因此配离子的解离度 α 可表示为：

$$\alpha=\frac{\varepsilon_1-\varepsilon_2}{\varepsilon_1}$$

对于1∶1组成配合物，根据下面关系式即可导出稳定常数 K。

$$M+R \rightleftharpoons MR$$

平衡浓度　　$c\alpha$　$c\alpha$　　$c-c\alpha$

$$K=\frac{[MR]}{[M][R]}=\frac{1-\alpha}{c\alpha^2}$$

式中，c 是相应于 A 点的金属离子浓度。

【仪器和试剂】

(1) 仪器

V-5000型分光光度计，烧杯（50mL），容量瓶（100mL），吸量管（10mL），锥形瓶

(50mL)。

(2) 试剂

$HClO_4$(0.0100mol·L^{-1}),磺基水杨酸(0.0100mol·L^{-1}),Fe^{3+}溶液(0.0100mol·L^{-1})。

【实验步骤】

(1) 配制磺基水杨酸合铁系列溶液

① 配制 0.0010mol·L^{-1} Fe^{3+}溶液　准确吸取 10.00mL 0.0100mol·L^{-1} Fe^{3+}溶液,加入 100.0mL 容量瓶中,用 0.01mol·L^{-1} $HClO_4$溶液稀释至刻度,摇匀备用。

同法配制 0.0010mol·L^{-1}磺基水杨酸溶液。

② 用三支 10.00mL 吸量管按表 7-22 列出的体积,分别吸取 0.01mol·L^{-1} $HClO_4$、0.0010mol·L^{-1} Fe^{3+}溶液和 0.0010mol·L^{-1}磺基水杨酸溶液,一一注入 11 支 50mL 锥形瓶中,摇匀。

(2) 测定系列溶液的吸光度

用带刻度 10.00mL 的吸量管按表 7-22 的数据吸取各溶液,分别注入已编号的干燥的 50mL 小烧杯中,并搅拌各溶液。用 V-5000 型分光光度计(波长为 500nm 的光源)测系列溶液的吸光度。将测得的数据计入表 7-22。

表 7-22　各溶液体积和吸光度

序号	$HClO_4$溶液体积/mL	Fe^{3+}溶液体积/mL	H_3R 溶液体积/mL	H_3R 摩尔分数	吸光度
1	10.00	10.00	0.00		
2	10.00	9.00	1.00		
3	10.00	8.00	2.00		
4	10.00	7.00	3.00		
5	10.00	6.00	4.00		
6	10.00	5.00	5.00		
7	10.00	4.00	6.00		
8	10.00	3.00	7.00		
9	10.00	2.00	8.00		
10	10.00	1.00	9.00		
11	10.00	0.00	10.00		

以吸光度对磺基水杨酸的摩尔分数作图,从图中找出最大吸收峰,求出配合物的组成和稳定常数。

【注意事项】

(1) 药品的配制

① 高氯酸(0.01mol·L^{-1}):将 4.4mL 70% $HClO_4$加入 50mL 水中,再稀释至 5000mL。

② Fe^{3+}溶液(0.010mol·L^{-1}):用 4.82g 分析纯硫酸铁铵$(NH_4)Fe(SO_4)_2 \cdot 12H_2O$晶体溶于1L 0.01mol·L^{-1}高氯酸中配制而成。

③ 磺基水杨酸溶液(0.0100mol·L^{-1})：用2.54g分析纯磺基水杨酸溶于1L 0.0100mol·L^{-1}高氯酸配制而成。

(2) $K_{稳}$的文献值为4.365×10^{14}($\lg K_{稳}=14.64$)。

(3) 实验测得的$K_{稳(表观)}$在2.0×10^{4}～2.4×10^{4}符合要求。

【思考题】

(1) 本实验测定配合物的组成及稳定常数的原理如何？

(2) 用等摩尔系列法测定配合物组成时，为什么说溶液中金属离子的物质的量与配位体的物质的量之比正好与配离子组成相同时，配离子的浓度为最大？

(3) 在测定吸光度时，如果温度变化较大，对测得的稳定常数有何影响？

(4) 本实验为什么用$HClO_4$溶液作空白溶液？为什么选用500nm波长的光源来测定溶液的吸光度？

(5) 使用分光光度计要注意哪些操作？

8

元素化合物的性质

实验31 氯、溴、碘、氧、硫

【实验目的】

(1) 了解卤素单质氧化性和卤素离子还原性的变化规律。

(2) 了解卤素含氧酸盐的性质。

(3) 了解次氯酸盐和氯酸盐的强氧化性。

(4) 了解 H_2O_2 的某些重要性质。

(5) 了解不同氧化态硫化合物的重要性质。

【实验原理】

(1) 卤素

卤素包括氟、氯、溴、碘、砹，其价电子构型为 ns^2np^5，因此元素的氧化数通常为−1，但在一定条件下，也可以形成氧化数为+1、+3、+5、+7 的化合物。卤素单质的氧化性强弱按以下顺序变化：$F_2 > Cl_2 > Br_2 > I_2$。

卤化氢皆为无色有刺激性气味的气体。还原性强弱次序为：HI > HBr > HCl > HF；热稳定性高低次序为：HF > HCl > HBr > HI。HI 可将浓硫酸还原为 H_2S，HBr 可将浓硫酸还原为 SO_2，而 HCl 不能还原浓硫酸。

卤素的含氧酸盐有如下多种形式：HXO、HXO_2、HXO_3、HXO_4（X=Cl、Br、I）。随着卤素氧化数的升高，其热稳定性增大，酸性增强，氧化性减弱。

Br^- 能被 Cl_2 氧化成 Br_2，在 CCl_4 中呈棕黄色。I^- 能被 Cl_2 氧化成 I_2，在 CCl_4 中呈紫红色，当 Cl_2 过量时，I_2 被氧化成无色的 IO_3^-。Cl^-、Br^-、I^- 与 Ag^+ 反应分别生成 AgCl、AgBr、AgI 沉淀，颜色由白到黄逐渐加深。它们的溶度积常数依次减小，都不溶于稀硝酸。AgCl 能溶于稀氨水或碳酸铵溶液生成银氨配离子 $[Ag(NH_3)_2]^+$。再加入稀硝酸，AgCl 会重新沉淀出来。由此可以鉴定 Cl^- 的存在。AgBr 和 AgI 不溶于稀氨水或碳酸铵溶液，它们在 HAc 介质中能被还原为 Ag，可使 Br^- 和 I^- 转入溶液，再用氯水将其氧化，可以鉴定 Br^- 和 I^- 的存在。

(2) 氧和硫

氧和硫分别是第ⅥA族中第二周期和第三周期的元素，价电子构型通式是 ns^2np^4，是典型的非金属元素。氧在化合物中常见的氧化数为−2；在过氧化物中则为−1，代表性物质为 H_2O_2(过氧化氢)；在超氧化物中则为−1/2，代表性物质为 KO_2。

硫的最高氧化数为+6，最低氧化数为−2，此外还具有+4等多种变化的氧化数，因此形成化合物的种类较多。H_2S 中 S 的氧化数为−2，具有较强的还原性，常温下为具有臭鸡蛋气味的气体，其水溶液称为氢硫酸。

除少数碱金属、碱土金属(钾、钠、钡等）的硫化物外，大多数金属的硫化物在水中均难溶，但溶度积相差较大。ZnS 能溶于稀盐酸，CdS 能溶于浓盐酸，而 CuS 需用氧化性的硝酸才能溶解，HgS需用王水才能溶解。利用不同硫化物溶解性的差异可以分离和鉴定金属离子。

S^{2-} 遇稀酸生成 H_2S 气体，具有特殊的臭鸡蛋气味并可使乙酸铅试纸变黑。另外，在弱碱性条件下，S^{2-} 可与 $Na_2[Fe(CN)_5NO]$（亚硝酰铁氰化钠）反应生成紫红色的配合物 $[Fe(CN)_5NOS]^{4-}$。利用这些性质都可以鉴定 S^{2-}。

H_2SO_3 及其盐中的 S 的氧化数为+4，以还原性为主，遇到强还原剂也表现出氧化性。H_2SO_3 不稳定，易分解生成 SO_2。SO_2 与一些有机染料中的偶氮基团发生加成反应，具有可逆的漂白性。

SO_3^{2-} 能与 $Na_2[Fe(CN)_5NO]$ 生成红色沉淀，加入 $ZnSO_4$ 和 $K_4[Fe(CN)_6]$ 可使红色显著加深。

$Na_2S_2O_3$(硫代硫酸钠）中 S 的氧化数为+2，以还原性为主，能与 I_2 发生如下反应：

$$2Na_2S_2O_3 + I_2 = Na_2S_4O_6\text{(连四硫酸钠)} + 2NaI$$

$Na_2S_2O_3$ 在酸性介质中不稳定，歧化分解为 SO_2 和 S。$S_2O_3^{2-}$ 遇到银离子生成白色的 $Ag_2S_2O_3$ 沉淀，$S_2O_3^{2-}$ 过量时，又可生成 $[Ag(S_2O_3)_2]^{3-}$ 配离子而溶解。$Ag_2S_2O_3$ 沉淀在光的照射下不稳定，颜色逐渐加深，最后转化为黑色的 Ag_2S，可用来鉴定 $S_2O_3^{2-}$。

【仪器和试剂】

(1) 仪器

烧杯，滴管，试管，离心试管，表面皿，离心机，酒精灯，pH 试纸，淀粉-KI 试纸，品红试纸，乙酸铅试纸，火柴，滤纸等。

(2) 试剂

二氧化锰(AR)，过二硫酸钾(AR)，NaClO(AR)，NaCl(AR)，KBr(AR)，KI(AR)，$KClO_3$(AR)，0.2mol·L⁻¹ KBr，0.2mol·L⁻¹ KI，0.2mol·L⁻¹ $MnSO_4$，0.002mol·L⁻¹ $MnSO_4$，1mol·L⁻¹ H_2SO_4，2mol·L⁻¹ H_2SO_4，3mol·L⁻¹ H_2SO_4，0.2mol·L⁻¹ NaCl，0.2mol·L⁻¹ $AgNO_3$，6mol·L⁻¹ HNO_3，6mol·L⁻¹ $NH_3 \cdot H_2O$，3% H_2O_2，0.01mol·L⁻¹ $KMnO_4$，0.2mol·L⁻¹ $FeCl_3$，0.2mol·L⁻¹ $ZnSO_4$，0.2mol·L⁻¹ $CdSO_4$，0.2mol·L⁻¹ $CuSO_4$，0.2mol·L⁻¹ Na_2S，2mol·L⁻¹ HCl，6mol·L⁻¹ HCl，6mol·L⁻¹ HNO_3，1% $Na_2[Fe(CN)_5NO]$，0.1mol·L⁻¹ Na_2SO_3，0.5mol·L⁻¹ Na_2SO_3，0.01mol·L⁻¹ 碘水，饱和 $ZnSO_4$，0.1mol·L⁻¹ $K_4[Fe(CN)_6]$，0.2%淀粉溶液，0.1mol·L⁻¹ $Na_2S_2O_3$，5%硫代乙酰胺，饱和 NaClO，饱和 $KClO_3$，CCl_4，饱和氯水，饱和溴水，碘水，品红，浓盐酸，浓硫酸，浓硝酸。

【实验步骤】

(1) 卤素单质的氧化性及卤素离子的还原性

① 两支试管中分别加入 2 滴 $0.2mol \cdot L^{-1}$ 的 KBr 溶液和 $0.2mol \cdot L^{-1}$ 的 KI 溶液，再分别加入 CCl_4，再逐滴加入饱和氯水，边滴加边振荡试管，观察实验现象。

② 试管中加入 2 滴 $0.2mol \cdot L^{-1}$ 的 KI 溶液和适量 CCl_4，再逐滴加入饱和溴水，边滴加边振荡试管，观察实验现象。

说明卤素单质的氧化性顺序和卤素离子的还原性顺序，查元素的标准电极电势验证。

(2) 次氯酸盐的氧化性

在 4 支试管(A～D) 中各加入 0.5mL NaClO 饱和溶液(自制)，然后操作如下：

① A 试管中滴加 10 滴浓盐酸，用润湿的淀粉-KI 试纸横放在试管口，并加热试管，观察实验现象；

② B 试管中加入 0.5mL $0.2mol \cdot L^{-1}$ 的 $MnSO_4$ 溶液，观察实验现象；

③ C 试管中加入 $1mol \cdot L^{-1}$ 的 H_2SO_4 中和溶液至近中性，然后滴加 $0.2mol \cdot L^{-1}$ 的 KI，再滴加淀粉指示剂，观察实验现象；

④ D 试管中加入 1 滴品红溶液，观察溶液颜色变化。

写出相应的化学反应方程式，思考通过以上实验验证了次氯酸盐的什么性质。

(3) 氯酸盐的氧化性

在 3 支试管(A～C) 中各加入 10 滴 $KClO_3$ 溶液(饱和)，然后操作如下：

① A 试管中滴加浓盐酸，用润湿的淀粉-KI 试纸横放在试管口，并加热试管，观察实验现象；

② B 试管中加 $0.2mol \cdot L^{-1}$ 的 KI、淀粉指示剂，观察实验现象；

③ C 试管中加 $0.2mol \cdot L^{-1}$ 的 KI、淀粉指示剂(有无变化)，再滴加 $1mol \cdot L^{-1}$ 的 H_2SO_4 酸化溶液，观察实验现象。

写出相应的化学反应方程式，思考通过以上实验验证了氯酸盐的什么性质，与次氯酸盐相比有什么不同之处。

(4) 过氧化氢的性质

① 在试管中加 2 滴 $0.2mol \cdot L^{-1}$ 的 KI 溶液，加 2 滴 $2mol \cdot L^{-1}$ 的 H_2SO_4 酸化，加 5 滴 3% 的 H_2O_2，观察溶液颜色的变化。

② 取 2 滴 $0.01mol \cdot L^{-1}$ 的 $KMnO_4$ 于试管中，加 2 滴 $2mol \cdot L^{-1}$ 的 H_2SO_4 酸化，滴加 3% 的 H_2O_2，观察溶液颜色的变化。

③ 取 10 滴 3% 的 H_2O_2 于试管中，观察有无气泡产生。然后加入少量 MnO_2 粉末，观察现象，用带火星的火柴棍检验气体产物。

写出相应的化学反应方程式，思考通过以上实验验证了过氧化氢的哪些性质。

(5) 硫化氢和硫化物的性质

① H_2S 的生成及其还原性　试管中加 10 滴 5% 的硫代乙酰胺溶液，加 2 滴 $2mol \cdot L^{-1}$ 的 H_2SO_4 酸化，水浴加热。小心嗅产生的气体的味道，并用润湿的乙酸铅试纸横放在试管口，检验所生成的气体。

试管中加 2 滴 $0.01mol \cdot L^{-1}$ 的 $KMnO_4$，加 2 滴 $2mol \cdot L^{-1}$ 的 H_2SO_4 酸化，再加 5 滴 5% 的硫代乙酰胺溶液，水浴加热，观察实验现象。

试管中加 5 滴 $0.2mol \cdot L^{-1}$ 的 $FeCl_3$ 溶液，加 2 滴 $2mol \cdot L^{-1}$ 的 H_2SO_4 酸化，再加 5 滴 5% 的硫代乙酰胺溶液，水浴加热，观察实验现象。

写出相应的化学反应方程式，思考通过以上实验验证了硫化氢的哪些性质。

② 硫化物的生成和溶解 在4支试管中分别加入2滴0.2mol·L^{-1}的$ZnSO_4$、$CdSO_4$和$CuSO_4$，然后各加入2滴0.2mol·L^{-1} Na_2S溶液。离心分离，弃去上层清液，观察并记录各沉淀的颜色。

在各沉淀中加入几滴2mol·L^{-1}的HCl，观察沉淀溶解情况。

不溶解的沉淀再次离心分离，弃去上层清液。在沉淀中滴加6mol·L^{-1}的HCl，观察沉淀溶解情况。

如果还有不溶解的沉淀，继续离心分离，并用蒸馏水洗至上层清液中无Cl^-，弃去上层清液。再滴加6mol·L^{-1}的HNO_3，微热，观察沉淀溶解情况。

写出相应硫化物溶解的反应方程式，并比较其溶解性的大小。

(6) 亚硫酸及其盐的性质

两支试管中各加1mL 0.5mol·L^{-1}的Na_2SO_3溶液，加5滴3mol·L^{-1}的H_2SO_4，微热，小心嗅产生的气体的味道，并用润湿的pH试纸和品红试纸横放在试管口，观察试纸的颜色变化，检验产生的气体是何物。

试管中加2滴0.01mol·L^{-1}的碘水，加2滴淀粉指示剂，然后滴加0.5mol·L^{-1}的Na_2SO_3溶液10～15滴，观察溶液颜色的变化。

试管中加10滴5%的硫代乙酰胺，加2滴3mol·L^{-1}的H_2SO_4酸化，水浴加热，然后滴加5滴0.5mol·L^{-1}的Na_2SO_3，观察溶液中发生的现象。

(7) 硫代硫酸及其盐的性质

试管中加5滴0.1mol·L^{-1}的$Na_2S_2O_3$溶液，再加5滴2mol·L^{-1}的HCl，静置，观察现象。

试管中加2滴0.01mol·L^{-1}的碘水，加1滴0.2%的淀粉溶液，然后滴加0.1mol·L^{-1}的$Na_2S_2O_3$溶液，观察现象。

写出相应的化学反应方程式，并理解硫代硫酸及其盐的性质。

(8) 过二硫酸盐的氧化性

在试管中加入3mL 1mol·L^{-1}的H_2SO_4溶液、3mL蒸馏水、3滴0.002mol·L^{-1} $MnSO_4$溶液，混合均匀后分为两份。在第一份中加入少量过二硫酸钾固体，第二份中加入1滴0.2mol·L^{-1}的硝酸银溶液和少量过二硫酸钾固体。将两支试管同时放入同一热水浴中加热，溶液的颜色有何变化？写出反应方程式。

比较以上实验结果并解释之。

【安全知识】

氯气为剧毒、有刺激性气味的黄绿色气体，少量吸入人体会刺激鼻、喉部，引起咳嗽和喘息，大量吸入甚至会导致死亡。硫化氢是无色有腐蛋臭味的有毒气体，它主要是引起人体中枢神经系统中毒，产生头晕、头痛、呕吐症状，严重时可引起昏迷、意识丧失、窒息而致死亡。二氧化硫是剧毒刺激性气体。在制备和使用这些有毒气体时，必须保证气密性好，收集尾气或者在通风橱内进行，并注意室内通风换气和废气的处理。

溴蒸气对气管、肺部、眼、鼻、喉都有强烈的刺激作用，凡涉及溴的实验都应在通风橱内进行。不慎吸入溴蒸气时，可吸入少量氨气和新鲜空气解毒。液溴具有强烈的腐蚀性，能灼伤皮肤。移取液溴时，需戴橡皮手套。溴水的腐蚀性较液溴弱，在取用时不允许直接倒而要使用滴管。如果不慎把溴水溅在皮肤上，应立即用水冲洗，再用碳酸氢钠溶液或稀硫代硫酸钠溶液冲洗。

氯酸钾是强氧化剂，与可燃物质接触、加热、摩擦或撞击容易引起燃烧和爆炸，因此，绝不允许将它们混合保存。氯酸钾易分解，不宜大力研磨、烘干或烤干。实验时，应将洒落的氯酸钾及时清除干净，不要倒入废液缸中。

【思考题】

（1）用淀粉-碘化钾试纸检验氯气时，试纸先呈现蓝色，在氯气中放置时间较长时，蓝色就会褪去，这是为什么？

（2）长久放置的硫化氢、硫化钠、亚硫酸钠水溶液会发生什么变化？如何判断变化情况？

（3）硫代硫酸钠溶液与硝酸银溶液反应时，为何有时为硫化银沉淀，有时又为 $[Ag(S_2O_3)_2]^{3-}$ 配离子？

（4）金属硫化物沉淀在用 HNO_3 溶解之前，为什么要用蒸馏水洗涤至没有 Cl^- 存在？

（5）Na_2S、Na_2SO_3、$Na_2S_2O_3$ 和 Na_2SO_4 都是白色晶体，试用一种简便方法将其区分开来。

实验32 氮、磷、硅、硼

【实验目的】

（1）学习不同氧化态氮化合物的主要性质。

（2）学习磷酸盐的酸碱性和溶解性。

（3）学习硅酸盐的主要性质。

（4）学习硼酸及硼砂的主要性质，练习硼砂珠的有关试验操作。

（5）掌握 NH_4^+、NO_2^-、NO_3^- 和硼酸的鉴定反应。

【实验原理】

（1）铵盐的性质与鉴定

铵盐一般为无色晶体，皆溶于水，绝大多数易溶于水，在一定程度下可以水解。固体铵盐受热易分解，分解情况因组成铵盐的酸的性质不同而异。

① 酸是挥发性的且无氧化性，则酸和氨一起挥发，冷却时又重新结合成铵盐：

$$NH_4Cl \xlongequal{} NH_3\uparrow + HCl\uparrow$$

$$NH_3(g) + HCl(g) \xlongequal{} NH_4Cl(s)$$

② 酸是难挥发性的且氧化性不强，只有氨挥发掉，酸或酸式盐则留在容器中：

$$(NH_4)_2SO_4 \xlongequal{} NH_3\uparrow + H_2SO_4$$

$$(NH_4)_3PO_4 \xlongequal{} 3NH_3\uparrow + H_3PO_4$$

③ 酸是强氧化性的，分解出的氨可被酸氧化。由于反应时的温度不同，形成氮的化合物也不同。如将 NH_4NO_3 从微热加热至不同温度，可分别生成 N_2O、NO_2、N_2O_3 或 N_2 等。

鉴定 NH_4^+ 的常用方法是气室法，NH_4^+ 与 OH^- 反应，生成的 $NH_3(g)$ 使红色的石蕊试纸变蓝。发生的反应为：$NH_4^+ + OH^- \xlongequal{} NH_3(g) + H_2O$。

（2）亚硝酸及其盐

亚硝酸极不稳定。亚硝酸盐溶液与强酸反应生成的亚硝酸易分解为 N_2O_3 和 H_2O。N_2O_3

又能分解为 NO 和 NO_2。亚硝酸盐中氮的氧化数为+3，其在酸性溶液中作氧化剂，一般被还原为 NO；与强氧化剂作用时则生成硝酸盐；同时具有一定的配位能力，可与许多的金属离子形成配合物，如 $[Co(NO_2)_6]^{3-}$ 等。

(3) 硝酸及其盐

硝酸是一种强酸，在水溶液中完全解离。硝酸具有强氧化性，它与许多非金属反应，主要还原产物是 NO。浓硝酸与金属反应主要生成 NO_2，稀硝酸与金属反应通常生成 NO，活泼金属能将稀硝酸还原为 NH_4^+。

几乎所有硝酸盐都易溶于水，其固体或水溶液在常温下稳定。固体硝酸盐受热易分解，其产物因金属离子性质不同而分为以下三类。

① 在金属活动顺序中比 Mg 活泼的金属，分解为亚硝酸盐和氧：

$$2NaNO_3 \xlongequal{} 2NaNO_2 + O_2\uparrow$$

② 活泼性位于 Mg 和 Cu 之间的金属，分解为氧气、二氧化氮和金属氧化物：

$$2Pb(NO_3)_2 \xlongequal{} 2PbO + 4NO_2\uparrow + O_2\uparrow$$

③ 比 Cu 不活泼的金属，则分解为氧气、二氧化氮和金属单质：

$$2AgNO_3 \xlongequal{} 2Ag + 2NO_2\uparrow + O_2\uparrow$$

(4) 磷酸及其盐

磷酸是磷的最高氧化数化合物，但却没有氧化性。正磷酸可形成三种类型的盐，即磷酸二氢盐、磷酸一氢盐和正盐。磷酸正盐比较稳定，一般不易分解。但酸式盐受热容易脱水成为焦磷酸盐或偏磷酸盐。大多磷酸二氢盐易溶于水，而磷酸一氢盐和正盐(除钠、钾等少数盐外）都难溶于水。由于 PO_4^{3-} 的水解作用而使 Na_3PO_4 溶液呈碱性。HPO_4^{2-} 的水解程度比其解离程度大，故 Na_2HPO_4 也呈碱性。而 $H_2PO_4^-$ 水解程度不如其解离程度大，故 NaH_2PO_4 呈弱酸性。

(5) 硅酸及其盐

硅酸是一种几乎不溶于水的二元弱酸。硅酸易发生缩合作用，所以硅酸从水溶液中析出时一般呈凝胶状，烘干、脱水后得到干燥剂——硅胶。硅酸钠水解作用明显。大多数硅酸盐难溶于水，过渡金属的硅酸盐呈现不同的颜色。

(6) 硼酸及其盐

硼酸是一元弱酸，它在水溶液中的解离不同于一般的一元弱酸。硼酸是 Lewis 酸，能与多羟基醇发生加合反应，使溶液的酸性增强。硼砂($Na_2B_4O_7 \cdot 10H_2O$) 的水溶液因水解而呈碱性。硼砂溶液与酸反应可析出硼酸。硼砂受强热脱水熔化为玻璃体，与不同金属的氧化物或盐类熔融生成具有不同特征颜色的偏硼酸复盐。

硼砂珠实验是一种定性分析方法。用铂丝圈蘸取少许硼砂，灼烧熔融，使生成无色玻璃状小珠，再蘸取少量被测试样的粉末或溶液，继续灼烧，小珠即呈现不同的颜色，借此可以检验某些金属元素的存在。此法是利用熔融的硼砂能与多数金属元素的氧化物及盐类形成各种不同颜色化合物的特性而进行的。例如：铁在氧化焰灼烧后硼砂珠呈黄色，在还原焰灼烧下呈绿色。

【仪器和试剂】

(1) 仪器

试管(10mL)，烧杯(100mL)，酒精灯，表面皿，点滴板，pH 试纸，石蕊试纸，玻璃棒等。

(2) 试剂

NH_4Cl (AR), $Cu(NO_3)_2$ (AR), $(NH_4)_2SO_4$ (AR), $(NH_4)_2Cr_2O_7$ (AR), $NaNO_3$ (AR), $CaCl_2$ (AR), $Co(NO_3)_2 \cdot 6H_2O$ (AR), $CuSO_4$ (AR), $NiSO_4$ (AR), $ZnSO_4$ (AR), $MnSO_4$ (AR), $FeSO_4$ (AR), $FeCl_3$ (AR), H_3BO_3 (AR), $Na_2B_4O_7 \cdot 10H_2O$ (AR), 甘油, 0.1mol·L^{-1} NH_4Cl, 1mol·L^{-1} H_2SO_4, 3mol·L^{-1} H_2SO_4, 6mol·L^{-1} H_2SO_4, 饱和 $NaNO_2$, 0.1mol·L^{-1} KI, 0.5mol·L^{-1} $NaNO_2$, 0.1mol·L^{-1} $KMnO_4$, 浓 HNO_3, 2mol·L^{-1} HNO_3, 0.1mol·L^{-1} Na_3PO_4, 0.5mol·L^{-1} Na_3PO_4, 0.1mol·L^{-1} Na_2HPO_4, 0.5mol·L^{-1} Na_2HPO_4, 0.1mol·L^{-1} NaH_2PO_4, 0.5mol·L^{-1} NaH_2PO_4, 0.5mol·L^{-1} $CaCl_2$, 2mol·L^{-1} $NH_3 \cdot H_2O$, 2mol·L^{-1} HCl, 6mol·L^{-1} HCl, 0.2mol·L^{-1} $CuSO_4$, 0.1mol·L^{-1} $Na_4P_2O_7$, Na_2SiO_3(20%, 质量分数), 2mol·L^{-1} NaOH, 6mol·L^{-1} H_2SO_4, 6mol·L^{-1} HCl, 甲基橙指示剂, 冰, 铂丝(或镍铬丝), 铜屑, 锌粉等。

【实验步骤】

(1) 铵盐的热分解与 NH_4^+ 的鉴定

① 铵盐的热分解　在一支干燥的硬质试管中放入约 1g 氯化铵，将试管垂直固定、加热，并用润湿的 pH 试纸横放在管口，观察试纸颜色的变化。在试管壁上部有何现象发生？解释现象，写出反应方程式。

分别用硫酸铵和重铬酸铵代替氯化铵重复以上实验，观察现象并比较它们的热分解产物，写出反应方程式，根据实验结果说明铵盐热分解产物与阴离子的关系。

② NH_4^+ 的鉴定　气室法检验 NH_4^+，将少量(5 滴) 0.1mol·L^{-1}的 NH_4Cl 溶液滴到一个表大面皿上，再将润湿的红色石蕊试纸贴于另一个小表面皿凹处。向装有溶液的表面皿中加 5 滴 2mol·L^{-1}的 NaOH 溶液，迅速将贴有试纸的表面皿倒扣其上并且放在热水浴上加热。观察红色石蕊试纸是否变为蓝色。写出有关反应方程式。

(2) 亚硝酸和亚硝酸盐

① 亚硝酸的生成和分解　将 5 滴 3mol·L^{-1}的 H_2SO_4溶液注入在冰水中冷却的 0.5mL 饱和 $NaNO_2$溶液中，观察实验现象。将试管从冰水中取出在室温下放置片刻，观察实验现象有何变化，写出相应的反应方程式。

② 亚硝酸的氧化性和还原性　在试管中加入 1～2 滴 0.1mol·L^{-1}的 KI 溶液，用 3mol·L^{-1}的 H_2SO_4溶液酸化，然后滴加 0.5mol·L^{-1}的 $NaNO_2$溶液，观察现象，写出反应方程式。

用 0.1mol·L^{-1}的 $KMnO_4$溶液代替 KI 溶液重复上述实验，观察溶液的颜色有何变化，写出反应方程式，并说明亚硝酸的性质。

(3) 硝酸和硝酸盐

① 硝酸的氧化性

a. 浓硝酸与金属的作用　在试管内放入一小片铜，加入几滴浓 HNO_3，观察生成气体的颜色和溶液的颜色。然后迅速加水稀释，倒掉溶液，回收铜片。写出反应方程式。

b. 稀硝酸与金属的作用　在试管内放入一小片铜，加入几滴 2mol·L^{-1}的 HNO_3，观察生成气体的颜色和溶液的颜色，与实验步骤 a 对比，写出相关反应方程式。

② 稀硝酸与活泼金属的作用　在试管中放入少量锌粉，加入 1mL 2.0mol·L^{-1}的 HNO_3溶液，观察现象(如不反应可微热)。取清液检验是否有 NH_4^+生成。写出有关的反应方程式。

③ 硝酸盐的热分解　在 3 支干燥的试管中分别加少许固体硝酸钠、硝酸铜，加热至熔化状态，观察反应现象，用带火星的火柴棍检验气体产物，写出反应方程式，总结硝酸盐的

热分解与阳离子的关系。

(4) 磷酸盐

① 酸碱性

a. 用pH试纸测定0.1mol·L^{-1} Na_3PO_4、0.1mol·L^{-1} Na_2HPO_4和0.1mol·L^{-1} NaH_2PO_4溶液的pH值。

b. 分别往三支试管中加入5滴0.1mol·L^{-1}的Na_3PO_4、Na_2HPO_4和NaH_2PO_4溶液，再各滴入适量的0.1mol·L^{-1}的$AgNO_3$溶液，观察是否有沉淀产生？试验溶液的酸碱性有无变化？解释之，并写出有关的反应方程式。

② 溶解性　在3支试管中各加入5滴0.5mol·L^{-1}的$CaCl_2$溶液，然后分别滴加0.1mol·L^{-1}的Na_3PO_4、Na_2HPO_4和NaH_2PO_4溶液5滴，观察沉淀生成情况。在没有生成沉淀的试管中滴加2mol·L^{-1}的$NH_3·H_2O$，观察实验现象。最后在3支试管中各加入数滴2mol·L^{-1}的HCl，观察实验现象。比较磷酸钙、磷酸一氢钙、磷酸二氢钙的溶解性，说明它们之间相互转化的条件，并写出相关反应方程式。

③ 配位性　取5滴0.2mol·L^{-1}的$CuSO_4$溶液，逐滴加入0.1mol·L^{-1}的焦磷酸钠($Na_4P_2O_7$)溶液，观察沉淀的生成。继续滴加$Na_4P_2O_7$溶液，观察沉淀是否溶解？写出相应的反应方程式。

(5) 硅酸与硅酸盐

① 硅酸水凝胶的生成　向1mL 20%硅酸钠(Na_2SiO_3)溶液中滴加6mol·L^{-1}的HCl，观察产物的颜色、状态。

② 微溶性硅酸盐的生成　在100mL的小烧杯中加入约40mL 20%的硅酸钠溶液，然后把氯化钙、硝酸钴、硫酸铜、硫酸镍、硫酸锌、硫酸锰、硫酸亚铁、三氯化铁固体各一小粒投入杯内(注意各固体之间保持一定间隔)，放置一段时间后观察有何现象发生。写出相关反应方程式。

(6) 硼酸和硼砂的性质

① 硼酸的性质　在试管中加入约0.5g硼酸晶体和3mL去离子水，观察溶解情况。微热后使其全部溶解，冷却至室温，用pH试纸测定溶液的pH。然后在溶液中加入1滴甲基橙指示剂，并将溶液分成两份，在一份中加入10滴甘油，混合均匀，比较两份溶液的颜色。写出有关反应方程式。

② 硼砂的性质　在试管中加入约0.5g硼砂和1mL去离子水，微热使其溶解，用pH试纸测定溶液的pH。然后加入0.5mL 6mol·L^{-1}的H_2SO_4溶液，将试管放在冷水中冷却，并用玻璃棒不断搅拌，片刻后观察是否有晶体析出，解释之，并写出有关反应的方程式。

③ 硼砂珠试验　用6mol·L^{-1}的HCl清洗铂丝(或镍铬丝)，然后将其置于氧化焰中灼烧片刻，取出再浸入酸中，如此重复数次直至铂丝在氧化焰中灼烧不产生离子特征的颜色，表示丝条已经洗干净。将这样处理过的丝条蘸上少许硼砂固体，在氧化焰中灼烧并熔融成圆珠，观察硼砂珠的颜色、状态。用烧红的硼砂珠蘸取少量$Co(NO_3)_2·6H_2O$，在氧化焰中烧至熔融，冷却后对着亮光观察硼砂珠的颜色。写出反应方程式。

【思考题】

(1) 为什么一般情况下不用硝酸作为酸性反应介质？硝酸与金属反应和稀硫酸或稀盐酸与金属反应有何不同？

（2）检验稀硝酸与锌粉反应产物中的NH_4^+时，加入NaOH过程中会发生哪些反应？

（3）通过实验可以用几种方法将无标签的试剂磷酸钠、磷酸氢钠、磷酸二氢钠一一鉴别出来？

实验33 碱金属和碱土金属

【实验目的】

（1）学习钠、钾、镁、钙单质的主要性质。

（2）了解某些钠盐、钾盐、锂盐的难溶性。

（3）比较镁、钙、钡的氢氧化物、碳酸盐、铬酸盐和硫酸盐的溶解性。

（4）观察焰色反应。

（5）掌握钠、钾的安全操作。

【实验原理】

碱金属和碱土金属是很活泼的主族金属元素。碱金属和碱土金属（除铍以外）都能与水反应生成氢氧化物同时放出氢气。反应的激烈程度随金属性增强而加剧，实验时必须十分注意安全，应防止钠、钾与皮肤接触，因为钠、钾与皮肤上的湿气作用所放出的热可能引燃金属烧伤皮肤。钠、钾与水作用很剧烈，而镁与水作用很缓慢，这是因为它的表面形成一层难溶于水的氢氧化镁，阻碍了金属镁与水的进一步作用。

碱金属的盐类一般都易溶于水，仅有极少数的盐较难溶，如LiF、Li_2CO_3、$Na[Sb(OH)_6]$、$Na[Zn(UO_2)_3(Ac)_9]\cdot H_2O$、$KHC_4H_4O_6$、$K_2Na[Co(NO_2)_6]$等。利用这一特点也可以鉴定碱金属离子。

碱土金属的盐类中，有不少是难溶的，这是区别于碱金属盐类的特征之一。

碱金属和碱土金属及其挥发性化合物，在高温火焰中电子被激发。当电子从较高的能级跃迁到较低的能级时，便可辐射出一定波长的光，使火焰呈现特征颜色，如锂呈现紫红色，钠呈现黄色，钾呈现紫色，钙呈现砖红色，锶呈现洋红色，钡呈现黄绿色。利用这些特征颜色也可以鉴定相应的离子是否存在。这种利用火焰鉴别金属的方法称为焰色反应。

碱金属在空气中燃烧的产物分别是Li_2O、Na_2O_2、KO_2、RbO_2和CsO_2。碱土金属（M）在空气中燃烧时，生成正常氧化物MO，同时生成相应的氮化物M_3N_2，这些氮化物遇水时能生成氢氧化物，并放出氨气。碱金属和碱土金属密度较小，由于它们易与空气或水反应，保存时需浸在煤油、液体石蜡中以隔绝空气和水。

【仪器和试剂】

（1）仪器

镊子，坩埚，酒精灯，烧杯（100mL），表面皿，滤纸，石蕊试纸，小刀，镍铬丝，砂纸，坩埚钳等。

（2）试剂

钠（s），钾（s），镁（s），钙（s），$0.2mol\cdot L^{-1}$ H_2SO_4，$0.01mol\cdot L^{-1}$ $KMnO_4$，$0.1mol\cdot L^{-1}$ $MgCl_2$，$0.1mol\cdot L^{-1}$ $BaCl_2$，$0.5mol\cdot L^{-1}$ $BaCl_2$，$0.1mol\cdot L^{-1}$ $CaCl_2$，$0.5mol\cdot L^{-1}$ $CaCl_2$，饱和Na_2CO_3，$2mol\cdot L^{-1}$ HAc，$0.5mol\cdot L^{-1}$ K_2CrO_4，$2mol\cdot L^{-1}$ HCl，浓盐酸，$0.5mol\cdot L^{-1}$ Na_2SO_4，$2mol\cdot L^{-1}$ LiCl，$1mol\cdot L^{-1}$ NaF，$1mol\cdot L^{-1}$ Na_3PO_4，$0.01mol\cdot L^{-1}$ NaCl，$1mol\cdot L^{-1}$ NaCl，

1mol·L^{-1} KCl，0.5mol·L^{-1} $SrCl_2$，酚酞试液等。

【实验步骤】

(1) 钠、钾、镁、钙在空气中的燃烧反应

① 用镊子取绿豆粒大小的一块金属钠，用滤纸吸干表面上的煤油，立即放入坩埚中，加热到钠开始燃烧时停止加热，观察焰色；冷却至室温，观察产物的颜色；加2mL去离子水使产物溶解，再加2滴酚酞试液，观察溶液的颜色；加0.2mol·L^{-1}的H_2SO_4溶液酸化后，加1滴0.01mol·L^{-1}的$KMnO_4$溶液，观察反应现象，写出有关反应方程式。

② 用镊子取绿豆粒大小的一块金属钾，用滤纸吸干表面上的煤油，立即放入坩埚中，加热到钾开始燃烧时停止加热，观察焰色；冷却至接近室温，观察产物颜色；加去离子水2mL溶解产物，再加2滴酚酞试液，观察溶液颜色。写出有关反应方程式。

③ 取3cm左右镁条，用砂纸去掉氧化膜，用坩埚钳夹住，在酒精灯上加热使镁条燃烧，用试管或坩埚承接燃烧产物，观察产物颜色；加2mL去离子水，立即用湿润的红色石蕊试纸检查逸出的气体，然后用酚酞试液检查溶液酸碱性。写出有关反应方程式。

④ 用镊子取一小块金属钙，直接在氧化焰中加热，反应完全后，重复上述步骤(1) ③。

(2) 钠、钾、镁、钙与水的反应

① 在烧杯中加去离子水约30mL，用镊子取绿豆粒大小的一块金属钠，用滤纸吸干煤油，放入水中观察反应情况，检验溶液的酸碱性。

② 用镊子取绿豆粒大小的一块金属钾，重复上述步骤(2) ①，比较两者反应的激烈程度。为了安全，应事先准备好表面皿或玻璃漏斗，当钾放入水中时，立即盖在烧杯上。

③ 在两支试管中各加2mL水，一支不加热，另一支加热至沸腾；取两根镁条，用砂纸擦去氧化膜，将镁条分别放入冷、热水中，比较反应的激烈程度，检验溶液的酸碱性。

④ 用镊子取绿豆粒大小的一块金属钙，用滤纸吸干煤油，使其与冷水反应，比较镁、钙与水反应的激烈程度。

(3) 盐类的溶解性

① 在三支试管中分别加入1mL 0.1mol·L^{-1}的$MgCl_2$溶液、0.1mol·L^{-1}的$CaCl_2$溶液和0.1mol·L^{-1}的$BaCl_2$溶液，再各加入5滴饱和Na_2CO_3溶液，静置沉降，弃去清液，试验各沉淀物是否溶于2mol·L^{-1}的HAc溶液，并总结相关的性质。

② 在三支试管中分别加入1mL 0.1mol·L^{-1}的$MgCl_2$溶液、0.1mol·L^{-1}的$CaCl_2$溶液和0.1mol·L^{-1}的$BaCl_2$溶液，再各加5滴0.5mol·L^{-1}的K_2CrO_4溶液，观察有无沉淀产生。若有沉淀产生，则分别试验沉淀是否溶于2mol·L^{-1}的HAc溶液和2mol·L^{-1}的HCl溶液。总结相关的性质。

③ 以0.5mol·L^{-1}的Na_2SO_4溶液代替K_2CrO_4溶液，重复上述步骤(3) ②。总结相关的性质。

④ 在两支试管中分别加入5滴2mol·L^{-1}的LiCl溶液和0.1mol·L^{-1}的$MgCl_2$溶液，再分别加入5滴1mol·L^{-1}的NaF溶液，观察有无沉淀产生。用饱和Na_2CO_3溶液代替NaF溶液，重复这一实验内容，观察有无沉淀产生，若无沉淀，可加热观察是否产生沉淀。以1mol·L^{-1} Na_3PO_4溶液代替Na_2CO_3溶液重复上述实验，现象如何？解释之。

(4) 焰色反应

将镍铬丝顶端小圆环蘸上浓HCl溶液，在氧化焰中烧至接近无色，再蘸2mol·L^{-1}的

LiCl 溶液，在氧化焰中灼烧，观察火焰的颜色。以同样的方法试验 $1mol \cdot L^{-1}$ 的 NaCl 溶液、$1mol \cdot L^{-1}$ 的 KCl 溶液、$0.5mol \cdot L^{-1}$ 的 $CaCl_2$ 溶液、$0.5mol \cdot L^{-1}$ 的 $SrCl_2$ 溶液和 $0.5mol \cdot L^{-1}$ 的 $BaCl_2$ 溶液。比较 $0.01mol \cdot L^{-1}$、$1mol \cdot L^{-1}$ 的 NaCl 溶液和 $0.5mol \cdot L^{-1}$ 的 Na_2SO_4 溶液焰色反应持续时间的长短。

① 镍铬丝最好不要混用，用前一定要蘸浓 HCl 溶液并烧至近无色。

② 试验钾盐溶液时，用蓝色钴玻璃滤掉钠的焰色进行观察。

【思考题】

(1) 为什么碱金属和碱土金属单质一般都放在煤油中保存？它们的化学活泼性如何递变？

(2) 为什么 $BaCO_3$、$BaCrO_4$ 和 $BaSO_4$ 在 HAc 或 HCl 溶液中有不同的溶解情况？

(3) 为什么说焰色是由金属离子而不是非金属离子引起的？

(4) 若实验室中发生镁燃烧的事故，可否用水或二氧化碳灭火器扑灭？应用何种方法灭火？

实验34 锡、铅、锑、铋

【实验目的】

(1) 了解锡、铅、锑、铋常见化合物的性质。

(2) 熟悉 Sn(Ⅱ) 的还原性和 Pb(Ⅳ)、Bi(Ⅴ) 的氧化性。

(3) 掌握锡、铅、锑、铋离子的鉴定方法。

【实验原理】

锡和铅分别是第五、第六周期第ⅣA 族元素，价电子构型通式是 ns^2np^2，具有+2 和+4 两种价态；锑和铋分别是第五、第六周期第ⅤA 族元素，价电子构型通式是 ns^2np^3，具有+3 和+5两种价态，它们都是主族金属元素。由于 6s 的惰性电子对效应，造成第六周期的铅和铋的低价态(+2 和+3) 比较稳定，而高价态(+4 和+5) 不稳定，具有比较强的氧化性。如 PbO_2 和 $NaBiO_3$ 具有很强的氧化性，都能很容易地将 Mn^{2+} 氧化成 MnO_4^-。

Sn(Ⅱ) 和 Pb(Ⅱ) 的氢氧化物都呈现两性，在过量强碱的作用下分别生成 $[Sn(OH)_4]^{2-}$ 和 $[Pb(OH)_4]^{2-}$。Sb(Ⅲ) 的氢氧化物也呈现两性，在过量强碱的作用下生成 $[Sb(OH)_6]^{3-}$，而 Bi(Ⅲ) 的氢氧化物只有碱性。

与第六周期的铅和铋相比，第五周期的锡和锑的低价态还原性增强而高价态的氧化性减弱。如 Sn(Ⅱ) 具有强的还原性，能与 $HgCl_2$ 作用发生如下反应：

$$2HgCl_2 + Sn^{2+} \longrightarrow Hg_2Cl_2\downarrow(\text{白色}) + Sn^{4+} + 2Cl^-$$

$$Hg_2Cl_2\downarrow + Sn^{2+} \longrightarrow 2Hg\downarrow(\text{黑色}) + Sn^{4+} + 2Cl^-$$

可以看到溶液中先生成白色沉淀，然后颜色逐渐变黑，此反应可以用来鉴定 Sn(Ⅱ) 和 Hg(Ⅱ)。在碱性条件下，Sn(Ⅱ) 可以还原 Bi(Ⅲ) 生成黑色的铋单质，此反应可用来鉴定 Bi(Ⅲ)：

$$2Bi(OH)_3 + 3[Sn(OH)_4]^{2-} \longrightarrow 2Bi\downarrow(\text{黑色}) + 3[Sn(OH)_6]^{2-}$$

锡、铅、锑、铋都能生成深色的硫化物沉淀，如 SnS (褐色)、SnS_2 (黄色)、PbS (黑色)、Sb_2S_3(橙红色)、Sb_2S_5(橙红色)、Bi_2S_3(黑色)，其中 SnS_2 和 Sb_2S_3 能溶于过量 S^{2-} 中

生成相应的硫代酸根和 SnS_2^{2-}、SbS_3^{3-}。

Pb(Ⅱ)能形成多种难溶盐沉淀，其中 $PbCrO_4$ 呈现铬黄色，可以用来鉴定 Pb(Ⅱ)。

Sb(Ⅲ)在锡片上被还原为黑色的单质锡，可用来检验 Sb(Ⅲ)：

$$2Sb^{3+} + 3Sn = 2Sb\downarrow(\text{黑色}) + 3Sn^{2+}$$

【仪器和试剂】

(1) 仪器

离心分离机，试管，10mL 离心试管，酒精灯，淀粉-KI 试纸等。

(2) 试剂

PbO_2(s)，Pb_3O_4(s)，2mol·L^{-1} HCl，2mol·L^{-1} H_2SO_4，6mol·L^{-1} HNO_3，2mol·L^{-1} NaOH，0.1mol·L^{-1} $SnCl_2$，0.1mol·L^{-1} $Bi(NO_3)_3$，0.1mol·L^{-1} $Mn(NO_3)_2$，0.1mol·L^{-1} $AgNO_3$，2mol·L^{-1} KI，0.1mol·L^{-1} K_2CrO_4，浓HCl，2mol·L^{-1} HNO_3，6mol·L^{-1} HNO_3，6mol·L^{-1}氨水，6mol·L^{-1} NaOH，0.1mol·L^{-1} $SbCl_3$，0.1mol·L^{-1} $Pb(NO_3)_2$，0.1mol·L^{-1} KI，0.1mol·L^{-1} Na_2S，饱和 NH_4Ac，饱和碘水，饱和氯水，四氯化碳，锡箔等。

【实验步骤】

(1) Sn(Ⅱ)、Pb(Ⅱ)、Sb(Ⅲ)、Bi(Ⅲ)氢氧化物的酸碱性

① 在试管中加 10 滴 0.1mol·L^{-1}的 $SnCl_2$，逐滴加入 2mol·L^{-1}的 NaOH 至有沉淀生成为止。观察生成沉淀的颜色及实验现象。

将浑浊的溶液分在两支试管中，一支试管继续滴加 2mol·L^{-1}的 NaOH；另一支试管滴加 2mol·L^{-1}的 HCl。观察实验现象。

② 在试管中加 10 滴 0.1mol·L^{-1}的 $Pb(NO_3)_2$，逐滴加入 2mol·L^{-1}的 NaOH 至有沉淀生成为止。观察生成沉淀的颜色及实验现象。

将浑浊的溶液分在两支试管中，一支试管继续滴加 2mol·L^{-1}的 NaOH；另一支试管滴加 2mol·L^{-1}的 HNO_3。观察实验现象。

③ 在试管中加 10 滴 0.1mol·L^{-1}的 $SbCl_3$，逐滴加入 2mol·L^{-1}的 NaOH 至有沉淀生成为止。观察生成沉淀的颜色及实验现象。

将浑浊的溶液分在两支试管中，一支试管继续滴加 2mol·L^{-1}的 NaOH；另一支试管滴加 2mol·L^{-1}的 HCl。观察实验现象。

④ 在试管中加 10 滴 0.1mol·L^{-1}的 $Bi(NO_3)_3$，逐滴加入 2mol·L^{-1}的 NaOH 至有沉淀生成为止。观察生成沉淀的颜色及实验现象。

将浑浊的溶液分在两支试管中，一支试管继续滴加 2mol·L^{-1}的 NaOH；另一支试管滴加 2mol·L^{-1}的 HCl。观察实验现象。

写出各步的化学反应方程式。通过以上实验现象，比较 $Sn(OH)_2$、$Pb(OH)_2$、$Sb(OH)_3$ 和 $Bi(OH)_3$ 的酸碱性。

(2) Sn(Ⅱ)的还原性和 Pb(Ⅳ)的氧化性

① 取 5 滴 0.1mol·L^{-1}的 $SnCl_2$ 于试管中，逐滴加入 2mol·L^{-1}的 NaOH 至沉淀生成又溶解，再加数滴 0.1mol·L^{-1}的 $Bi(NO_3)_3$，观察溶液中发生的现象。

② 取 5 滴 0.1mol·L^{-1}的 $Mn(NO_3)_2$ 于试管中，滴加 1mL 6mol·L^{-1}的 HNO_3 酸化，再加少量 PbO_2 固体粉末，摇匀、加热、静置，观察溶液颜色。

③ 取少量 PbO_2 固体粉末于试管中，加 0.5mL(约 10 滴) 12mol·L^{-1}的浓盐酸，将湿润

的淀粉-KI试纸横放在试管口，并加热试管。观察实验现象。

写出各步的化学反应方程式。总结鉴定Sn^{2+}、Bi^{3+}、PbO_2的方法。

(3) 铅的难溶盐的生成和性质

在5支离心试管(A～E)中各加1滴0.1mol·L^{-1}的$Pb(NO_3)_2$。

① 在A试管中加1滴2mol·L^{-1}的HCl，观察沉淀的颜色。再加1mL水，振荡试管，观察实验现象。将液体转移至普通试管中，加热，再观察实验现象。

冷却至室温后，再逐滴滴加浓盐酸，并振荡试管，观察实验现象。

② 在B试管中加1滴2mol·L^{-1}的H_2SO_4，观察沉淀的颜色，再逐滴滴加饱和的NH_4Ac，并振荡试管，观察实验现象。

③ 在C试管中加1滴0.1mol·L^{-1}的KI，观察沉淀的颜色，再逐滴滴加2mol·L^{-1}的KI，并振荡试管，观察实验现象。

④ 在D试管中加1滴0.1mol·L^{-1}的K_2CrO_4，观察沉淀的颜色，再逐滴滴加6mol·L^{-1}的HNO_3，并振荡试管，观察实验现象。

再逐滴滴加6mol·L^{-1}的NaOH，并振荡试管，观察实验现象。

⑤ 在E试管中加1滴0.1mol·L^{-1}的Na_2S，观察沉淀的颜色，再逐滴滴加6mol·L^{-1}的HNO_3，并振荡试管，观察实验现象。

写出各步的化学反应方程式。

(4) 铅丹(Pb_3O_4)组成的测定

取少量Pb_3O_4固体于离心试管中，加6mol·L^{-1}的HNO_3溶液1mL，微热。离心分离，观察沉淀的颜色。将清液倒入普通试管中。加1滴0.1mol·L^{-1}的Na_2S，观察沉淀的颜色。

在有沉淀的离心试管中加1mL浓盐酸反应，将湿润的淀粉-KI试纸横放在试管口，并加热试管。观察实验现象，检验气体产物。

写出有关化学反应方程式，并确定铅丹中铅的价态组成。

(5) Sb(Ⅲ)、Bi(Ⅲ)的还原性和Sb(Ⅴ)、Bi(Ⅴ)的氧化性

① 在试管中加入20滴0.1mol·L^{-1}的$SbCl_3$，滴加2mol·L^{-1}的NaOH至沉淀生成又溶解，加1mL四氯化碳，逐滴加入饱和碘水并振荡试管，观察四氯化碳层的颜色变浅或无色。再滴加浓盐酸酸化溶液，观察四氯化碳层的颜色变化。

写出相关化学反应方程式，并表述实验条件对反应的影响，实验说明不同价态的Sb的化合物分别具有什么性质。

② 在A试管中加5滴0.1mol·L^{-1}的$SbCl_3$，滴加2mol·L^{-1}的NaOH至沉淀生成又溶解。在B试管中加5滴0.1mol·L^{-1}的$AgNO_3$，滴加6mol·L^{-1}的氨水至沉淀生成又溶解。将B试管中的溶液逐滴加到A试管中。观察反应现象，写出相应的化学反应方程式。

③ 在离心试管中加10滴0.1mol·L^{-1}的$Bi(NO_3)_3$，再加入5滴6mol·L^{-1}的NaOH和5滴饱和氯水，水浴加热，离心分离，得棕黄色沉淀，备用。写出化学反应方程式。

④ 取5滴0.1mol·L^{-1}的$Mn(NO_3)_2$，加1mL 6mol·L^{-1}的HNO_3溶液酸化，再加入上一步制备得到的棕黄色沉淀，摇匀、加热、静置，观察上层清液颜色。写出化学反应方程式。此反应可用于鉴定Mn^{2+}。

(6) Sb(Ⅲ)、Bi(Ⅲ)的硫化物和硫代酸盐

在3支离心试管(A、B、C)中各加1滴0.1mol·L^{-1}的$SbCl_3$［或0.1mol·L^{-1}的$Bi(NO_3)_3$］和1滴0.1mol·L^{-1}的Na_2S，观察沉淀颜色。

在A试管的沉淀中滴加2mol·L^{-1}的HCl，观察实验现象。

在B试管的沉淀中滴加浓盐酸，观察实验现象。

在C试管的沉淀中滴加0.1mol·L^{-1}的Na_2S，观察实验现象。若沉淀溶解，再滴加2mol·L^{-1}的HCl，观察实验现象。

写出相应的化学反应方程式。并比较Sb(Ⅲ)、Bi(Ⅲ)两种硫化物沉淀性质的异同。

(7) Sb(Ⅲ)、Bi(Ⅲ)的鉴定

① 在一片锡箔上滴加1滴0.1mol·L^{-1}的$SbCl_3$，观察黑色痕迹的出现，表示有Sb^{3+}。

② 利用Sn(Ⅱ)的还原性将Bi(Ⅲ)还原成单质，可检验Bi^{3+}，详见实验步骤(2)。

【注意事项】

(1) 硫化钠溶液易变质，可用硫化铵溶液代替硫化钠。

硫化铵的制法：取一定量氨水，将其均分为两份，往其中一份通硫化氢至饱和，而后与另一份氨水混合。

(2) $SnCl_2$溶液(0.1mol·L^{-1})的配制：称取22.6g氯化亚锡(含两个结晶水)固体，用160mL浓盐酸溶解，然后加入蒸馏水稀释至1 L，再加入数粒纯锡以防氧化。

【思考题】

(1) 在碱性条件下，PbO_2能否将Mn^{2+}氧化成MnO_4^-？

(2) 如何分离和鉴定Sb^{3+}和Bi^{3+}？

(3) 在用$NaBiO_3$检验Mn^{2+}的反应中，能否用HCl酸化溶液？

(4) Sn^{2+}的溶液为什么容易变质，可以采用哪些手段来防止变质？

实验35 钛、钒、铬、锰

【实验目的】

(1) 了解钛(Ⅳ)和钒(Ⅴ)的氧化物及含氧酸盐的生成和性质。

(2) 了解低氧化值的钛和钒化合物的生成和性质。

(3) 观察各种氧化值的钛和钒化合物的颜色。

【实验原理】

钛为周期表中第ⅣB族元素，价电子构型为$3d^24s^2$，以+4氧化态最稳定。在强还原剂的作用下，也可呈现+3和+2氧化态，但不稳定。Ti(Ⅳ)在水溶液中以钛酰离子TiO^{2+}的形态存在，加入氨水可生成$Ti(OH)_4$沉淀。而加热水解也能生成白色沉淀，此时一般写成偏钛酸H_2TiO_3的形式。TiO^{2+}具有弱氧化性，能被锌粉还原为紫色的Ti^{3+}；而Ti^{3+}具有较强的还原性，能被氯化铜氧化。

$$Cu^{2+}+Ti^{3+}+Cl^-+2H_2O = CuCl\downarrow+TiO_2+4H^+$$

钒为周期表中第ⅤB族元素，价电子构型为$3d^34s^2$，有+2、+3、+4、+5等多种价态，其中以+5氧化态在化合物中最稳定。五价钒具有氧化性，低价钒具有还原性。钒化合物随着价态从高到低的变化，而使溶液发生由黄色→蓝色→绿色→紫色的变化，这种颜色变化顺序对钒的检验是非常有用的。VO_2是两性氧化物，能与碱形成四价钒的钒酸盐。五价钒的氧化物是酸性较强的两性氧化物，它与碱形成钒酸盐的趋势更为明显。钒在溶液中的聚合状态不仅与溶液的酸度有关，而且也与其浓度关系密切。通常说的钒酸盐多指含V(Ⅴ)的钒酸盐。钒酸盐分偏矾酸盐MVO_3、正钒酸盐M_3VO_4和焦钒酸盐$M_4V_2O_7$，式中M代表一价金属。Bi、Ca、Cd、Cr、Co、Cu、Fe、Pb、Mg、Mn、Ni、K、Ag、Na、Sn和Zn均能生成钒酸盐。碱金属和镁的偏矾酸盐可溶于水，得到的溶液呈淡黄色。其他金属的钒酸盐不大能溶于水。对钒冶金而言，最重要的钒酸盐是钒酸钠和偏钒酸铵。

铬为周期表中第ⅥB族元素，价电子构型为$3d^54s^1$，具有可变的氧化态，在化合物中最常见的是+3和+6氧化态。铬的各种氧化态的化合物有不同的颜色，如$Cr_2O_7^{2-}$呈橙色，CrO_4^{2-}呈黄色，Cr^{3+}呈蓝紫色。这些特征颜色在鉴定时具有重要作用。

$Cr(OH)_3$具有两性：

$$Cr(OH)_3 + 3H^+ = Cr^{3+} + 3H_2O$$

$$Cr(OH)_3 + OH^- = [Cr(OH)_4]^-$$

Cr^{3+}盐容易水解，向Cr^{3+}溶液中加入Na_2S不会生成Cr_2S_3，因为Cr^{3+}、S^{2-}在水中完全水解：

$$2Cr^{3+} + 3S^{2-} + 6H_2O = 2Cr(OH)_3\downarrow + 3H_2S\uparrow$$

在碱性溶液中，$[Cr(OH)_4]^-$具有较强的还原性，易被H_2O_2氧化为CrO_4^{2-}：

$$2[Cr(OH)_4]^- + 3H_2O_2 + 2OH^- = 2CrO_4^{2-} + 8H_2O \text{(绿色→黄色)}$$

但在酸性溶液中，Cr^{3+}的还原性较弱，只有强氧化剂$K_2S_2O_8$或$KMnO_4$才能将其氧化为$Cr_2O_7^{2-}$。

$$2Cr^{3+} + 3S_2O_8^{2-} + 7H_2O \xlongequal{\triangle} Cr_2O_7^{2-} + 6SO_4^{2-} + 14H^+$$

在酸性溶液中，$Cr_2O_7^{2-}$为强氧化剂，易被还原成Cr^{3+}。例如：

$$K_2Cr_2O_7 + 14HCl\text{(浓)} \xlongequal{\triangle} 2CrCl_3 + 3Cl_2\uparrow + 7H_2O + 2KCl$$

铬酸盐和重铬酸盐在水溶液中存在如下平衡：

$$2CrO_4^{2-}\text{(黄色)} + 2H^+ \rightleftharpoons Cr_2O_7^{2-}\text{(橙红色)} + H_2O$$

该平衡在酸性介质中向右移动，而在碱性介质中向左移动，因此，随溶液酸碱性变化常常会伴有溶液颜色的变化。

铬酸盐的溶解度较重铬酸盐的溶解度小，因此，向重铬酸盐溶液中加入Ag^+、Pb^{2+}、Ba^{2+}等离子时，常生成铬酸盐沉淀。例如：

$$Cr_2O_7^{2-} + 4Ag^+ + H_2O = 2Ag_2CrO_4\downarrow + 2H^+$$

在酸性溶液中，$Cr_2O_7^{2-}$与H_2O_2反应时，生成蓝色的过氧化铬$CrO(O_2)_2$：

$$Cr_2O_7^{2-} + 4H_2O_2 + 2H^+ = 2CrO(O_2)_2 + 5H_2O$$

蓝色$CrO(O_2)_2$在水溶液中不稳定，会很快分解，但在有机试剂乙醚或戊醇中则稳定得多。这一反应常用来鉴定Cr^{3+}、CrO_4^{2-}、$Cr_2O_7^{2-}$。

锰为周期表中第ⅦB族元素，价电子构型为$3d^54s^2$，具有可变的氧化态，在化合物中最常见的是+2、+4和+7氧化态，而+3和+5氧化态的化合物不稳定。锰的各种氧化态的化合物有不同的颜色，如MnO_4^-呈紫红色，MnO_4^{2-}呈绿色，Mn^{2+}呈浅肉色。这些特征颜色在鉴定时具有重要作用。

在碱性溶液中，Mn(Ⅱ)不稳定，易被空气中的O_2氧化生成棕色的$MnO(OH)_2$，如白色的$Mn(OH)_2$在空气中很快被氧化而逐渐变成棕色的$MnO(OH)_2$。

在酸性溶液中，Mn^{2+}相当稳定，还原性较弱，须用强氧化剂如$K_2S_2O_8$或$(NH_4)_2S_2O_8$、PbO_2、$NaBiO_3$等，才能将其氧化为MnO_4^-：

$$2Mn^{2+} + 5NaBiO_3(s) + 14H^+ = 2MnO_4^-(\text{紫红色}) + 5Bi^{3+} + 7H_2O + 5Na^+$$

$$2Mn^{2+} + 5S_2O_8^{2-} + 8H_2O = 2MnO_4^-(\text{紫红色}) + 10SO_4^{2-} + 16H^+$$

这两个反应常用来鉴定 Mn^{2+}。

在中性或弱碱性溶液中，MnO_4^- 和 Mn^{2+} 反应生成棕色的 MnO_2 沉淀。

$$2MnO_4^- + 3Mn^{2+} + 2H_2O = 5MnO_2 \downarrow + 4H^+$$

在酸性介质中，MnO_2 是较强的氧化剂，易被还原为 Mn^{2+}，例如：

$$MnO_2 + 4HCl(\text{浓}) \xlongequal{\triangle} MnCl_2 + Cl_2 \uparrow + 2H_2O$$

此反应常用于实验室中制取少量 Cl_2。

在强碱性条件下，强氧化剂能将 MnO_2 氧化成 MnO_4^{2-}。

$$2MnO_4^- + MnO_2 + 4OH^- = 3MnO_4^{2-}(\text{绿色}) + 2H_2O$$

$KMnO_4$ 无论在酸性介质中还是碱性介质中都具有氧化性，但在酸性介质中氧化性最强，还原的产物是 Mn^{2+}；在中性或弱碱性介质中被还原为 MnO_2；而在强碱性介质中被还原为 MnO_4^{2-}。

$$2MnO_4^- + 5SO_3^{2-} + 6H^+ = 2Mn^{2+}(\text{浅肉色}) + 5SO_4^{2-} + 3H_2O$$

$$2MnO_4^- + 3SO_3^{2-} + H_2O = 2MnO_2 \downarrow(\text{棕色}) + 3SO_4^{2-} + 2OH^-$$

$$2MnO_4^- + SO_3^{2-} + 2OH^- = 2MnO_4^{2-}(\text{绿色}) + SO_4^{2-} + H_2O$$

【仪器和试剂】

(1) 仪器

试管，台秤，沙浴，蒸发皿，pH 试纸，沸石等。

(2) 试剂

二氧化钛(s)，锌粒(s)，偏钒酸铵(s)，浓 H_2SO_4，$1mol \cdot L^{-1}$ H_2SO_4，3% H_2O_2，$0.2mol \cdot L^{-1}$ $CuCl_2$，40%NaOH，$6mol \cdot L^{-1}$ NaOH，$0.1mol \cdot L^{-1}$ NaOH，$2mol \cdot L^{-1}$ NaOH，硫酸氧钛溶液，浓 HCl，$6mol \cdot L^{-1}$ HCl，$2mol \cdot L^{-1}$ HCl，$0.1mol \cdot L^{-1}$ HCl，氯化氧钒溶液，$0.1mol \cdot L^{-1}$ $KMnO_4$，$TiCl_4$。

二氧化锰(s)，亚硫酸钠(s)，高锰酸钾(s)，$0.1mol \cdot L^{-1}$ $K_2Cr_2O_7$，$0.1mol \cdot L^{-1}$ K_2CrO_4，$0.1mol \cdot L^{-1}$ $AgNO_3$，$0.1mol \cdot L^{-1}$ $BaCl_2$，$0.1mol \cdot L^{-1}$ $Pb(NO_3)_2$，$0.2mol \cdot L^{-1}$ $MnSO_4$，$0.5mol \cdot L^{-1}$ $MnSO_4$，饱和 H_2S，$0.1mol \cdot L^{-1}$ Na_2S，$0.1mol \cdot L^{-1}$ $KMnO_4$，$0.1mol \cdot L^{-1}$ Na_2SO_3。

【实验步骤】

(1) 钛的化合物的重要性质

钛(Ⅲ)化合物的生成和还原性：在盛有 0.5mL 硫酸氧钛的溶液［用液体四氯化钛和 $1mol \cdot L^{-1}$ 的 $(NH_4)_2SO_4$ 按 1∶1 的比例配成硫酸氧钛溶液］中，加入两粒锌粒，观察颜色的变化，把溶液放置几分钟后，滴入几滴 $0.2mol \cdot L^{-1}$ $CuCl_2$ 溶液，观察现象。由上述现象说明钛(Ⅲ)的还原性。

(2) 钒的化合物的重要性质

① 取 0.5g 偏钒酸铵固体放入蒸发皿中，在沙浴上加热，并不断搅拌，观察并记录反应

过程中固体颜色的变化，然后把产物分为四份。

在第一份固体中，加入1mL浓H_2SO_4振荡，静置。观察溶液颜色，固体是否溶解？在第二份固体中，加入$6mol \cdot L^{-1}$的NaOH溶液加热，有何变化？在第三份固体中，加入少量蒸馏水，煮沸、静置，待其冷却后，用pH试纸测定溶液的pH。在第四份固体中，加入浓盐酸，观察有何变化。微沸，检验气体产物，加入少量蒸馏水，观察溶液颜色。写出有关的反应方程式，总结五氧化二钒的特性。

② 低价钒的化合物的生成　在盛有1mL氯化氧钒溶液（在1g偏钒酸铵固体中，加入20mL $6mol \cdot L^{-1}$的HCl溶液和10mL蒸馏水）的试管中，加入两粒锌粒，放置片刻，观察并记录反应过程中溶液颜色的变化，并加以解释。

③ 过氧钒阳离子的生成　在盛有0.5mL饱和偏钒酸铵溶液的试管中，加入0.5mL $2mol \cdot L^{-1}$ HCl溶液和2滴3%的H_2O_2溶液，观察并记录产物的颜色和状态。

(3) 铬的化合物的重要性质

① 铬(Ⅵ)的氧化性　$Cr_2O_7^{2-}$转变为Cr^{3+}。

在约2mL $0.1mol \cdot L^{-1}$ $K_2Cr_2O_7$溶液中，加入少量所选择的还原剂，观察溶液颜色的变化(如果现象不明显，该怎么办)，写出反应方程式[保留溶液供下列步骤(4)、(5)用]。

② 铬(Ⅵ)的缩合平衡　$Cr_2O_7^{2-}$与CrO_4^{2-}的相互转化。

在5滴$0.1mol \cdot L^{-1}$ $K_2Cr_2O_7$溶液中滴加$2mol \cdot L^{-1}$的NaOH溶液，观察溶液颜色变化；之后在该溶液中滴加$2mol \cdot L^{-1}$的HCl溶液，观察溶液颜色变化。写出化学反应方程式。

(4) 氢氧化铬(Ⅲ)的两性

Cr^{3+}转变为$Cr(OH)_3$沉淀，并试验$Cr(OH)_3$的两性。

在步骤(2) ①所保留的Cr^{3+}溶液中，逐滴加入$6mol \cdot L^{-1}$的NaOH溶液，观察沉淀物的颜色，写出反应方程式。

将所得沉淀物分成两份，分别试验与酸、碱的反应，观察溶液的颜色，写出反应方程式。

(5) 铬(Ⅲ)的还原性

$[Cr(OH)_4]^-$(CrO_2^-)转变为CrO_4^{2-}。

在实验(4)得到的CrO_2^-溶液中，加入少量所选择的氧化剂，水浴加热，观察溶液颜色的变化，写出反应方程式。

(6) 重铬酸盐和铬酸盐的溶解性

分别在$Cr_2O_7^{2-}$和CrO_4^{2-}溶液中，各加入少量的$0.1mol \cdot L^{-1}$ $Pb(NO_3)_2$、$BaCl_2$和$AgNO_3$，观察产物的颜色和状态，比较并解释实验结果，写出反应方程式。

(7) 锰的化合物的重要性质

① 锰(Ⅱ)的性质

a. 氢氧化锰(Ⅱ)的生成和性质　取4mL $0.2mol \cdot L^{-1}$的$MnSO_4$溶液分成四份：

第一份滴加$0.2mol \cdot L^{-1}$的NaOH溶液，观察沉淀的颜色。振荡试管，有何变化？

第二份滴加$0.2mol \cdot L^{-1}$的NaOH溶液，产生沉淀后加入过量的NaOH溶液，沉淀是否溶解？

第三份滴加$0.2mol \cdot L^{-1}$的NaOH溶液，迅速加入$2mol \cdot L^{-1}$的盐酸溶液，有何现象发生？

第四份滴加$0.2mol \cdot L^{-1}$的NaOH溶液，迅速加入$2mol \cdot L^{-1}$的NH_4Cl溶液，沉淀是否

溶解？

写出上述有关反应方程式。此实验说明 $Mn(OH)_2$ 具有哪些性质？

b. Mn^{2+} 的氧化试验　硫酸锰和次氯酸钠溶液在酸、碱性介质中的反应。比较 Mn^{2+} 在何介质中易氧化。

c. 硫化锰的生成和性质　往硫酸锰溶液中滴加饱和硫化氢溶液，有无沉淀产生？若用硫化钠溶液代替硫化氢溶液，又有何结果？请用事实说明硫化锰的性质和生成沉淀的条件。

② 二氧化锰的生成和氧化性

a. 往盛有 2 滴 0.1mol·L^{-1} 的 $KMnO_4$ 溶液中，逐滴加入 0.5mol·L^{-1} 的 $MnSO_4$ 溶液，观察沉淀的颜色。往沉淀中加入 1mol·L^{-1} 的 H_2SO_4 溶液和 0.1mol·L^{-1} 的 Na_2SO_3 溶液，沉淀是否溶解？写出有关反应方程式。

b. 在盛有少量(米粒大小）二氧化锰固体的试管中加入 2mL 浓硫酸，加热，观察反应前后颜色。有何气体产生？写出反应方程式。

③ 高锰酸钾的性质　分别试验高锰酸钾溶液与亚硫酸钠溶液在酸性(1mol·L^{-1} 的 H_2SO_4)、近中性(蒸馏水)、碱性(6mol·L^{-1} 的 NaOH 溶液）介质中的反应，比较它们的产物因介质不同有何不同？写出反应式。

【思考题】

(1) 在水溶液中能否有 Ti^{4+}、Ti^{2+} 或 TiO_4^{4-} 等离子的存在？

(2) 根据实验结果，总结钒的化合物的性质。

(3) $Cr_2O_7^{2-}$ 与 CrO_4^{2-} 在何种介质中可相互转化？

(4) 试总结 $Cr_2O_7^{2-}$ 与 CrO_4^{2-} 相互转化的条件及它们形成相应盐的溶解性大小。

(5) 试总结 Mn^{2+} 的性质。

(6) 根据实验结果，设计一张铬的各种氧化态转化关系图。

实验36 铁、钴、镍

【实验目的】

(1) 了解二价铁、钴、镍的还原性和三价铁、钴、镍的氧化性。

(2) 了解铁、钴、镍配合物的生成及性质。

【实验原理】

铁、钴、镍是重要的过渡金属元素，位于元素周期表第四周期(第一过渡系) Ⅷ B 族。其价电子构型分别是 $3d^64s^2$、$3d^74s^2$、$3d^84s^2$，最高氧化态一般为＋3。具有多种氧化态是过渡金属元素的重要特征，铁、钴、镍的氧化态除了＋3 以外，＋2 也较常见，其中前者的离子具有氧化性，并按 Fe、Co、Ni 的顺序氧化性增强，稳定性减弱；后者具有还原性，并按 Fe、Co、Ni 的顺序还原性减弱，稳定性增强。

过渡金属容易生成配合物。Fe^{3+}、Fe^{2+} 常见的配合物有氰配合物、硫氰配合物、氨配合物等；Co^{3+}、Co^{2+} 常见的配合物有硫氰配合物、氨配合物等；Ni^{2+} 常见的配合物有氨配合物等。过渡金属配合物通常具有特征颜色，可以起到鉴定相应离子的作用。

【仪器和试剂】

(1) 仪器

试管，离心试管，淀粉-KI试纸等。

(2) 试剂

硫酸亚铁铵(s)，硫氰酸钾(s)，氯水，6mol·L^{-1} H_2SO_4，1mol·L^{-1} H_2SO_4，0.1mol·L^{-1} $(NH_4)_2Fe(SO_4)_2$，0.1mol·L^{-1} KSCN，0.5mol·L^{-1} KSCN，6mol·L^{-1} NaOH，2mol·L^{-1} NaOH，0.1mol·L^{-1} $NiSO_4$，0.1mol·L^{-1} $CoCl_2$，浓HCl，0.5mol·L^{-1} KI，0.5mol·L^{-1} $K_4[Fe(CN)_6]$，3% H_2O_2，0.2mol·L^{-1} $FeCl_3$，6mol·L^{-1}氨水，浓氨水，碘水，四氯化碳，戊醇，丙酮。

【实验步骤】

(1) 铁(Ⅱ)、钴(Ⅱ)、镍(Ⅱ)化合物的还原性

① 铁(Ⅱ)的还原性

a. 酸性介质　往盛有0.5mL氯水的试管中加入3滴6mol·L^{-1}的H_2SO_4溶液，然后滴加$(NH_4)_2Fe(SO_4)_2$溶液，观察现象，写出反应式(如现象不明显，可滴加1滴0.1mol·L^{-1} KSCN溶液，出现红色，证明有Fe^{3+}生成)。

b. 碱性介质　在一试管中放入2mL蒸馏水和3滴6mol·L^{-1}的H_2SO_4的溶液煮沸，以赶尽溶于其中的空气，然后溶入少量硫酸亚铁铵晶体。在另一试管中加入3mL 6mol·L^{-1}的NaOH溶液煮沸，冷却后，用一长滴管吸取NaOH溶液，插入$(NH_4)_2Fe(SO_4)_2$溶液(直至试管底部)，慢慢挤出滴管中的NaOH溶液，观察产物颜色和状态。振荡后放置一段时间，观察又有何变化，写出反应方程式。产物留作下面实验用。

② 钴(Ⅱ)的还原性

a. 往盛有$CoCl_2$溶液的试管中加入氯水，观察有何变化。

b. 在盛有1mL $CoCl_2$溶液的试管中滴入稀NaOH溶液，观察沉淀的生成。所得沉淀分成两份：一份置于空气中，另一份加入新配制的氯水，观察有何变化。第二份留作下面实验用。

③ 镍(Ⅱ)的还原性　用$NiSO_4$溶液按步骤(1)②a、b实验方法操作，观察现象，第二份沉淀留作下面实验用。

(2) 铁(Ⅲ)、钴(Ⅲ)、镍(Ⅲ)化合物的氧化性

① 在前面实验中保留下来的氢氧化铁(Ⅲ)、氢氧化钴(Ⅲ)和氢氧化镍(Ⅲ)沉淀中均加入浓盐酸，振荡后各有何变化？并用淀粉-KI试纸检验所放出的气体。

② 在上述制得的$FeCl_3$溶液中加入KI溶液，再加入CCl_4，振荡后观察现象，写出反应方程式。

(3) 配合物的生成

① 铁的配合物

a. 往盛有1mL亚铁氰化钾［六氰合铁(Ⅱ)酸钾］溶液的试管中，加入约0.5mL的碘水，摇动试管后，滴入数滴硫酸亚铁铵溶液，有何现象发生？此为Fe^{2+}的鉴定反应。

b. 向盛有1mL新配制的$(NH_4)_2Fe(SO_4)_2$溶液的试管中加入碘水，摇动试管后，将溶液分成两份，各滴入数滴硫氰酸钾溶液，然后向其中一支试管中注入约0.5mL 3%的H_2O_2溶液，观察现象。此为Fe^{3+}的鉴定反应。

c. 往$FeCl_3$溶液中加入$K_4[Fe(CN)_6]$溶液，观察现象，写出反应方程式。这也是鉴定Fe^{3+}的一种常用方法。

d. 往盛有 0.5mL 0.2mol·L^{-1} $FeCl_3$的试管中，滴入浓氨水直至过量，观察沉淀是否溶解。

② 钴的配合物

a. 往盛有 1mL $CoCl_2$溶液的试管里加入少量硫氰酸钾固体，观察固体周围的颜色。再加入 0.5mL 戊醇和 2 滴丙酮，振荡后，观察水相和有机相的颜色，这个反应可用来鉴定 Co^{2+}。

b. 往 0.5mL $CoCl_2$溶液中滴加浓氨水，至生成的沉淀刚好溶解为止，静置一段时间后，观察溶液的颜色有何变化。

③ 镍的配合物　往盛有 2mL 0.1mol·L^{-1} $NiSO_4$溶液中加入过量 6mol·L^{-1}的氨水，观察现象。静置片刻，再观察现象，写出离子反应方程式。把溶液分成四份：一份加入 2mol·L^{-1}的 NaOH 溶液，一份加入 1mol·L^{-1}的 H_2SO_4溶液，一份加水稀释，一份煮沸。观察有何变化？

【思考题】

(1) 制取 $Co(OH)_3$、$Ni(OH)_3$时，为什么要以 Co(Ⅱ)、Ni(Ⅱ)为原料在碱性溶液中进行氧化，而不用 Co(Ⅲ)、Ni(Ⅲ)直接制取？

(2) 试从配合物的生成对电极电势的改变来解释为什么 $[Fe(CN)_6]^{4-}$能把 I_2还原成 I^-，而 Fe^{2+}则不能？

(3) 今有一瓶含有 Fe^{3+}、Cr^{3+}和 Ni^{2+}的混合液，如何将它们分离出来，请设计分离示意图。

(4) 有一浅绿色晶体 A，可溶于水得到溶液 B，于 B 中加入不含氧气的 6mol·L^{-1}的 NaOH 溶液，有白色沉淀 C 和气体 D 生成。C 在空气中逐渐变成棕色，气体 D 使红色石蕊试纸变蓝。若将溶液 B 加以酸化再滴加一紫红色溶液 E，则得到浅黄色溶液 F，于 F 中加入黄血盐溶液，立即产生深蓝色的沉淀 G。若溶液 B 中加入 $BaCl_2$ 溶液，有白色沉淀 H 析出，此沉淀不溶于强酸。问 A、B、C、D、E、F、G、H 是什么物质？写出分子式和有关的反应式。

实验37　铜、银、锌、镉

【实验目的】

(1) 了解铜、银、锌、镉氧化物、氢氧化物的性质及硫化物的溶解性。

(2) 了解铜、银、锌、镉的配位能力及其配合物的性质。

(3) 了解 Cu(Ⅰ)、Cu(Ⅱ) 重要化合物的性质及相互转化条件。

【实验原理】

铜、银、锌、镉是重要的过渡金属元素，其中铜和银是元素周期表ⅠB 族元素，价电子构型分别为 $3d^{10}4s^1$和 $4d^{10}5s^1$，其最高氧化数分别是+2 和+1；锌、镉是ⅡB 族元素，价电子构型分别为 $3d^{10}4s^2$、$4d^{10}5s^2$，最高氧化数均为+2。

$Cu(OH)_2$具有两性但酸性很弱，在加热时易脱水生成黑色 CuO。AgOH 极不稳定，常温下即脱水生成棕色 Ag_2O。$Zn(OH)_2$的两性明显，而 $Cd(OH)_2$虽有两性但酸性不明显。

铜、银、锌、镉均能形成多种配合物，以和氨水的作用为例，Cu^{2+}、Ag^+、Zn^{2+}和 Cd^{2+}均能形成稳定的配合物。

铜还具有可变价态+1，其中Cu(Ⅰ)在水溶液中容易发生歧化，只有在生成卤化物的沉淀或配合物时Cu(Ⅰ)才能稳定存在，例如下列反应是可以发生的：

$$2Cu^{2+} + 4I^- = 2CuI\downarrow + I_2$$

$$Cu + Cu^{2+} + 4Cl^- = 2[CuCl_2]^-$$

Cu^{2+}与$K_4[Fe(CN)_6]$(黄血盐)作用，生成棕红色的$Cu_2[Fe(CN)_6]$沉淀，可利用此反应鉴定Cu^{2+}。Ag^+能与Cl^-作用生成白色AgCl沉淀，该沉淀可溶于过量氨水，是Ag^+的特征鉴定反应之一。Zn^{2+}和二苯硫腙生成粉红色的螯合物(在CCl_4中呈现棕色)，是Zn^{2+}的特征鉴定反应。Cd^{2+}和S^{2-}作用生成黄色CdS沉淀，可验证Cd^{2+}的存在。

【仪器和试剂】

(1) 仪器

试管，烧杯，离心机，离心试管，pH试纸，玻璃棒等。

(2) 试剂

铜屑(s)，0.2mol·L^{-1} $CuSO_4$，0.2mol·L^{-1} $ZnSO_4$，0.2mol·L^{-1} $CdSO_4$，2mol·L^{-1} NaOH，40% KOH，6mol·L^{-1} NaOH，2mol·L^{-1} H_2SO_4，0.1mol·L^{-1} $AgNO_3$，0.2mol·L^{-1} $AgNO_3$，2mol·L^{-1} HNO_3，2mol·L^{-1}氨水，1mol·L^{-1} Na_2S，2mol·L^{-1} HCl，浓HCl，浓HNO_3，0.2mol·L^{-1} KI，0.5mol·L^{-1} $CuCl_2$，0.5mol·L^{-1} $Na_2S_2O_3$，0.2mol·L^{-1} NaCl，浓氨水，10%葡萄糖溶液。

【实验步骤】

(1) 铜、银、锌、镉氢氧化物或氧化物的生成和性质

① 铜、锌、镉氢氧化物的生成和性质　向三支分别盛有0.5mL 0.2mol·L^{-1}的$CuSO_4$、$ZnSO_4$、$CdSO_4$溶液的试管中滴加新配制的2mol·L^{-1}的NaOH溶液，观察溶液颜色及状态。

将各试管中沉淀分成两份：一份加2mol·L^{-1}的H_2SO_4，另一份继续滴加2mol·L^{-1}的NaOH溶液。观察现象，写出反应式。

② 银氧化物的生成和性质　取0.5mL 0.1mol·L^{-1}的$AgNO_3$溶液，滴加新配制的2mol·L^{-1}的NaOH溶液，观察Ag_2O(为什么不是AgOH?)的颜色和状态。洗涤并离心分离沉淀，将沉淀分成两份：一份加入2mol·L^{-1}的HNO_3，另一份加入2mol·L^{-1}的氨水。观察现象，写出反应方程式。

(2) 铜、锌、镉硫化物的生成和性质

往三支分别盛有0.5mL 0.2mol·L^{-1}的$CuSO_4$、$ZnSO_4$、$CdSO_4$溶液的离心试管中滴加1mol·L^{-1}的Na_2S溶液。观察沉淀的生成和颜色。

将沉淀离心分离、洗涤，然后将每种沉淀分成三份：第一份加入2mol·L^{-1}的盐酸，第二份中加入浓盐酸，第三份加入浓硝酸，分别水浴加热。观察沉淀溶解情况。

(3) 铜、银、锌的配合物

氨合物的生成：往四支分别盛有0.5mL 0.2mol·L^{-1}的$CuSO_4$、$AgNO_3$、$ZnSO_4$溶液的试管中滴加2mol·L^{-1}的氨水。观察沉淀的生成，继续加入过量的2mol·L^{-1}氨水，又有何现象发生？写出有关反应方程式。比较Cu^{2+}、Ag^+、Zn^{2+}与氨水反应有什么不同。

(4) 铜、银的氧化还原性

① 氧化亚铜的生成和性质　取 0.5mL 0.2mol·L^{-1}的 $CuSO_4$溶液，滴加过量的 6mol·L^{-1}的 NaOH 溶液，使起初生成的蓝色沉淀溶解成深蓝色溶液。然后在溶液中加入 1mL 10%的葡萄糖溶液，混匀后微热，有黄色沉淀产生进而变成红色沉淀。写出有关反应方程式。

将沉淀离心分离、洗涤，然后分成两份：一份沉淀与 1mL 2mol·L^{-1}的 H_2SO_4作用，静置至少 15min，注意沉淀的变化，然后加热至沸，观察有何现象。另一份沉淀中加入 1mL 浓氨水，振荡后，静置一段时间（需长时间静置），观察溶液的颜色。放置一段时间后，溶液为什么会变成深蓝色?

② 氯化亚铜的生成和性质　取 5mL 0.5mol·L^{-1}的 $CuCl_2$溶液，加入 1.5mL 浓盐酸和少量铜屑，加热沸腾至其中液体呈深棕色(绿色完全消失)。取几滴上述溶液加入 10mL 蒸馏水中，如有白色沉淀产生，则迅速把全部溶液倾入 50mL 蒸馏水中，将白色沉淀洗涤至无蓝色为止。

取少许沉淀分成两份：一份与 3mL 浓氨水作用，观察有何变化。另一份与 3mL 浓盐酸作用，观察又有何变化。写出有关反应方程式。

③ 碘化亚铜的生成和性质　在盛有 0.5mL 0.2mol·L^{-1}的 $CuSO_4$溶液的试管中，边滴加 0.2mol·L^{-1}的 KI 溶液边振荡，溶液变为棕黄色(CuI 为白色沉淀，I_2溶于 KI 呈黄色)。再滴加适量 0.5mol·L^{-1}的 $Na_2S_2O_3$溶液，以除去反应中生成的碘。观察产物的颜色和状态，写出反应式。

【思考题】

(1) 在白色氯化亚铜沉淀中加入浓氨水或浓盐酸后形成什么颜色的溶液? 放置一段时间后会变成什么颜色，为什么?

(2) 实验中深棕色溶液是什么物质? 加入蒸馏水发生了什么反应?

(3) 加入硫代硫酸钠是为了和溶液中产生的碘作用，而便于观察碘化亚铜白色沉淀的颜色，但若硫代硫酸钠过量，则看不到白色沉淀，为什么?

(4) 在制备氯化亚铜时，能否用氯化铜和铜屑在用盐酸酸化呈微弱酸性的条件下反应? 为什么? 若用浓氯化钠溶液代替盐酸，此反应能否进行? 为什么?

实验38 常见非金属阴离子的鉴定与分离

【实验目的】

(1) 掌握常见阴离子的鉴定原理和方法。

(2) 掌握几类阴离子的分离原理和方法。

【实验原理】

在非金属阴离子中，有的可与酸作用生成挥发性的物质，有的可与试剂作用生成沉淀，也有的呈现氧化还原性质。利用这些特点，结合溶液中离子共存情况，应先通过初步检验，以排除不可能存在的离子，然后再鉴定可能存在的离子，从而简化分析步骤。

初步检验一般包括酸碱性检验、与酸反应产生气体的检验、生成沉淀检验、氧化还原性检验等。

(1) 试液的酸碱性的检验

若试液呈强酸性，则易被酸分解的阴离子如CO_3^{2-}、HCO_3^-、NO_2^-、$S_2O_3^{2-}$等不存在。

(2) 与酸反应产生气体的检验

若在试液中加入稀H_2SO_4或稀HCl溶液，有气体产生，表示可能存在CO_3^{2-}、HCO_3^-、NO_2^-、$S_2O_3^{2-}$、S^{2-}、SO_3^{2-}等离子。根据生成气体的颜色和气味以及生成气体具有某些特征反应，确证其含有的阴离子。比如，NO_2^-与酸反应生成红棕色NO_2气体，能将润湿的淀粉-KI试纸变蓝；S^{2-}与酸反应产生具有臭鸡蛋刺激性气味的H_2S气体并可使乙酸铅试纸变黑，由此可判断NO_2^-和S^{2-}的存在。

(3) 氧化性阴离子的检验

在酸化的试液中加入KI溶液和CCl_4，振荡后CCl_4层呈紫色，则有氧化性阴离子存在，如ClO^-和NO_2^-等离子。

(4) 还原性阴离子的检验

在酸化的试液中，加入$KMnO_4$稀溶液，若紫色褪去，则溶液中可能存在S^{2-}、SO_3^{2-}、$S_2O_3^{2-}$、Br^-、I^-、NO_2^-等阴离子；若紫色不褪，则上述离子不存在。试液经酸化后，加入I_2-淀粉溶液，蓝色褪去，则可能存在SO_3^{2-}、$S_2O_3^{2-}$、S^{2-}等离子。

(5) 难溶盐阴离子的检验

① 钡组阴离子　在中性或弱碱性试液中加入$BaCl_2$溶液，若能产生白色沉淀，则可能存在SO_4^{2-}、SO_3^{2-}、$S_2O_3^{2-}$、CO_3^{2-}、PO_4^{3-}等阴离子。

② 银组阴离子　在试液中滴加$AgNO_3$溶液产生沉淀，然后用稀HNO_3酸化，沉淀不溶解，则可能存在Cl^-、Br^-、I^-、S^{2-}、$S_2O_3^{2-}$等阴离子。

经过初步检验后，可以对试液中可能存在的阴离子做出判断，见表8-1，然后根据阴离子特性反应做进一步鉴定。

表8-1　阴离子的初步试验

阴离子	气体放出试验（稀H_2SO_4）	还原性阴离子试验		氧化性阴离子试验（稀H_2SO_4、CCl_4）	$BaCl_2$（中性或弱碱性）	$AgNO_3$（稀HNO_3）
		$KMnO_4$（稀H_2SO_4）	I_2-淀粉（稀H_2SO_4）			
CO_3^{2-}	+				+	
HCO_3^-	+					
NO_3^-				(+)		
NO_2^-	+	+		+		
SO_4^{2-}					+	
SO_3^{2-}	(+)	+	+		+	
$S_2O_3^{2-}$	(+)	+	+		(+)	+
PO_4^{3-}					+	

续表

阴离子	气体放出试验（稀 H_2SO_4）	还原性阴离子试验		氧化性阴离子试验（稀 H_2SO_4、CCl_4）	$BaCl_2$（中性或弱碱性）	$AgNO_3$（稀 HNO_3）
		$KMnO_4$（稀 H_2SO_4）	I_2-淀粉（稀 H_2SO_4）			
S^{2-}	+	+	+			+
Cl^-						+
Br^-		+				+
I^-		+				+

注：（+）表示实验现象不明显，只有在适当条件下（例如浓度大时）才发生反应；+表示实验现象明显。

【仪器和试剂】

（1）仪器

离心机，离心试管，试管，点滴板，pH 试纸，$Pb(Ac)_2$试纸，玻璃棒等。

（2）试剂

硫酸亚铁(s)，$6mol \cdot L^{-1}$ HCl，饱和 $Ba(OH)_2$或新配制的石灰水，$1mol \cdot L^{-1}$ H_2SO_4，$2mol \cdot L^{-1}$ H_2SO_4，浓 H_2SO_4，$2mol \cdot L^{-1}$ HAc，1%对氨基苯磺酸，0.4%α-萘胺，$0.1mol \cdot L^{-1}$ $BaCl_2$，$6mol \cdot L^{-1}$ HCl，$0.01mol \cdot L^{-1}$ $KMnO_4$，$0.1mol \cdot L^{-1}$ $AgNO_3$，$6mol \cdot L^{-1}$ HNO_3，$(NH_4)_2MoO_4$试剂，$2mol \cdot L^{-1}$ NaOH，亚硝酰铁氰化钠，饱和 $ZnSO_4$，$0.1mol \cdot L^{-1}$ $K_4[Fe(CN)_6]$，$0.1mol \cdot L^{-1}$ Na_2S，$0.1mol \cdot L^{-1}$ Na_2SO_3，$0.1mol \cdot L^{-1}$ $Na_2S_2O_3$，$0.1mol \cdot L^{-1}$ NaCl，$0.1mol \cdot L^{-1}$ NaBr，$0.1mol \cdot L^{-1}$ NaI，$6mol \cdot L^{-1}$氨水，$2mol \cdot L^{-1}$碳酸铵，氯水。

【实验步骤】

（1）常见阴离子的鉴定

① CO_3^{2-} 的鉴定　取 10 滴试液(CO_3^{2-}）于试管中，用 pH 试纸测其 pH，然后加 10 滴 $6mol \cdot L^{-1}$的 HCl 溶液，有气泡生成，表明有可能有 CO_3^{2-} 存在。立即将事先沾有一滴新配制的石灰水或饱和 $Ba(OH)_2$溶液的玻璃棒置于试管口上，仔细观察，如玻璃棒上溶液立刻变为浑浊(白色)，结合溶液的 pH，可以判断有 CO_3^{2-} 存在。

② HCO_3^- 的鉴定　取 10 滴试液（HCO_3^-）于试管中，用 pH 试纸测其 pH 值，然后加 10 滴 $0.1mol \cdot L^{-1}$ $BaCl_2$ 溶液，若无沉淀产生，则取另一支试管加入 10 滴试液（HCO_3^-）于试管中，然后加 10 滴 $6mol \cdot L^{-1}$的 HCl 溶液，有气泡生成，表明有可能有 HCO_3^- 存在。立即将事先沾有一滴新配制的石灰水或饱和 $Ba(OH)_2$ 溶液的玻璃棒置于试管口上，仔细观察，如玻璃棒上溶液立刻变为浑浊（白色），结合溶液的 pH，可以判断有 HCO_3^- 存在。

③ NO_3^- 的鉴定　取 2 滴试液(NO_3^-）于点滴板上，在溶液的中央放一小粒 $FeSO_4 \cdot 7H_2O$ 晶体，然后在晶体上加 1 滴浓硫酸。如结晶周围有棕色出现，示有 NO_3^- 存在。

④ NO_2^- 的鉴定　取 2 滴试液(NO_2^-）于点滴板上，加 1 滴 $2mol \cdot L^{-1}$的 HAc 溶液酸化，再加 1 滴对氨基苯磺酸和 1 滴 α-萘胺，如有玫瑰红色出现，示有 NO_2^- 存在。

⑤ SO_4^{2-} 的鉴定　取 5 滴试液(SO_4^{2-}）于试管中，加 2 滴 $6mol \cdot L^{-1}$的 HCl 溶液和 1 滴 $0.1mol \cdot L^{-1}$ Ba^{2+}溶液，如有白色沉淀，示有 SO_4^{2-} 存在。

⑥ SO_3^{2-} 的鉴定　在盛有5滴试液(SO_3^{2-})的试管中加入2滴1mol·L^{-1}硫酸，迅速加入1滴0.01mol·L^{-1} $KMnO_4$溶液，如紫色褪去，示有SO_3^{2-}存在。

⑦ $S_2O_3^{2-}$ 的鉴定　取3滴试液($S_2O_3^{2-}$)于试管中，加入10滴0.1mol·L^{-1}的$AgNO_3$溶液，摇动，如有白色沉淀迅速变棕变黑，示有$S_2O_3^{2-}$存在。

⑧ PO_4^{3-} 的鉴定　取3滴试液(PO_4^{3-})于试管中，加5滴6mol·L^{-1}的HNO_3溶液，再加8～10滴$(NH_4)_2MoO_4$，温水浴中加热至有黄色沉淀生成，示有PO_4^{3-}存在。

⑨ S^{2-}的鉴定　取1滴试液(S^{2-})于试管中，加1滴2mol·L^{-1}的NaOH溶液碱化，再加1滴亚硝酰铁氰化钠溶液，如溶液变成紫色，示有S^{2-}存在。

⑩ Cl^-的鉴定　取3滴试液(Cl^-)于离心管中，加入1滴6mol·L^{-1}的HNO_3溶液酸化，再滴加0.1mol·L^{-1}的$AgNO_3$溶液。如有白色沉淀产生，初步说明试液中可能有Cl^-存在。于白色浑浊液中加入3～5滴6mol·L^{-1}氨水，用细玻璃棒搅拌，直到沉淀全部溶解，再加入5滴6mol·L^{-1}的HNO_3酸化，重新生成白色沉淀，示有Cl^-存在。

⑪ I^-的鉴定　取5滴试液(I^-)于试管中，加入2滴2mol·L^{-1} H_2SO_4及5滴CCl_4，然后逐滴加入氯水，并不断振荡试管，如CCl_4层呈现紫红色(I_2)，然后褪至无色(IO_3^-)，示有I^-存在。

⑫ Br^-的鉴定　取5滴试液(Br^-)于试管中，加3滴2mol·L^{-1}的H_2SO_4溶液及2滴CCl_4，然后逐滴加入5滴氯水并振荡试管，如CCl_4层出现黄色或橙红色，示有Br^-存在。

(2) 混合离子的分离

Cl^-、Br^-、I^-的分离与鉴定：常用方法是将卤素离子转化为卤化银AgX，然后用氨水或$(NH_4)_2CO_3$将AgCl溶解而与AgBr、AgI分离。在余下的AgBr、AgI混合物中加入稀H_2SO_4酸化，再加入少许锌粉或镁粉，并加热将Br^-、I^-转入溶液。酸化后，根据Br^-、I^-的还原能力不同，用氯水分离和鉴定。

试按下列分析方案对含有Cl^-、Br^-、I^-的混合溶液进行分离和鉴定。

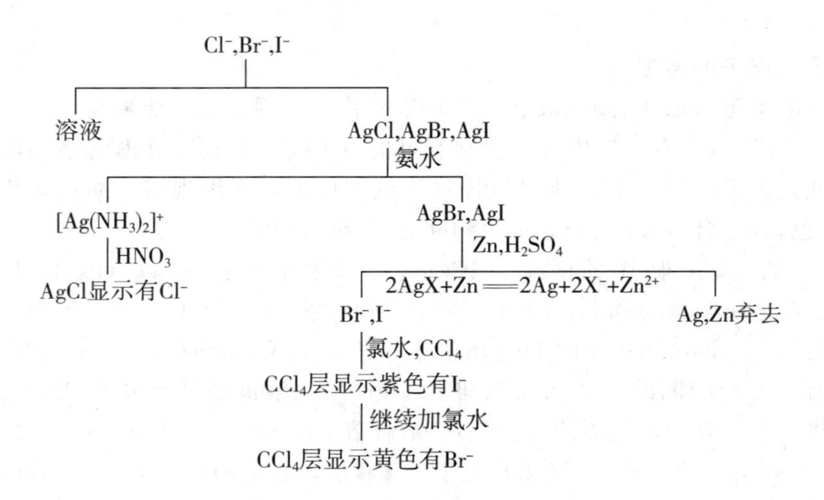

【注意事项】

(1) CO_3^{2-} 的鉴定中，用$Ba(OH)_2$溶液检验时，SO_3^{2-}、$S_2O_3^{2-}$会有干扰，因为酸化时产生的SO_2也会使$Ba(OH)_2$溶液浑浊，故初步试验时检出有SO_3^{2-}、$S_2O_3^{2-}$，则要在酸化前加入3%H_2O_2，把这些干扰离子氧化除去：

$$SO_3^{2-} + H_2O_2 \longrightarrow SO_4^{2-} + H_2O$$

$$S_2O_3^{2-} + 4H_2O_2 + H_2O \longrightarrow 2SO_4^{2-} + 2H^+ + 4H_2O$$

(2) I_2能与过量氯水反应生成无色溶液，其反应式为：

$$I_2 + 5Cl_2 + 6H_2O \longrightarrow 2HIO_3 + 10HCl$$

【思考题】

(1) 取下列盐中的两种混合，加水溶解时有沉淀产生。将沉淀分成两份，一份溶于 HCl 溶液，另一份溶于 HNO_3溶液。试指出下列哪两种盐混合时可能有此现象？

$BaCl_2$，$AgNO_3$，Na_2SO_4，$(NH_4)_2CO_3$，KCl

(2) 一能溶于水的混合物，已检出含 Ag^+和 Ba^{2+}。下列阴离子中哪几个可不必鉴定？

SO_3^{2-}，Cl^-，NO_3^-，SO_4^{2-}，CO_3^{2-}，I^-

(3) 某含阴离子的未知液经初步试验结果如下：

① 试液呈酸性时无气体产生；

② 酸性溶液中加 $BaCl_2$溶液无沉淀产生；

③ 加入稀硝酸溶液和 $AgNO_3$溶液产生黄色沉淀；

④ 酸性溶液中加入 $KMnO_4$，紫色褪去，加 I_2-淀粉溶液，蓝色不褪去；

⑤ 与 KI 无反应。

由以上初步试验结果，推测哪些阴离子可能存在。说明理由，拟出进一步验证的步骤。

(4) 加稀 H_2SO_4或稀 HCl 溶液于固体试样中，如观察到有气泡产生，则该固体试样中可能存在哪些阴离子？

(5) 某含阴离子的未知液，用稀 HNO_3调节其至酸性后，加入 $AgNO_3$试剂，发现并无沉淀生成，则可以确定哪几种阴离子不存在？

(6) 在酸性溶液中能使 I_2-淀粉溶液褪色的阴离子是哪些？

实验39 常见阳离子的分离与鉴定（一）

【实验目的】

(1) 了解常见阳离子的基本性质及其鉴定和分离方法。

(2) 了解常见阳离子混合液的检出和分离方法及练习相关操作。

(3) 巩固对常见金属元素及其化合物性质的认识。

【实验原理】

离子的鉴定和分离是以各离子的特性及其对试剂的不同反应为依据的。利用加入某种化学试剂，使其与溶液中某种离子发生特征反应的方法来鉴别溶液中某种离子是否存在，称为该离子的鉴定。鉴定反应总是伴随有明显的外部特征，如颜色的改变、沉淀的生成和溶解、特殊气体或特殊气味的放出等，反应应该灵敏而迅速。各离子对试剂作用的相似性和差异性都是构成离子分离与检出方法的基础。也就是说，离子的基本性质是进行分离检出的基础。因而要想掌握分离检出的方法就要熟悉离子的基本性质。

离子的分离和检出只有在一定条件下才能进行。所谓一定的条件主要指溶液的酸碱度、反应物的浓度、反应温度、促进或妨碍此反应的物质是否存在等。为使反应向期望的方向进行，就必须选择适当的反应条件。因此，除了要熟悉离子的有关性质外，还要学会运用离子平衡(酸碱、沉淀、氧化还原、配合等平衡）的规律控制反应条件。这有助于进一步了解离子分离条件和检出条件的选择。

若有干扰物质的存在，必须消除其干扰。可用分离法和掩蔽法。如常用的沉淀分离法、溶剂萃取分离法和配位掩蔽法、氧化还原掩蔽法等。

有的鉴定反应的产物在水中的溶解度较大或不稳定，可加入特殊有机试剂使其溶解度降低或稳定性增加，例如，在 $[Co(SCN)_4]^{2-}$ 溶液中加入丙酮或乙醇，在 $CrO(O_2)_2$ 溶液中加入乙醚或戊醇。大部分无机微溶化合物在有机溶剂中的溶解度比在水中的溶解度小。

增加温度，可以加快化学反应的速率。对溶解度随温度变化而显著变化的物质，如 $PbCl_2$ 沉淀，可加热使其溶解而与其他沉淀分离。

化学反应速率较慢的反应，除需加热外还需加入适当的催化剂，例如，用 $S_2O_8^{2-}$ 鉴定 Mn^{2+}，加入 Ag^+ 催化剂是不可缺少的条件。

待测离子的浓度必须足够大，反应才能显著进行和有明显的特征现象。如用 HCl 溶液鉴定 Ag^+，必须 $c(Ag^+)\ c(Cl^-) > K_{sp}^{\ominus}(AgCl)$，才有 AgCl 沉淀生成。但有时沉淀太少，仍不易观察。

溶液的酸碱性不仅影响反应物或产物的溶解性、稳定性和反应的灵敏度等，更关系到鉴定反应的完成程度。例如用丁二酮肟鉴定 Ni^{2+}，溶液的适宜酸度是 pH=5～10。因为该试剂是一种有机弱酸，故在强酸性溶液中红色沉淀会分解。在碱性溶液中，Ni^{2+} 形成 $Ni(OH)_2$ 沉淀，故鉴定反应也不能进行。若加入 $NH_3·H_2O$ 过多，由于生成 $[Ni(NH_3)_6]^{2+}$ 使灵敏度降低，甚至使沉淀难以生成。

分离和鉴定无机阳离子的方法分为系统分析法和分别分析法。系统分析法是将可能共存的常见 28 种阳离子按一定顺序，用“组试剂”将性质相似的离子逐组分离，然后再将各组离子进行分离和鉴定，如 H_2S 系统分析法(表 8-2）以及两酸两碱系统分析法(表 8-3)。分别分析法是分别取出一定量的试液，设法排除对鉴定方法有干扰的离子，加入适当的试剂，直接进行鉴定的方法。

表 8-2　H_2S 系统分析方案简表

硫化物不溶于水			硫化物溶于水	
在稀酸中形成硫化物沉淀		在稀酸中不生成硫化物沉淀	碳酸盐不溶于水	碳酸盐溶于水
氯化物不溶于热水	氯化物溶于热水			
Ag^+，Pb^{2+}，Hg_2^{2+}（Pb^{2+} 浓度大时部分沉淀）	Pb^{2+}，Hg^{2+}，Bi^{3+}，As^{3+}，Cu^{2+}，As^{5+}，Cd^{2+}，Sb^{3+}，Sb^{5+}，Sn^{2+}，Sn^{4+}	Fe^{3+}，Fe^{2+}，Al^{3+}，Co^{2+}，Mn^{2+}，Cr^{3+}，Ni^{2+}，Zn^{2+}	Ca^{2+}，Sr^{2+}，Ba^{2+}	Mg^{2+}，K^+，Na^+，NH_4^+
第一组 盐酸组	第二组 硫化氢组	第三组 硫化铵组	第四组 碳酸铵组	第五组 易溶组
HCl	$0.3mol·L^{-1}$ HCl H_2S	$NH_3·H_2O+NH_4Cl$ $(NH_4)_2S$	$NH_3·H_2O+NH_4Cl$ $(NH_4)_2CO_3$	—

表 8-3 两酸两碱系统分析方案简表

氯化物难溶于水	氯化物易溶于水			
	硫酸盐难溶于水	硫酸盐易溶于水		
		氢氧化物难溶于水及氨水	在氨性条件下不产生沉淀	
			氢氧化物难溶于过量氢氧化钠溶液	在强碱性条件下不产生沉淀
$AgCl$，Hg_2Cl_2，$PbCl_2$	$PbSO_4$，$BaSO_4$，$SrSO_4$，$CaSO_4$	$Fe(OH)_3$，$Al(OH)_3$，$MnO(OH)_2$，$Cr(OH)_3$，$Bi(OH)_3$，$Sb(OH)_5$，$HgNH_2Cl$，$Sb(OH)_3$	$Cu(OH)_2$，$Co(OH)_2$，$Ni(OH)_2$，$Mg(OH)_2$，$Cd(OH)_2$	$[Zn(OH)_4]^{2-}$，K^+，Na^+，NH_4^+
第一组 盐酸组	第二组 硫酸组	第三组 氨组	第四组 碱组	第五组 可溶组
HCl	（乙醇） H_2SO_4	（H_2O_2） NH_3-NH_4Cl	NaOH	—

常见阳离子的鉴定反应包括以下几类：

（1）与 HCl 溶液反应

Ag^+、Hg_2^{2+}、Pb^{2+} $\xrightarrow{HCl}$

- $AgCl\downarrow$ 白色，溶于氨水
- $Hg_2Cl_2\downarrow$ 白色，溶于浓 HNO_3 及 H_2SO_4
- $PbCl_2\downarrow$ 白色，溶于热水、NH_4Ac、NaOH

（2）与硫酸溶液反应

Ba^{2+}、Sr^{2+}、Ca^{2+}、Pb^{2+}、Ag^+ $\xrightarrow{硫酸}$

- $BaSO_4\downarrow$ 白色，难溶于酸
- $SrSO_4\downarrow$ 白色，溶于煮沸的酸
- $CaSO_4\downarrow$ 白色，溶解度较大，当 Ca^{2+} 的浓度较大时，才析出沉淀
- $PbSO_4\downarrow$ 白色，溶于 NaOH、饱和 NH_4Ac、热 HCl 溶液、浓硫酸，不溶于稀 H_2SO_4
- $Ag_2SO_4\downarrow$ 白色，在浓溶液中产生沉淀，溶于热水

（3）与 NaOH 反应

Al^{3+}、Zn^{2+}、Pb^{2+}、Sb^{3+}、Sn^+、Ca^{2+} $\xrightarrow[过量]{NaOH}$

- AlO_2^- 或 $[Al(OH)_4]^-$
- ZnO_2^- 或 $[Zn(OH)_4]^{2-}$
- PbO_2^- 或 $[Pb(OH)_4]^{2-}$
- SbO_2^-
- SnO_2^- 或 $[Sn(OH)_4]^{2-}$
- $[Ca(OH)_4]^{2-}$

（4）与 NH_3 溶液反应

Ag^+、Cu^{2+}、Cd^{2+}、Zn^{2+} $\xrightarrow[过量]{氨水}$

- $[Ag(NH_3)_2]^+$
- $[Cu(NH_3)_4]^{2+}$ 深蓝
- $[Cd(NH_3)_4]^{2+}$
- $[Zn(NH_3)_4]^{2+}$

(5) 与$(NH_4)_2CO_3$反应

Cu^{2+}、Ag^{+}、Zn^{2+}、Cd^{2+}、Hg^{2+}、Hg_2^{2+}、Mg^{2+}、Pb^{2+}、Bi^{3+}、Ca^{2+}、Sr^{2+}、Ba^{2+}、Al^{3+}、Sn^{2+}、Sn^{4+}、Sb^{3+} $\xrightarrow[\text{过量}]{NaOH}$

- $Cu_2(OH)_2CO_3\downarrow$ 淡蓝
- $Ag_2CO_3\downarrow$ 白色
- $Zn_2(OH)_2CO_3\downarrow$ 白色
- $Cd_2(OH)_2CO_3\downarrow$ 白色

（以上四种 $\xrightarrow[\text{过量}]{(NH_4)_2CO_3}$ $[Cu(NH_3)_4]^{2+}$ 深蓝、$[Ag(NH_3)_2]^{+}$、$[Zn(NH_3)_4]^{2+}$、$[Cd(NH_3)_4]^{2+}$）

- $Hg_2(OH)_2CO_3\downarrow$ 白色
- $Hg_2CO_3\downarrow$ 白色 $\longrightarrow$ $HgO\downarrow$（黄）$+Hg$(黑)$+CO_2\uparrow$
- $Mg_2(OH)_2CO_3\downarrow$ 白色
- $Pb_2(OH)_2CO_3\downarrow$ 白色
- $(BiO)_2CO_3\downarrow$ 白色
- $CaCO_3\downarrow$ 白色
- $SrCO_3\downarrow$ 白色
- $BaCO_3\downarrow$ 白色
- $Al_3(OH)_3\downarrow$ 白色
- $Sn(OH)_2\downarrow$ 白色
- $Sn(OH)_4\downarrow$ 白色
- $Sb(OH)_3\downarrow$ 白色

(6) 与H_2S或$(NH_4)_2S$反应

应当掌握各种阳离子生成硫化物沉淀的条件及其硫化物溶解度的差别，并用于阳离子分离。除黑色硫化物以外，可利用颜色进行离子鉴别。

① 在$0.3mol\cdot L^{-1}$的HCl溶液中通入H_2S气体生成沉淀的离子：

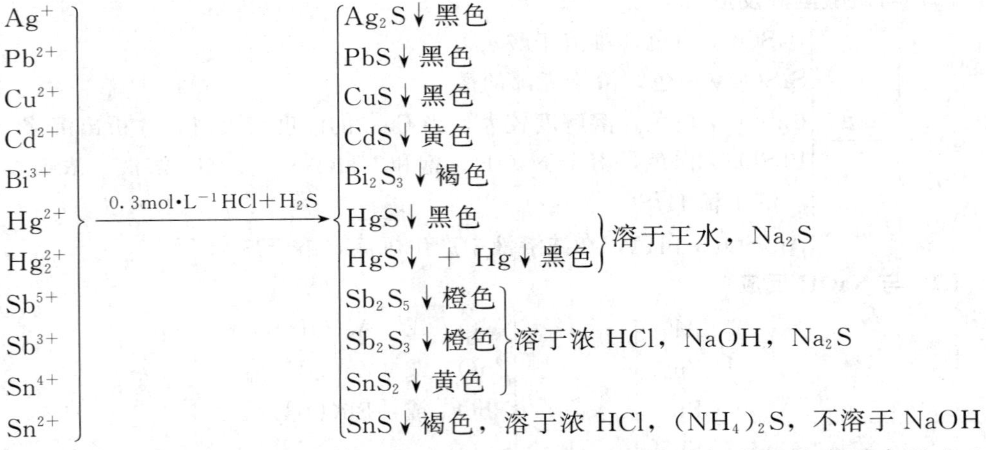

② 在$0.3mol\cdot L^{-1}$的HCl溶液中通入H_2S气体不生成沉淀，但在氨性介质中通入H_2S气体产生沉淀的离子：

Zn^{2+}、Al^{3+} $\xrightarrow{NH_4Cl+NH_3\cdot H_2O+H_2S}$

- $ZnS\downarrow$ 白色，溶于稀HCl，不溶于HAc溶液
- $Al(OH)_3\downarrow$ 白色，溶于强碱及稀HCl

【仪器和试剂】

(1) 仪器

试管(10mL)，烧杯(250mL)，离心机，离心试管，玻璃棒，pH试纸，水浴装置等。

(2) 试剂

亚硝酸钠(s)，1mol·L^{-1} NaCl，饱和 K[Sb(OH)$_6$]，0.5mol·L^{-1} KCl，饱和 $NaHC_4H_4O_6$，0.5mol·L^{-1} $MgCl_2$，2mol·L^{-1} NaOH，6mol·L^{-1} NaOH，镁试剂，0.5mol·L^{-1} $CaCl_2$，饱和$(NH_4)_2C_2O_4$，2mol·L^{-1} HAc，6mol·L^{-1} HAc，2mol·L^{-1} HCl，浓盐酸，0.5mol·L^{-1} $BaCl_2$，2mol·L^{-1} NaAc，1mol·L^{-1} K_2CrO_4，0.5mol·L^{-1} $AlCl_3$，0.1%铝试剂，6mol·L^{-1} $NH_3·H_2O$，0.5mol·L^{-1} $Pb(NO_3)_2$，0.1mol·L^{-1} $SbCl_3$，苯，罗丹明 B，0.1mol·L^{-1} $Bi(NO_3)_3$，2.5%硫脲，0.5mol·L^{-1} $CuCl_2$，0.5mol·L^{-1} $K_4[Fe(CN)_6]$，0.1mol·L^{-1} $AgNO_3$，6mol·L^{-1} HNO_3，0.2mol·L^{-1} $ZnSO_4$，0.1mol·L^{-1} $K_3[Fe(CN)_6]$，0.2mol·L^{-1} $Cd(NO_3)_2$，0.5mol·L^{-1} Na_2S，饱和 Na_2CO_3，镍丝。

【实验步骤】

(1) 碱金属、碱土金属离子的鉴定

① Na^+的鉴定　在盛有 0.5mL 1mol·L^{-1}的 NaCl 溶液的试管中，加入 0.5mL 饱和六羟合锑(Ⅴ)酸钾 K[Sb(OH)$_6$] 溶液，如有白色结晶状沉淀产生，示有 Na^+存在。如无沉淀产生，可以用玻璃棒摩擦试管内壁，放置片刻，再观察。写出反应方程式。

② K^+的鉴定　在盛有 0.5mL 1mol·L^{-1}的 KCl 溶液的试管中，加入 0.5mL 饱和酒石酸氢钠 $NaHC_4H_4O_6$溶液，如有白色结晶状沉淀产生，示有 K^+存在。如无沉淀产生，可用玻璃棒摩擦试管壁，再观察。写出反应方程式。

③ Mg^{2+}的鉴定　在试管中加 2 滴 0.5mol·L^{-1}的 $MgCl_2$溶液，再滴加 6mol·L^{-1}的 NaOH 溶液，直到生成絮状的 $Mg(OH)_2$沉淀为止；然后加入 1 滴镁试剂，搅拌，生成蓝色沉淀，示有 Mg^{2+}存在。写出反应方程式。

④ Ca^{2+}的鉴定　取 5 滴 0.5mol·L^{-1}$CaCl_2$溶液于离心试管中，再加 2 滴饱和草酸铵溶液，有白色沉淀产生。离心分离，弃去清液。若白色沉淀不溶于 6mol·L^{-1}的 HAc 溶液而溶于 2mol·L^{-1}的盐酸，示有 Ca^{2+}存在。写出反应方程式。

⑤ Ba^{2+}的鉴定　取 2 滴 0.5mol·L^{-1}的 $BaCl_2$于试管中，加入 2mol·L^{-1}的 HAc 和 2mol·L^{-1}的 NaAc 各 2 滴，然后滴加 2 滴 1mol·L^{-1}的 K_2CrO_4，有黄色沉淀生成，示有 Ba^{2+}存在。写出反应方程式。

(2) p 区和 ds 区部分金属离子的鉴定

① Al^{3+}的鉴定　取 2 滴 0.5mol·L^{-1} $AlCl_3$溶液于小试管中，加 2～3 滴水、2 滴 2mol·L^{-1}的 HAc 及 2 滴 0.1%铝试剂，搅拌后，置水浴上加热片刻，再加入 1～2 滴 6mol·L^{-1}的氨水，有红色絮状沉淀产生，示有 Al^{3+}存在。写出反应方程式。

② Pb^{2+}的鉴定　取 2 滴 0.5mol·L^{-1} $Pb(NO_3)_2$试液于试管中，加 1 滴 1mol·L^{-1} K_2CrO_4溶液，如有黄色沉淀生成，在沉淀上滴加数滴 2mol·L^{-1}NaOH 溶液，沉淀溶解，示有 Pb^{2+}存在。写出反应方程式。

③ Sb^{3+}的鉴定　取 5 滴 0.1mol·L^{-1}的 $SbCl_3$试液于试管中，加 3 滴浓盐酸及数粒亚硝酸钠，将 Sb(Ⅲ) 氧化为 Sb(Ⅴ)，当无气体放出时，加数滴苯及 2 滴罗丹明 B 溶液，苯层显紫色，示有 Sb^{3+}存在。写出反应方程式。

④ Bi^{3+}的鉴定　取 1 滴 0.1mol·L^{-1}的 $Bi(NO_3)_3$试液于试管中，加 1 滴 2.5%的硫脲，生成鲜黄色配合物，示有 Bi^{3+}存在。

⑤ Cu^{2+}的鉴定　取 1 滴 0.5mol·L^{-1}的 $CuCl_2$试液于试管中，加 1 滴 6mol·L^{-1}的 HAc 溶液酸

化，再加 1 滴 0.5mol·L^{-1} 亚铁氰化钾 $K_4[Fe(CN)_6]$ 溶液，生成红棕色 $Cu_2[Fe(CN)_6]$ 沉淀，示有 Cu^{2+} 存在。写出反应方程式。

⑥ Ag^+ 的鉴定　取 5 滴 0.1mol·L^{-1} 的 $AgNO_3$ 试液于试管中，加 5 滴 2mol·L^{-1} 的盐酸，产生白色沉淀。在沉淀中加入 6mol·L^{-1} 的氨水至沉淀完全溶解。此溶液再用 6mol·L^{-1} 的 HNO_3 溶液酸化，生成白色沉淀. 示有 Ag^+ 存在。写出反应方程式。

⑦ Zn^{2+} 的鉴定　取 3 滴 0.2mol·L^{-1} 的 $ZnSO_4$ 试液于试管中，加 2 滴 0.1mol·L^{-1} $K_3[Fe(CN)_6]$溶液，生成黄褐色沉淀，示有 Zn^{2+} 存在。写出反应方程式。

⑧ Cd^{2+} 的鉴定　取 3 滴 0.2mol·L^{-1} 的 $Cd(NO_3)_2$ 试液于小试管中，加入 2 滴 0.5mol·L^{-1} 的 Na_2S 溶液，生成亮黄色沉淀，示有 Cd^{2+} 存在。写出反应方程式。

(3) 部分混合离子的分离和鉴定

取 Ag^+ 试液 2 滴和 Cd^{2+}、Al^{3+}、Ba^{2+}、Na^+ 试液各 5 滴，加到离心试管中，混合均匀后，按下列方案进行分离和鉴定(混合离子由相应的硝酸盐溶液配制)。

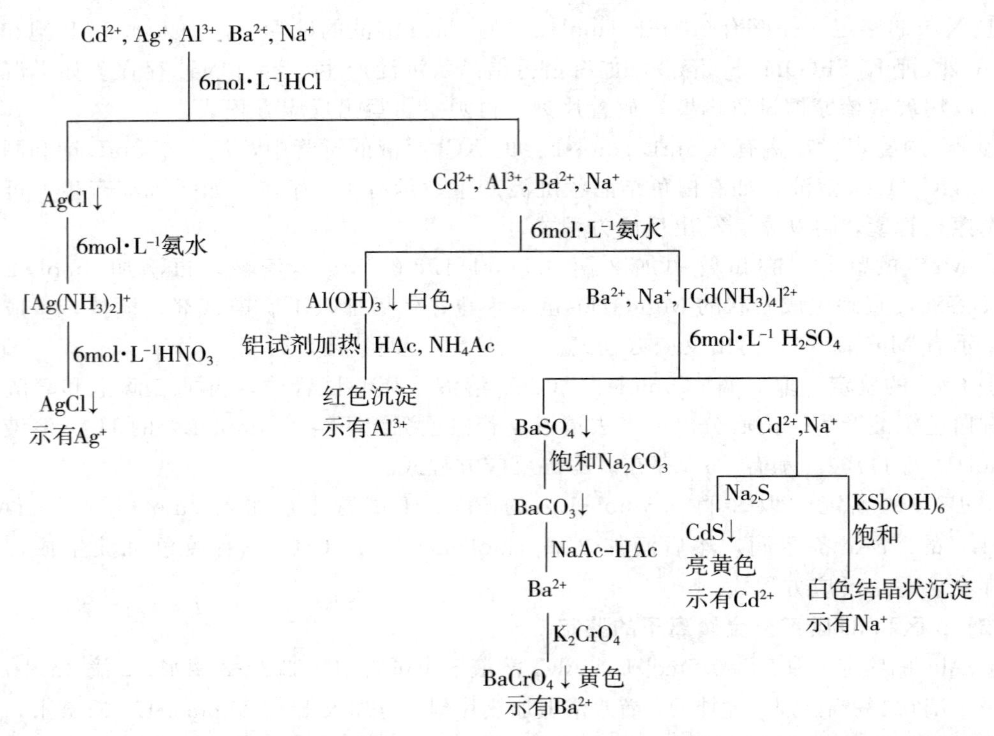

① Ag^+ 的分离和鉴定　在混合试液中加 1 滴 6mol·L^{-1} 的盐酸，剧烈搅拌，在沉淀生成时再滴加 1 滴 6mol·L^{-1} 的盐酸至沉淀完全，搅拌片刻，离心分离，把清液转移到另一支离心试管中，按步骤(3) ②处理。沉淀用 1 滴 6mol·L^{-1} 的盐酸和 10 滴蒸馏水洗涤，离心分离，洗涤液并入上面的清液中。在沉淀上加入 2～3 滴 6mol·L^{-1} 的氨水，搅拌，使它溶解，在所得清液中加入 1～2 滴 6mol·L^{-1} 的 HNO_3 溶液酸化，有白色沉淀析出，示有 Ag^+ 存在。写出反应方程式。

② Al^{3+} 的分离和鉴定　往步骤(3) ①的清液中滴加 6mol·L^{-1} 的氨水至显碱性，搅拌片刻，离心分离，把清液转移到另一支离心试管中，按步骤(3) ③处理。沉淀中加入 2mol·L^{-1} 的 HAc 和 2mol·L^{-1} 的 NaAc 各 2 滴，再加入 2 滴铝试剂，搅拌后微热之，产生红色沉淀，示有 Al^{3+} 存在。写出反应方程式。

③ Ba^{2+}的分离和鉴定　在步骤(3) ②的清液中滴加 $6mol \cdot L^{-1}$的 H_2SO_4溶液至产生白色沉淀，再过量 2 滴，搅拌片刻，离心分离，把清液转移到另一支试管中，按步骤(3) ④处理。沉淀用 10 滴热蒸馏水洗涤，离心分离，清液并入上面的清液中。在沉淀中加入饱和 Na_2CO_3溶液 3～4 滴，搅拌片刻，再加入 $2mol \cdot L^{-1}$的 HAc 溶液和 $2mol \cdot L^{-1}$的 NaAc 溶液各 3 滴，搅拌片刻，然后加入 1～2 滴 $1mol \cdot L^{-1}$的 K_2CrO_4溶液，产生黄色沉淀，示有 Ba^{2+}存在。写出反应方程式。

④ Cd^{2+}、Na^+的分离和鉴定　取少量步骤(3) ③的清液于一支试管中，加入 2～3 滴 $0.5mol \cdot L^{-1}$的 Na_2S溶液，产生亮黄色沉淀，示有 Cd^{2+}存在。写出反应方程式。

另取少量步骤(3) ③的清液于另一支试管中，加入几滴饱和酒石酸锑钾溶液，产生白色结晶状沉淀，示有 Na^+存在。写出反应方程式。

【注意事项】

(1) 在一般情况下，为了沉淀完全，加入的沉淀剂只需比理论计量过量 20%～50%。沉淀剂过量太多，会有较强盐效应、配合物生成等副反应，反而增大沉淀的溶解度。

(2) 部分混合离子的分离和鉴定实验中，其混合液由以下几种溶液组成：$AgNO_3$，$Cd(NO_3)_2$，$Al(NO_3)_3$，$Ba(NO_3)_2$，$NaNO_3$。

【思考题】

(1) 溶解 $CaCO_3$、$BaCO_3$沉淀时，为什么用 HAc 而不用 HCl 溶液？

(2) 用 $K_4[Fe(CN)_6]$ 检出 Cu^{2+} 时，为什么要用 HAc 酸化溶液？

(3) 在未知溶液分析中，当由碳酸盐制取铬酸盐沉淀时，为什么必须用乙酸溶液去溶解碳酸盐沉淀，而不用强酸如盐酸去溶解？

(4) 在用硫代乙酰胺从离子混合试液中沉淀 Cd^{2+}、Hg^{2+}、Bi^{3+}、Pb^{2+}等时，为什么要控制溶液的酸度为 $0.3mol \cdot L^{-1}$？酸度太高或太低对分离有何影响？控制酸度为什么用盐酸而不用硝酸？在沉淀过程中，为什么还要加水稀释溶液？

(5) 选用一种试剂区别下列四种溶液：KCl，$Cd(NO_3)_2$，$AgNO_3$，$ZnSO_4$。

(6) 选用一种试剂区别下列四种离子：Cu^{2+}，Zn^{2+}，Hg^{2+}，Cd^{2+}。

(7) 用一种试剂分离下列各组离子：

①Zn^{2+}和 Cd^{2+}，②Zn^{2+}和 Al^{3+}，③Cu^{2+}和 Hg^{2+}，④Zn^{2+}和 Cu^{2+}，⑤Zn^{2+}和 Sb^{3+}。

(8) 如何把 $BaSO_4$转化为 $BaCO_3$？与 Ag_2CrO_4转化为 AgCl 相比，哪一种转化比较容易？为什么？

实验40　常见阳离子的分离与鉴定（二）

【实验目的】

(1) 了解常见阳离子的基本性质及其鉴定和分离方法。

(2) 了解常见阳离子混合液的检出及分离方法和相关操作。

(3) 巩固对常见金属元素及其化合物性质的认识。

(4) 学习混合离子分离的方法，进一步巩固离子鉴定的条件和方法。

(5) 熟悉 Ag、Pb、Cu、Fe 的化学性质。

【实验原理】

离子混合溶液中诸组分若对鉴定不产生干扰，便可以利用特征反应直接鉴定某种离子。若共存的其他组分彼此干扰，就要选择适当的方法消除干扰。通常采用掩蔽剂消除干扰，这是一种比较简单、有效的方法。但在很多情况下，没有合适的掩蔽剂，就需要将彼此干扰组分分离。沉淀分离法是最经典的分离方法。这种方法是向混合溶液中加入适当的沉淀剂，利用所形成的化合物溶解度的差异，使被鉴定组分与干扰组分分离。常用的沉淀剂有 HCl、H_2SO_4、NaOH、$NH_3 \cdot H_2O$、$(NH_4)_2CO_3$及$(NH_4)_2S$溶液等。由于元素在周期表中的位置使相邻元素在化学性质上表现出相似性，因此一种沉淀剂往往使具有相似性质的元素同时产生沉淀。这种沉淀剂称为产生沉淀的元素的组试剂。组试剂将元素划分为不同的组，逐渐达到分离的目的。

绝大多数 Pb(Ⅱ) 的化合物难溶于水。例如，Pb^{2+} 与 Cl^-，Br^-，NCS^-，F^-，I^-，SO_4^{2-}，CO_3^{2-} 和 CrO_4^{2-} 形成的化合物都难溶于水，它们在水中的溶解度按上述顺序依次减小。其中有些难溶的铅盐可以通过形成配合物而溶解。$PbCl_2$ 在冷水中溶解度小，但溶于热水中。

本次实验学习熟练运用 Ag^+、Pb^{2+}、Cu^{2+} 和 Fe^{3+} 的化学性质，进行分离和鉴定。其实验方案设计如下：

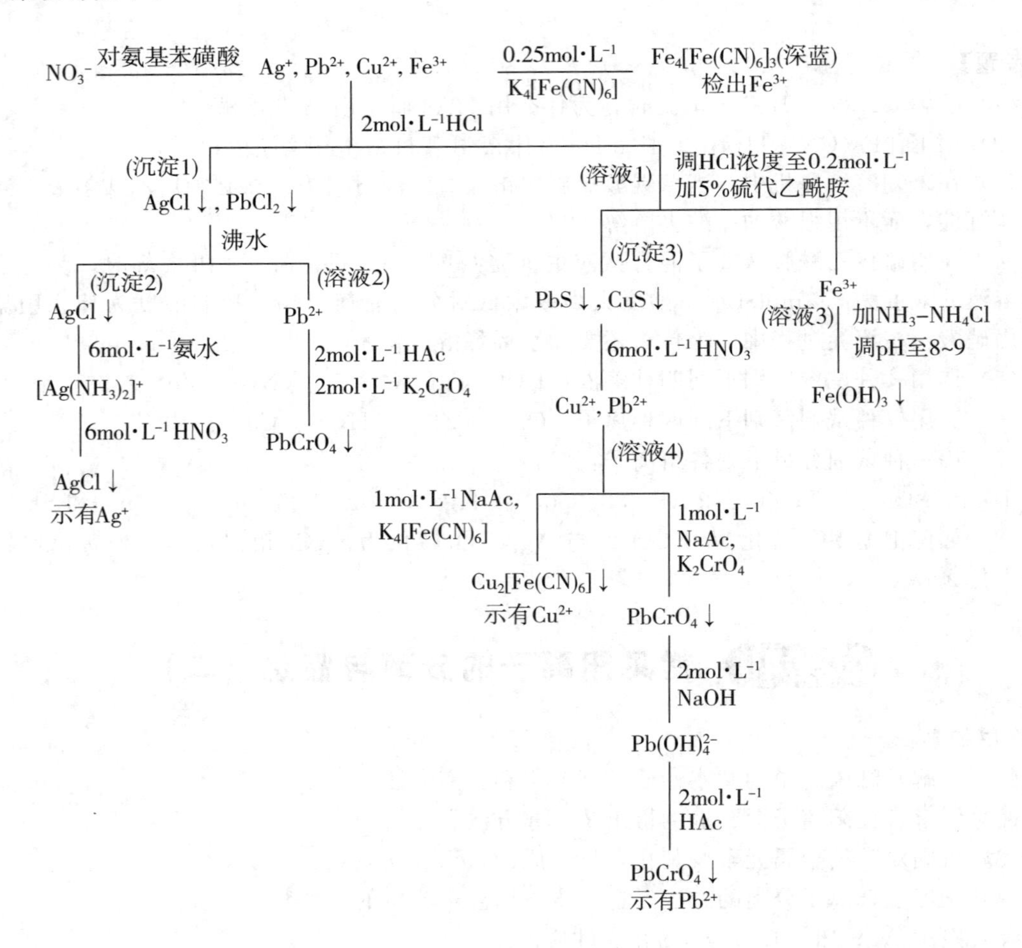

【仪器和试剂】

(1) 仪器

离心机，离心试管，烧杯，点滴板，试管夹，玻璃棒，pH试纸等。

(2) 试剂

锌粉(s)，亚硫酸钠(s)，Ag^+、Pb^{2+}、Cu^{2+}、Fe^{3+}混合溶液(四种盐都是硝酸盐，其浓度均为$10mg \cdot mL^{-1}$)，$2mol \cdot L^{-1}$的HAc，$6mol \cdot L^{-1}$的HAc，对氨基苯磺酸溶液(0.5g对氨基苯磺酸溶于150mL $2mol \cdot L^{-1}$的HAc中)，α-萘胺溶液，$0.25mol \cdot L^{-1}$ $K_4[Fe(CN)_6]$，$2mol \cdot L^{-1}$ HCl，$2mol \cdot L^{-1}$ K_2CrO_4，$2mol \cdot L^{-1}$ NaOH，$6mol \cdot L^{-1}$ $NH_3 \cdot H_2O$，$6mol \cdot L^{-1}$ HNO_3，浓HNO_3，5%硫代乙酰胺，饱和NH_4Cl，$1mol \cdot L^{-1}$ NaAc。

【实验步骤】

(1) NO_3^-的鉴定

取3滴混合试液，加$6mol \cdot L^{-1}$的HAc溶液酸化后用玻璃棒取少量锌粉加入试液，搅拌均匀，使溶液中NO_3^-还原为NO_2^-。加对氨基苯磺酸与α-萘胺溶液各一滴，有何现象？

取混合溶液20滴，放入离心试管并按以下实验步骤进行分离和鉴定。

(2) Fe^{3+}的鉴定

取一滴试液加到白色点滴板凹穴，加$0.25mol \cdot L^{-1}$ $K_4[Fe(CN)_6]$一滴。观察沉淀的生成和颜色，该物质是何沉淀？

(3) Ag^+、Pb^{2+}和Cu^{2+}、Fe^{3+}的分离及Ag^+、Pb^{2+}的分离和鉴定

向余下试液中滴加4滴$2mol \cdot L^{-1}$的HCl，充分振动，静置片刻，离心沉降，向上层清液中加$2mol \cdot L^{-1}$的HCl溶液以检查沉淀是否完全。吸出上层清液，编号溶液1。用$2mol \cdot L^{-1}$ HCl溶液洗涤沉淀，编号沉淀1。观察沉淀的生成和颜色，写出反应方程式。

① Pb^{2+}和Ag^+的分离及Pb^{2+}的鉴定　向沉淀1中加6滴水，在沸水浴中加热3min以上，并不时搅动。待沉淀（沉淀2）沉降后，吸出上层清液，编号溶液2。趁热取溶液2三滴于黑色点滴板上，加$2mol \cdot L^{-1}$的K_2CrO_4和$2mol \cdot L^{-1}$的HAc溶液各1滴，有什么生成？加$2mol \cdot L^{-1}$的NaOH溶液后又怎样？再加$6mol \cdot L^{-1}$的HAc溶液又如何？

② Ag^+的鉴定　向沉淀2中加少量$6mol \cdot L^{-1}$的$NH_3 \cdot H_2O$，沉淀是否溶解？再加入$6mol \cdot L^{-1}$的HNO_3，沉淀重新生成。观察沉淀的颜色，并写出反应方程式。

(4) Pb^{2+}、Cu^{2+}和Fe^{3+}的分离及Pb^{2+}、Cu^{2+}的分离和鉴定

用$6mol \cdot L^{-1}$的氨水将溶液1的酸度调至中性(加氨水3～4滴)，再加入体积约为此时溶液1/10的$2mol \cdot L^{-1}$的HCl溶液(3～4滴)，将溶液的酸度调至$0.2mol \cdot L^{-1}$。加15滴5% CH_3CSNH_2，混匀后水浴加热15min。然后稀释一倍再加热数分钟。静置冷却，离心沉降。向上层清液中加新制H_2S溶液检查沉淀是否完全。沉淀（沉淀3）完全后离心分离，分离后溶液为溶液3。用饱和NH_4Cl溶液洗涤沉淀。在溶液3中逐滴加入$6mol \cdot L^{-1}$的$NH_3 \cdot H_2O$，调pH为8～9，观察沉淀的生成和颜色。

① Cu^{2+}、Pb^{2+}的分离　向沉淀3中加入浓硝酸(4～5滴)，加热搅拌，使之全部溶解，所得溶液编号为溶液4。用玻璃棒将产物单质S弃去。取1滴溶液4于白色点滴板上，加$1mol \cdot L^{-1}$的NaAc和$0.25mol \cdot L^{-1}$的$K_4[Fe(CN)_6]$各1滴，有何现象？

② Pb^{2+}的鉴定　取3滴溶液4于黑色点滴板上，加1滴$1mol \cdot L^{-1}$的NaAc和1滴$1mol \cdot L^{-1}$的K_2CrO_4，有什么变化？如果没有变化，请用玻璃棒摩擦。加入$2mol \cdot L^{-1}$的NaOH后，再加$2mol \cdot L^{-1}$的HAc，有什么变化？

【思考题】

（1）Pb^{2+}的鉴定有可能现象不明显，为什么？请查阅不同温度时$PbCl_2$在水中的溶解度并做出解释。

（2）每次洗涤沉淀所用洗涤剂都有所不同，例如洗涤AgCl、$PbCl_2$沉淀用HCl溶液（$2mol \cdot L^{-1}$），洗涤PbS、HgS、CuS沉淀用NH_4Cl溶液（饱和），洗涤HgS用蒸馏水，为什么？

（3）设计分离和鉴定下列混合离子的方案。

① Ag^+，Cu^{2+}，Al^{3+}，Fe^{3+}，Ba^{2+}，Na^+。

② Pb^{2+}，Mn^{2+}，Zn^{2+}，Co^{2+}，Ba^{2+}，K^+。

9

综合实验和设计实验

为了切实培养学生灵活运用所学理论及实验知识解决基础化学实际问题的能力，也为他们今后从事实际工作和开展科学研究打下良好基础，我们在无机化学基础实验的基础上，选择了综合实验和设计实验。

综合实验主要培养学生综合利用无机化学及分析化学的基本原理，无机化学和分析化学实验基本技能使学生开展实验室研究，系统培养学生实验设计、实验操作、数据处理等多项实验室研究技能。

设计实验主要培养学生应用无机化学和分析化学基本理论及实验技能解决实际问题的能力，主要学习文献查阅、文献分析、设计实验、完成实验等分析和解决实际问题的综合能力。

实验41　四氧化三铅组成的测定

【实验目的】

(1) 掌握测定 Pb_3O_4 组成的基本原理。

(2) 熟悉碘量法原理、方法及基本操作。

(3) 熟悉用 EDTA 标准溶液测定溶液中金属离子浓度的原理、方法及基本操作。

【实验原理】

Pb_3O_4 为红色粉末状固体，俗称铅丹或红丹。该物质为混合价态氧化物，其化学式可写成 $2PbO \cdot PbO_2$，式中氧化数为 +2 的铅占 2/3，而氧化数为 +4 的铅占 1/3。根据其结构，Pb_3O_4 应为铅酸盐 Pb_2PbO_4。Pb_3O_4 与 HNO_3 反应时，由于 PbO_2 的生成，固体的颜色很快从红色变为棕黑色：

$$Pb_3O_4 + 4HNO_3 \longrightarrow PbO_2 + 2Pb(NO_3)_2 + 2H_2O$$

很多金属离子均能与螯合剂 EDTA 生成 1∶1 的稳定螯合物，以 +2 价金属离子 M^{2+} 为例，其反应如下：

$$M^{2+} + EDTA^{4-} \longrightarrow [M(EDTA)]^{2-}$$

因此，只要控制溶液的 pH，选用适当的指示剂，就可用 EDTA 标准溶液对溶液中的特定金属离子进行定量测定。本实验中 Pb_3O_4 经 HNO_3 作用分解后生成的 Pb^{2+}，可用六亚甲基四胺控制溶液的 pH 为 5～6，以二甲酚橙为指示剂，用 EDTA 标准液进行测定。

PbO_2 是种很强的氧化剂，在酸性溶液中，它能定量地氧化溶液中的 I^-：

$$PbO_2 + 4I^- + 4HAc \longrightarrow PbI_2 + I_2 + 2H_2O + 4Ac^-$$

从而可用碘量法来测定所生成的 PbO_2。

【仪器和试剂】

(1) 仪器

电子分析天平，台秤，称量瓶，干燥器，量筒(10mL、100mL)，烧杯(50mL)，锥形瓶(250mL)，吸滤瓶，布氏漏斗，酸式滴定管(50mL)，碱式滴定管(50mL)，洗瓶，真空泵，滤纸，pH 试纸。

(2) 试剂

四氧化三铅(AR)，碘化钾(AR)，HNO_3($6mol \cdot L^{-1}$)，EDTA 标准溶液($0.01mol \cdot L^{-1}$)，$Na_2S_2O_3$ 标准溶液($0.01mol \cdot L^{-1}$)，NaAc-HAc(1∶1) 混合液，$NH_3 \cdot H_2O$(1∶1)，六亚甲基四胺(20%)，淀粉(2%)，二甲酚橙指示剂。

【实验步骤】

(1) Pb_3O_4 的分解

用差减法准确称取干燥的 Pb_3O_4 0.5～0.6g 置于 50mL 小烧杯中，同时加入 2.0mL $6mol \cdot L^{-1}$ HNO_3 溶液，用玻璃棒搅拌，使之充分反应，可以看到红色的 Pb_3O_4 很快变为棕黑色的 PbO_2。接着通过抽滤将反应产物进行固液分离，用蒸馏水少量多次地洗涤固体，保留滤液 A 及固体 B 供下面实验用。

(2) PbO 含量的测定

把滤液 A 全部转入锥形瓶中，向其中加入 4～6 滴二甲酚橙指示剂，并逐滴加入 1∶1 氨水至溶液由黄色变为橙色，再加 20% 的六亚甲基四胺至溶液呈稳定的紫红色，再加入过量六亚甲基四胺 5.0mL 左右，使溶液的 pH 为 5～6。然后用 EDTA 标准液滴定至溶液由紫红色变为亮黄色，即为终点。记下所消耗 EDTA 溶液的体积。

(3) PbO_2 含量的测定

将固体 B 连同滤纸一并置于另一锥形瓶中，往其中依次加入 30.0mL NaAc-HAc 混合液，0.8g KI 固体，晃动锥形瓶使 PbO_2 全部反应，反应后溶液应为棕色透明液体。以 $Na_2S_2O_3$ 标准溶液滴定至溶液呈淡黄色时，加入 1.0mL 2% 淀粉溶液，继续滴定至溶液蓝色刚好褪去为止，记下所用去的 $Na_2S_2O_3$ 溶液的体积。

【注意事项】

由上述实验可以计算出试样中 +2 价铅与 +4 价铅的物质的量之比以及 Pb_3O_4 在试样中的质量分数，本实验要求 +2 价铅与 +4 价铅物质的量之比为 2±0.05，Pb_3O_4 在试样中的质量分数应大于或等于 95% 方为合格。

【思考题】

(1) 能否加其他酸如 H_2SO_4 或 HCl 溶液使 Pb_3O_4 分解，为什么？

(2) 从实验结果分析可能产生误差的主要原因。

(3) PbO_2 氧化 I^- 需在酸性介质中进行，能否加 HNO_3 或 HCl 溶液以替代 HAc，为什么？

(4) 自行设计另外一个实验，以测定 Pb_3O_4 的组成。

实验42 十二钨磷酸和十二钨硅酸的制备——乙醚萃取法制备多酸

【实验目的】

(1) 掌握制备十二钨磷酸和十二钨硅酸的原理及方法。

(2) 熟悉萃取分离基本操作。

【实验原理】

钨和钼在化学性质上的显著特点之一是在一定条件下易自聚或与其他元素聚合形成多酸或多酸盐。由同种含氧酸根离子缩合形成的阴离子称同多酸阴离子，其酸称同多酸。由不同种类的含氧酸根阴离子缩合形成的阴离子称杂多酸阴离子，其酸称杂多酸。到目前为止，人们已经发现元素周期表中近 70 种元素可以参与到多酸化合物组成中来。多酸在催化化学、药物化学、功能材料等诸多方面的研究都取得了突破性进展。我国是国际上五个多酸研究中心(美国、中国、俄罗斯、法国和日本）之一。1862 年 J. Berzerius 首次合成了多酸盐 12-钼磷酸铵$(NH_4)_3PMo_{12}O_{40} \cdot nH_2O$。1934 年英国化学家 J. F. Keggin 采用 X 射线粉末衍射技术成功测定了十二钨磷酸的分子结构。$[PW_{12}O_{40}]^{3-}$ 是具有 Keggin 结构的杂多酸化合物的典型代表。

钨、磷、硅等元素的简单化合物在溶液中经过酸化缩合便可生成相应的十二钨磷酸根离子、十二钨硅酸根离子：

$$12WO_4^{2-} + HPO_4^{2-} + 23H^+ \longrightarrow [PW_{12}O_{40}]^{3-} + 12H_2O$$

$$12WO_4^{2-} + SiO_3^{2-} + 22H^+ \longrightarrow [SiW_{12}O_{40}]^{4-} + 11H_2O$$

在反应过程中，H^+ 与 WO_4^{2-} 中的氧结合形成 H_2O 分子，在十二钨磷酸分子结构中，钨原子之间通过共享氧原子形成多核簇状结构的杂多酸阴离子，该阴离子与反荷离子 H^+ 结合，则得到相应的杂多酸。采用乙醚萃取法制备十二钨磷酸和十二钨硅酸，是一经典的方法。向反应体系中加入乙醚并酸化，经乙醚萃取后液体分三层，上层是溶有少量杂多酸的醚，中间是氯化钠、盐酸和其他物质的水溶液，下层是油状的杂多酸醚合物。收集下层，将醚蒸发，即可析出杂多酸晶体。

【仪器和试剂】

(1) 仪器

台秤，磁力加热搅拌器，烧杯(100mL、250mL)，滴液漏斗(100mL)，分液漏斗(250mL)，蒸发皿，水浴锅。

(2) 试剂

二水合钨酸钠，磷酸氢二钠，九水合硅酸钠，HCl($6mol \cdot L^{-1}$、浓)，乙醚，H_2O_2(3%)。

【实验步骤】

(1) 十二钨磷酸的制备

取 25.0g 二水合钨酸钠和 4.0g 磷酸氢二钠溶于 150mL 热水中，溶液稍呈浑浊状。加热搅拌条件下向该溶液中缓慢加入 25.0mL 浓 HCl 至溶液澄清，继续加热 30s。若溶液呈现蓝色，是由于钨(Ⅵ) 被还原，需向溶液中滴加 3%过氧化氢至蓝色褪去，冷却至室温。

将烧杯中的溶液和析出的少量固体一并转移至分液漏斗中。向分液漏斗中加入 35.0mL 乙醚，再分 3～4 次加入 10.0mL 6mol·L^{-1}盐酸，振荡烧杯以防止气流将液体带出，随后静置至液体分为三层。分离并收集下层油状醚合物置于蒸发皿中。在 250mL 烧杯中加开水作为热源，将蒸发皿置于烧杯上水浴蒸发乙醚(小心！醚易燃) 直至液体表面出现晶膜。由于乙醚有毒性，蒸发乙醚过程应在通风橱内进行。若在蒸发过程中，液体变蓝，则需滴加少许 3%过氧化氢至蓝色褪去。将蒸发皿放在通风处(注意，防止落入灰尘)，使乙醚在空气中渐渐挥发掉，即可得到白色或浅黄色十二钨磷酸固体。

(2) 十二钨硅酸的制备

称取二水合钨酸钠 25.0g 溶于 50.0mL 水中，置于磁力加热搅拌器上猛烈地搅拌 2min，然后加入 1.88g 九水合硅酸钠，将混合物加热至沸，从滴液漏斗中以每秒 1～2 滴的速度向其中加入盐酸至溶液 pH 为 2.0，继续加热 30min 左右。将混合物冷却，冷却后的溶液全部转移至分液漏斗中，首先向其中加入乙醚(约为混合液体积的 1/2)，然后分 4 次向其中加入 10.0mL 浓盐酸，充分振荡后静置，分层，将下层醚合物分出置于蒸发皿中，加水 4.0mL，水浴蒸发，结晶，抽滤，即可得到产品。

【注意事项】

(1) 由于十二钨磷酸易被还原，也可用以下方法提取：用水洗分出油状液体，并加少量乙醚，再分三层。将下层分出，用电吹风吹入干净的空气(防止尘埃使之还原) 以除去乙醚。将析出的晶体移至玻璃板上，在空气中直接干燥至乙醚消失为止。

(2) 乙醚沸点低，挥发性强，燃点低，易燃、易爆，因此，在使用时一定要注意安全。

【思考题】

(1) 十二钨磷酸、十二钨硅酸较易被还原，与橡胶、纸张、塑料等有机物质接触，甚至与空气中灰尘接触时，均易被还原为杂多酸。因此，在制备过程中要注意哪些问题？

(2) 通过实验总结乙醚萃取法制多酸的方法。

实验43 铬(Ⅲ)配合物的制备和分裂能的测定

【实验目的】

(1) 了解不同配体对配合物中心离子 d 轨道能级分裂的影响。

(2) 学习铬(Ⅲ)配合物的制备方法。

(3) 了解配合物电子光谱的测定与绘制。

(4) 了解配合物分裂能的测定。

【实验原理】

晶体场理论认为，过渡金属离子形成配合物时，在配位场作用下，中心离子的 d 轨道发生能级分裂。配体与中心离子形成的配合物的对称性不同，能级分裂的方式和分裂能的大小也不同。在八面体配位场中，5个简并的d轨道分裂为2个能量较高的e_g轨道和3个能量较低的t_{2g}轨道。e_g轨道和t_{2g}轨道间的能量差称为分裂能，通常用Δ_o或10 Dq表示。中心离子确定，分裂能的大小主要取决于配体配位场的强弱。

配合物的分裂能可通过测定其电子光谱求得。对于中心离子价层电子构型为$d^1\sim d^9$的配合物，用分光光度计在不同波长下测其溶液的吸光度，以吸光度对波长作图即得到配合物的电子光谱。由电子光谱上相应吸收峰所对应的波长可以计算出分裂能Δ_o，计算公式如下：

$$\Delta_o=\frac{1}{\lambda}\times10^7$$

式中，λ为波长，nm；Δ_o为分裂能，cm^{-1}。对于d电子数不同的配合物，其电子光谱不同，计算Δ_o的方法也不同。例如，中心离子价层电子构型为$3d^1$的$[Ti(H_2O)_6]^{3+}$，只有一种d-d跃迁，其电子光谱在493nm处有1个吸收峰，其分裂能为$20300cm^{-1}$。本实验中，中心离子Cr^{3+}的价层电子构型为$3d^3$，有3种d-d跃迁，相应地在电子光谱上应有3个吸收峰，但实验中往往只能测得2个明显的吸收峰，第3个吸收峰则被强烈的电荷迁移吸收所覆盖。配体场理论研究结果表明，对于八面体场中d^3电子构型的配合物，在电子光谱中先应确定最大波长的吸收峰所对应的波长λ_{max}，然后代入上述公式求其分裂能Δ_o。

对于相同中心离子的配合物，按其Δ_o的相对大小将配位体排序，即得到光谱化学序列。

【仪器和试剂】

(1) 仪器

V5000型分光光度计，电子分析天平，台秤，烧杯(25mL)，研钵，蒸发皿，比色皿，量筒(10mL)，微型漏斗，吸滤瓶，表面皿，坐标纸。

(2) 试剂

草酸，草酸钾，重铬酸钾，硫酸铬钾，乙二胺四乙酸二钠，三氯化铬，丙酮。

【实验步骤】

(1) 铬(Ⅲ)配合物的合成

在10.0mL水中溶解0.6g草酸钾和1.4g草酸。再慢慢加入0.5g研细的重铬酸钾并不断搅拌，待反应完毕后，蒸发溶液近干，使晶体析出。冷却后用微型漏斗及吸滤瓶过滤，并用丙酮洗涤晶体，得到暗绿色的$K_3[Cr(C_2O_4)_3]\cdot3H_2O$晶体，在烘箱内于110℃下烘干。

(2) 铬(Ⅲ)配合物溶液的配制

$K_3[Cr(C_2O_4)_3]\cdot3H_2O$溶液的配制：在分析天平上称取0.02g $K_3[Cr(C_2O_4)_3]\cdot3H_2O$晶体，溶于10.0mL去离子水，得待测液A。

$K[Cr(H_2O)_6](SO_4)_2$溶液的配制：在分析天平上称取0.08g硫酸铬钾，溶于10.0mL去离子水中，得待测液B。

$[Cr(EDTA)]^-$溶液的配制：在分析天平上称取0.01g EDTA溶于10.0mL水中，加热使其溶解，然后加入0.01g三氯化铬，稍加热，得到紫色的$[Cr(EDTA)]^-$溶液，得待测液C。

(3) 配合物电子光谱的测定

在360～700nm波长范围内，用2cm厚度的比色皿，以去离子水为参比液，分别测定上述配合物待测液A、B和C的吸光度A。每隔10nm测定一组数据，当出现吸收峰(即吸光度A出现极大值）时可适当缩小波长间隔，增加测定次数。每改变一次波长，均需用参比溶液进行仪器校正。

(4) 数据处理

① 不同波长下各配合物的吸光度见表9-1。

表9-1 数据记录表

波长/nm	$[Cr(C_2O_4)]^{3-}$	$[Cr(H_2O)_6]^{3+}$	$[Cr(EDTA)]^-$
360			
…			
…			
…			
700			

② 以波长λ为横坐标，各待测液的吸光度A为纵坐标作图，即得各配合物的电子光谱。

③ 从电子光谱上确定最大波长λ_{max}吸收峰所对应的波长，并按下式计算各配合物的晶体场分裂能Δ_o：

$$\Delta_o = \frac{1}{\lambda_{max}} \times 10^7$$

④ 将得到的Δ_o数值与理论值进行对比。

【思考题】

(1) 配合物中心离子的d轨道在八面体场中如何分裂？写出Cr(Ⅲ)八面体配合物中Cr^{3+}的d电子排布式。

(2) 晶体场分裂能的大小主要与哪些因素有关？

(3) 写出$C_2O_4^{2-}$、H_2O、EDTA在光谱化学序列中的前后顺序。

(4) 本实验中配合物的浓度是否影响Δ_o的测定？

实验44 三草酸合铁(Ⅲ)酸钾的制备、组成测定及表征

【实验目的】

(1) 掌握配合物制备的一般方法。

(2) 掌握用$KMnO_4$法测定$C_2O_4^{2-}$与Fe^{3+}的原理和方法。

(3) 综合训练无机合成、滴定分析的基本操作。

(4) 掌握确定配合物组成的原理和方法。

(5) 了解表征配合物结构的方法。

【实验原理】

(1) 制备

三草酸合铁(Ⅲ)酸钾$K_3[Fe(C_2O_4)_3]\cdot 3H_2O$为翠绿色单斜晶体，在水中溶解度0℃下

为4.7g/100g H_2O，100℃下为117.7g/100g H_2O，难溶于乙醇，110℃下失去结晶水，230℃分解。该配合物对光敏感，遇光照射即发生分解：

$$2K_3[Fe(C_2O_4)_3] \longrightarrow 3K_2C_2O_4 + 2FeC_2O_4 + 2CO_2\uparrow$$

三草酸合铁(Ⅲ)酸钾是制备负载型活性铁催化剂的主要原料，也是一些有机反应的良好催化剂，在工业上具有一定的应用价值。其合成工艺路线有多种。例如，可用三氯化铁或硫酸铁与草酸钾直接合成三草酸合铁(Ⅲ)酸钾，也可以铁为原料制得硫酸亚铁铵，加草酸制得草酸亚铁后，在过量草酸根离子存在下用过氧化氢氧化制得三草酸合铁(Ⅲ)酸钾。

本实验以硫酸亚铁铵为原料，采用后一种方法制得本产品。其反应方程式如下：

$$(NH_4)_2Fe(SO_4)_2\cdot 6H_2O + H_2C_2O_4 \longrightarrow FeC_2O_4\cdot 2H_2O\ (\text{黄色}) + (NH_4)_2SO_4 + H_2SO_4 + 4H_2O$$

$$6FeC_2O_4\cdot 2H_2O + 3H_2O_2 + 6K_2C_2O_4 \longrightarrow 4K_3[Fe(C_2O_4)_3]\cdot 3H_2O + 2Fe(OH)_3$$

加入适量草酸可使 $Fe(OH)_3$ 转化为三草酸合铁(Ⅲ)酸钾：

$$2Fe(OH)_3 + 3H_2C_2O_4 + 3K_2C_2O_4 \longrightarrow 2K_3[Fe(C_2O_4)_3]\cdot 3H_2O$$

加入乙醇，放置即可析出产物的结晶。

(2) 产物的定性分析

产物组成的定性分析，采用化学分析和红外吸收光谱法。K^+ 与 $Na_3[Co(NO_2)_6]$ 在中性或稀乙酸介质中，生成亮黄色 $K_2Na[Co(NO_2)_6]$ 沉淀：

$$2K^+ + Na^+ + [Co(NO_2)_6]^{3-} = K_2Na[Co(NO_2)_6]\ (s)$$

Fe^{3+} 与 KSCN 反应生成血红色 $Fe(NCS)_n^{3-n}$，$C_2O_4^{2-}$ 与 Ca^{2+} 生成白色沉淀 CaC_2O_4，可以判断 Fe^{3+}、$C_2O_4^{2-}$ 处于配合物的内界还是外界。

草酸根离子和结晶水可通过红外光谱分析确定其存在。草酸根离子形成配合物时，红外吸收的振动频率(波数)和谱带归属见表9-2。

表9-2 红外吸收的振动频率(波数)和谱带归属

波数/cm^{-1}	谱带归属
1712，1677，1649	羰基 C═O 的伸缩振动吸收带
1390，1270，1255，885	C—O 伸缩及 O—C═O 弯曲振动
797，785	O—C═O 弯曲及 M—O 键的伸缩振动
528	C—C 的伸缩振动吸收带
498	环变形 O—C═O 弯曲振动
366	M—O 伸缩振动吸收带

结晶水的吸收带在3550～3200cm^{-1}，一般在3450cm^{-1}附近。通过与红外谱图的对照，可以得出定性分析结果。

(3) 产物的定量分析

用 $KMnO_4$ 法测定产品中的 Fe^{3+} 含量和 $C_2O_4^{2-}$ 含量，并确定 Fe^{3+} 和 $C_2O_4^{2-}$ 的配位比。在酸性介质中，用 $KMnO_4$ 标准溶液滴定试液中的 $C_2O_4^{2-}$，根据 $KMnO_4$ 标准溶液的消耗量可直接计算出 $C_2O_4^{2-}$ 的含量，其反应式为：

$$5C_2O_4^{2-} + 2MnO_4^- + 16H^+ \longrightarrow 10CO_2\uparrow + 2Mn^{2+} + 8H_2O$$

在上述测定草酸根后剩余的溶液中，用锌粉将 Fe^{3+} 还原为 Fe^{2+}，再用 $KMnO_4$ 标准溶

液滴定 Fe^{2+}，其反应为：

$$Zn + 2Fe^{3+} \longrightarrow 2Fe^{2+} + Zn^{2+}$$

$$5Fe^{2+} + MnO_4^- + 8H^+ \longrightarrow 5Fe^{3+} + Mn^{2+} + 4H_2O$$

根据 $KMnO_4$ 标准溶液的消耗量，可计算出 Fe^{3+} 的含量。根据 $n(Fe^{3+}):n(C_2O_4^{2-}) = \frac{w(Fe^{3+})}{55.8}:\frac{w(C_2O_4^{2-})}{88.0}$ 确定 Fe^{3+} 与 $C_2O_4^{2-}$ 的配位比。

(4) 产物的表征

通过对配合物磁化率的测定，可推算出配合物中心离子的未成对电子数，进而推断出中心离子外层电子的结构及配键类型。

【仪器和试剂】

(1) 仪器

台秤，电子分析天平，试管，烧杯(100mL、250mL)，量筒(10mL、100mL)，长颈漏斗，布氏漏斗，吸滤瓶，真空泵，表面皿，称量瓶，干燥器，烘箱，锥形瓶(250mL)，酸式滴定管(50mL)，磁天平，红外光谱仪，玛瑙研钵。

(2) 试剂

H_2SO_4(2mol·L^{-1})，$H_2C_2O_4$(1mol·L^{-1})，H_2O_2(w=0.03)，$(NH_4)_2Fe(SO_4)_2 \cdot 6H_2O$(s)，$K_2C_2O_4$(饱和)，KSCN(0.1mol·L^{-1})，$CaCl_2$(0.5mol·L^{-1})，$FeCl_3$(0.1mol·L^{-1})，$Na_3[Co(NO_2)_6]$，$KMnO_4$标准溶液(0.0200mol·L^{-1}，自行标定)，乙醇(w=0.95)，丙酮，锌粉。

【实验步骤】

(1) 三草酸合铁(Ⅲ)酸钾的制备

制备 $FeC_2O_4 \cdot 2H_2O$：称取 6.0g $(NH_4)_2Fe(SO_4)_2 \cdot 6H_2O$ 放入 250mL 烧杯中，加 1.5mL 2mol·L^{-1} H_2SO_4 和 20mL 去离子水，加热使其溶解。再称取 3.0g $H_2C_2O_4 \cdot 2H_2O$ 放到 100mL 烧杯中，加 30.0mL 去离子水微热，溶解后取出 22.0mL 倒入上述 250mL 烧杯中，加热搅拌至沸，并维持微沸 5min。静置，得到黄色 $FeC_2O_4 \cdot 2H_2O$ 沉淀。用倾析法倒出清液，用热去离子水洗涤沉淀 3 次，以除去可溶性杂质。

制备 $K_3[Fe(C_2O_4)_3] \cdot 3H_2O$：在上述洗涤过的沉淀中，加入 15mL 饱和 $K_2C_2O_4$ 溶液，水浴加热至 40℃，滴加 25mL w=0.03 的 H_2O_2 溶液，不断搅拌溶液并维持温度在 40℃左右。滴加完后，加热溶液至沸以除去过量的 H_2O_2。取适量上步配制的 $H_2C_2O_4$ 溶液趁热加入，使沉淀溶解至呈现翠绿色为止。冷却后加入 15mL w=0.95 的乙醇水溶液，在暗处放置使其结晶。减压过滤，抽干后用少量乙醇洗涤产品，继续抽干，称量，计算产率，并将晶体放在干燥器内避光保存。

(2) 产物的定性分析

K^+ 的鉴定：在试管中加入少量产物，用去离子水溶解，再加入 1.0mL $Na_3[Co(NO_2)_6]$ 溶液，放置片刻，观察现象。

Fe^{3+} 的鉴定：在试管中加入少量产物，用去离子水溶解。另取 1 支试管加入少量的 $FeCl_3$ 溶液。两支试管中各加入 2 滴 0.1mol·L^{-1} KSCN，观察现象。在装有产物溶液的试管中加入 3 滴 2mol·L^{-1} H_2SO_4，再观察溶液颜色有何变化，解释实验现象。

$C_2O_4^{2-}$ 的鉴定：在试管中加入少量产物，用去离子水溶解。另取 1 支试管加入少量

$K_2C_2O_4$ 溶液。两支试管中各加入 2 滴 0.5mol•L^{-1} $CaCl_2$溶液，观察实验现象有何不同。

用红外光谱鉴定 $C_2O_4^{2-}$ 与结晶水：取少量 KBr 晶体及小于 KBr 用量 1%的样品，在玛瑙研钵中研细，压片，在红外光谱仪上测定红外吸收光谱，将谱图的各主要谱带与标准红外光谱图对照，确定是否含有 $C_2O_4^{2-}$ 及结晶水。

(3) 产物组成的定量分析

结晶水含量的测定：洗净两个称量瓶，在 110℃电烘箱中干燥 1h，置于干燥器中冷却，至室温时在电子分析天平上称量。然后再放到 110℃电烘箱中干燥 0.5h，重复上述干燥、冷却、称量操作，直至质量恒定(两次称量相差不超过 0.3mg) 为止。

在电子分析天平上准确称取两份产品各 0.5～0.6g，分别放入上述质量恒定的两个称量瓶中。在 110℃电烘箱中干燥 1h，然后置于干燥器中冷却，至室温后，称量。重复上述干燥(改为 0.5h)、冷却、称量操作，直至质量恒定。根据称量结果计算产品中结晶水的质量分数。

草酸根含量的测定：在电子分析天平上准确称取两份产品(0.15～0.20g)，分别放入两个锥形瓶中，均加入 15mL 2mol•L^{-1} H_2SO_4和 15mL 去离子水，微热溶解，加热至75～85℃(即液面冒水蒸气)，趁热用 0.0200mol•L^{-1} $KMnO_4$标准溶液滴定至粉红色为终点(保留溶液待下一步分析使用)。根据消耗 $KMnO_4$溶液的体积，计算产物中 $C_2O_4^{2-}$ 的质量分数。

铁含量的测定：在上述保留的溶液中加入一小匙锌粉，加热近沸，直到黄色消失，将 Fe^{3+}还原为 Fe^{2+}即可。趁热过滤除去多余的锌粉，滤液收集到另一锥形瓶中，再用 5.0mL 去离子水洗涤漏斗，并将洗涤液也一并收集在上述锥形瓶中。继续用 0.0200mol•L^{-1} $KMnO_4$标准溶液进行滴定，至溶液呈粉红色。根据消耗 $KMnO_4$溶液的体积，计算 Fe^{2+}的质量分数。

根据以上的实验结果，计算 K^+的质量分数，推断出配合物的化学式。

(4) 配合物磁化率的测定

试样管的准备：洗涤磁天平的试样管时先用去离子水冲洗，再用酒精、丙酮各冲洗 1 次，用吹风机吹干或烘干即可。如果试样管中还有难以洗涤的固体难溶物或者油污，可用洗液洗涤后再重复如上洗涤步骤。

试样管的测定：在磁天平的挂钩上挂好试样管，并使其处于两磁极的中间，调节试样管的高度，使试样管底部对准电磁铁两极中心的连线(即磁场强度最强处)。在不加磁场的条件下称量试样管的质量。打开电源预热。用调节器旋钮慢慢调大输入电磁铁线圈的电流至 5.0A，在此磁场强度下测量试样管的质量。测量后，用调节器旋钮慢慢调小输入电磁铁的电流直至为零。记录测量温度。

标准物质的测定：从磁天平上取下空试样管，装入已研细的标准物质$(NH_4)_2Fe(SO_4)_2 \cdot 6H_2O$ 至刻度处，在不加磁场和加磁场的情况下测量标准物质和试样管的质量。取下试样管，倒出标准物，按以上步骤的要求洗净并干燥试样管。

试样的测定：取产品(约 2g) 在玛瑙研钵中研细，按照“标准物质的测定”的步骤及实验条件，在不加磁场和加磁场的情况下，测量试样和试样管的质量。测量后关闭电源及冷却水。测量误差的主要原因是装试样不均匀，因此需将试样一点一点地装入试样管，边装边在垫有橡皮板的台面上轻轻撞击试样管，并且还要注意每个试样填装的均匀程度、紧密状况应该一致。

(5) 数据处理

数据记录见表 9-3。

表 9-3　数据记录

测量物品	无磁场时的质量	加磁场后的质量	加磁场后 Δm
空试样管 m_0			
标准物质＋空试样管			
试样＋空试样管			

根据实验数据和标准物质的比磁化率计算试样的摩尔磁化率 X_m，近似得到试样的摩尔顺磁化率，计算出有效磁矩 μ_{eff}，求出试样 $K_3[Fe(C_2O_4)_3]\cdot 3H_2O$ 中心离子 Fe^{3+} 的未成对电子数 n，判断其外层电子结构是属于内轨型还是外轨型配合物，或判断此配合物中心离子的电子构型，形成高自旋还是低自旋配合物，草酸根离子是属于强场配体还是弱场配体。

【注意事项】

（1）$K_3[Fe(C_2O_4)_3]$ 溶液未达饱和，冷却时不析出晶体，可以继续加热蒸发浓缩，直至稍冷后表面出现晶膜。

（2）熟悉磁天平的使用方法。

【思考题】

（1）氧化 $FeC_2O_4\cdot 2H_2O$ 时，氧化温度控制在 40℃，不能太高，为什么？

（2）$KMnO_4$ 滴定 $C_2O_4^{2-}$ 时，要加热，又不能使温度太高(75～85℃)，为什么？

实验45　三氯化六氨合钴(Ⅲ)的制备及其实验式的确定

【实验目的】

（1）掌握三氯化六氨合钴(Ⅲ)的制备原理及其组成的测定方法。

（2）通过测量摩尔电导值，学习确定三氯化六氨合钴(Ⅲ)实验式的方法。

（3）加深理解配合物的形成对三价钴稳定性的影响。

【实验原理】

酸性介质中，二价钴盐比三价钴盐稳定；而大多数三价钴配合物比二价钴配合物稳定。因此，常采用空气或 H_2O_2 氧化 Co(Ⅱ) 配合物来制备 Co(Ⅲ)配合物。随着制备条件的不同，$CoCl_2$ 的氨合物也不一样。例如，在没有活性炭存在时，由 $CoCl_2$ 与过量 NH_3、NH_4Cl 反应的主要产物是二氯化一氯五氨合钴(Ⅲ)；在有活性炭存在时主要产物是三氯化六氨合钴(Ⅲ)。

本实验用活性炭作催化剂、H_2O_2 作氧化剂，由 $CoCl_2$ 与过量 NH_3、NH_4Cl 反应制备三氯化六氨合钴(Ⅲ)。其总反应式如下：

$$2CoCl_2 + 10NH_3 + 2NH_4Cl + H_2O_2 \longrightarrow 2[Co(NH_3)_6]Cl_3 + 2H_2O$$

$[Co(NH_3)_6]Cl_3$ 溶解于酸性溶液中，通过过滤可将混在产品中的大量活性炭除去，然后在高浓度盐酸中使 $[Co(NH_3)_6]Cl_3$ 结晶。

$[Co(NH_3)_6]Cl_3$ 为橙黄色单斜晶体，可溶于水、不溶于乙醇，20℃时在水中的溶解度为 $0.26mol\cdot L^{-1}$。其固体在 215℃ 转变为 $[Co(NH_3)_5Cl]Cl_2$；高于 250℃ 则被还原为 $CoCl_2$；在冷强碱或强酸作用下基本不分解，只有在沸热条件下才被强碱分解。

$$[Co(NH_3)_6]Cl_3 + 3NaOH \longrightarrow Co(OH)_3\downarrow + 6NH_3 + 3NaCl$$

分解逸出的氨可用过量的盐酸标准溶液吸收，剩余的盐酸用 NaOH 标准溶液返滴定，据此可计算出氨的质量分数。氨蒸出后，溶液中的 Co(Ⅲ)可用碘量法测定，主要反应式如下：

$$2Co(OH)_3 + 2I^- + 6H^+ \longrightarrow 2Co^{2+} + I_2 + 6H_2O$$

$$I_2 + 2S_2O_3^{2-} \longrightarrow S_4O_6^{2-} + 2I^-$$

产品中的氯含量可用电位滴定法测定。

根据测定的 NH_3、Co、Cl 含量求出其整数比，从而可确定配合物的实验式。配合物在溶液中的电离行为服从一般强电解质的所有规律，所以，其电离类型和摩尔电导 λ 之间在数值上存在着比较简单的关系，具体如表 9-4 所示。据此，可由配合物的摩尔电导 λ 值求出配合物所解离出离子的数目，从而确定其电离类型，进而验证化学方法所得结论的正确性。

表 9-4　不同离子数的电解质溶液在不同稀释度下的摩尔电导值

电解质	类型（离子数）	摩尔电导 $\lambda/S\cdot cm^2\cdot mol^{-1}$			
		稀释度 128	稀释度 256	稀释度 512	稀释度 1024
NaCl	1-1 型(2)	113	115	117	118
$BaCl_2$	1-2 型(3)	224	237	248	260
$AlCl_3$	1-3 型(4)	342	371	393	413
$[Co(NH_3)_6]Cl_3$	1-3 型(4)	346	383	412	432

【仪器和试剂】

(1) 仪器

研钵，水浴锅，布氏漏斗，吸滤瓶，真空泵，干燥箱，蒸馏烧瓶，锥形瓶，氨接收管，碘量瓶，电位滴定仪，电导率仪。

(2) 试剂

$CoCl_2\cdot 6H_2O$，$NH_4Cl(s)$，活性炭，浓氨水，6% H_2O_2，浓 HCl，乙醇，20% NaOH，HCl 标准溶液，NaOH 标准溶液，甲基橙指示剂，20% KI，$Na_2S_2O_3$ 标准溶液，淀粉指示剂，$AgNO_3$ 标准溶液，凡士林，玻璃棉。

【实验步骤】

(1) 三氯化六氨合钴(Ⅲ)的制备

在 100mL 锥形瓶中加入 3.0g 研细的 $CoCl_2\cdot 6H_2O$、2.0g NH_4Cl 和 7.0mL 蒸馏水。加热溶解后加入 0.2g 活性炭。冷却后加入 10.0mL 浓氨水，冷却至 10℃ 以下时缓慢加入 8.0mL 6%的 H_2O_2，水浴加热至 60℃左右并恒温 20min(适当摇动锥形瓶)。取出锥形瓶后先用自来水冷却，然后用冰水冷却。抽滤分离后，将沉淀溶解于 53.0mL 沸热的 HCl(盐酸和水的体积比为 3∶50) 中，若不溶解可适量多加稀 HCl。随后趁热过滤，在滤液中慢慢加入 6.0mL 浓 HCl，冰水冷却，过滤、洗涤(用什么试剂?)、抽干，在真空干燥器中干燥或在 105℃以下烘干，称量。

(2) 实验式的确定

氨含量的测定：准确称取干燥过的样品约 0.5g 溶于少量蒸馏水，移至蒸馏烧瓶中；在测定氮装置的磨口部位涂上凡士林；加几粒沸石，检查蒸馏装置的气密性(如何检查?)；加 20.0mL 20%的 NaOH 溶液；缠上玻璃棉，加热蒸馏；蒸馏出的游离 NH_3 用 50mL HCl 标准溶液吸收，接收管浸在冰水浴中。取下氨接收管，用甲基橙作指示剂，用 NaOH 标准溶液滴定剩余的盐酸，记录并处理数据。蒸馏瓶内残渣留待测钴用。

钴含量的测定：将上述蒸馏瓶内残渣完全转移到碘量瓶中，冷却后加入 20% KI 溶液 5.0mL，立即盖上瓶盖，振荡 1min 后，加入 15.0mL 浓 HCl，在暗处放置 15min。然后加入 100.0mL 蒸馏水，用标定的 $Na_2S_2O_3$ 溶液滴定至溶液呈橙黄色时加入 3 滴淀粉指示剂，继续慢慢滴加 $Na_2S_2O_3$ 溶液至滴定终点，记录并处理数据。

氯含量的测定：准确称取干燥过的样品约 0.15g 于 100mL 小烧杯中，加适量二次蒸馏水溶解，定量转移至 100mL 容量瓶中，定容，摇匀备用。取 25.00mL 溶液，用 $AgNO_3$ 标准溶液进行电位滴定法滴定。开始时取点可疏一些，相隔 1.0mL 取 1 个点；接近化学计量点(电位值有较大的突变）时取点应密一些，相隔 0.1mL 取一个点；过了化学计量点后(电位值变化不大）取点又可疏一些。记录各点的 V_{AgNO_3} 值及相对应的电位 E 值；重复测定一次。绘出 E-V 曲线、$\Delta E/\Delta V$-$\overline{V}$ 曲线和 $\Delta E^2/\Delta V^2$-$\overline{V}$ 曲线，求出样品中氯的含量。

(3) 摩尔电导的测定

计算并准确称量样品的量，分别用 100mL 容量瓶配制稀释度为 128、256、512、1024 的溶液四份，用电导率仪测定电导率。将测定出的电导率代入公式 $\lambda=\kappa(1000/c)$，计算出溶液的摩尔电导 λ 值，并与表 9-4 所列出的摩尔电导值比较，确定出实验式中所含离子数，完成表 9-5，确定配合物电离类型。

表 9-5　摩尔电导测定的数据记录

不同稀释度含离子数	样品质量/g	$\kappa/\mu S\cdot cm^{-1}$	$\lambda/S\cdot cm^2\cdot mol^{-1}$
128			
256			
512			
1024			

稀释度是物质的量浓度的倒数，用电导率仪测定出电导率单位为 $\mu S\cdot cm^{-1}$，应将其换算成 $S\cdot cm^{-1}$ 代入公式计算。

【思考题】

(1) 制备$[Co(NH_3)_6]Cl_3$过程中，水浴加热 60℃并恒温 20min 的目的是什么？能否加热至沸？为什么要趁热过滤？为什么在滤液中要加入 10mL 浓盐酸？

(2) 制备$[Co(NH_3)_6]Cl_3$过程中加 H_2O_2、浓盐酸、活性炭各起什么作用？要注意什么问题？合成实验的关键是什么？怎样才能提高产率？

(3) 能否用热的稀盐酸洗涤产品？为什么？

(4) 碘量法测定钴(Ⅲ)离子时要注意什么问题？

(5) 确定配合物电离类型的根据是什么？

实验46　从锌焙砂制备七水硫酸锌及锌含量的测定

【实验目的】

(1) 了解从粗硫酸锌溶液中除去铁、铜、镍、钴和镉等杂质离子的原理和方法。

(2) 进一步提高分离、纯化和制备无机物的实验技能。

(3) 学习 EDTA 容量法测定锌含量的原理和方法。

(4) 学习 KSCN 分光光度法测定微量铁的原理和方法。

【实验原理】

硫酸锌是合成锌钡白的主要原料之一。它可由锌精矿焙烧后的锌焙砂或其他含锌原料，经过酸浸、氧化、置换和再次氧化等步骤，除去杂质后得到。本实验以锌焙砂为原料，其中除含约 65%的 ZnO 外还含有铁、铜、镉、钴、砷、锑、镍和硅等杂质。在用稀硫酸浸取过程中，锌的化合物和杂质都溶入溶液中。在微酸性条件下，用 H_2O_2 将 Fe^{2+} 氧化为 Fe^{3+}，其中 As^{3+} 和 Sb^{3+} 随同 Fe^{3+} 的水解而被除去。用锌粉置换法除去 Cu^{2+}、Cd^{3+}、Co^{2+} 和 Ni^{2+} 等杂质。将净化后的溶液蒸发浓缩，冷却结晶即制得 $ZnSO_4 \cdot 7H_2O$ 晶体。产品中锌的含量用 EDTA 容量法滴定，杂质铁的含量用 KSCN 分光光度法测定。

【仪器和试剂】

(1) 仪器

冰水浴，布氏漏斗，吸滤瓶，真空泵，移液管，容量瓶，锥形瓶，比色皿，分光光度计。

(2) 试剂

锌焙砂，$1.6 mol \cdot L^{-1}$ H_2SO_4，1∶4 H_2SO_4，ZnO，30% H_2O_2，锌粉，甲基橙指示剂，20%六亚甲基四胺，20%KSCN。

【实验步骤】

(1) 浸出

在 10.0g 锌焙砂中加入 56mL $1.6 mol \cdot L^{-1}$ H_2SO_4，加热至沸后继续反应 15min，过滤分离除去不溶物。

(2) 除杂

加热上述滤液至近沸，用少量 ZnO 调节溶液的酸度到应控制的 pH(用精密 pH 试纸检查)。停止加热，滴加 30% H_2O_2 数滴，煮沸。取清液检验 Fe^{2+} 除尽后，再煮沸溶液数分钟，过滤。将滤液加热至约 70℃，加入少量锌粉，搅拌 8～10min，取清液检验 Ni^{2+} 除尽后，再取清液检查 Cd^{2+} 是否除尽。待 Cd^{2+} 除尽后，过滤。

(3) 浓缩结晶

将滤液蒸发浓缩至液面出现晶膜，冷却片刻，用冰水浴充分冷却并搅拌，抽干、称量。

(4) 产品含量检验

定性检验：取 1.0g 产品溶于 5.0mL 蒸馏水中，分别检验 Fe^{2+}、Cd^{2+}、Co^{2+} 和 Ni^{2+} 是否存在。

产品中锌与铁含量的测定：准确称取产品约 5.0g，加入 10.0mL 水和 10.0mL $1.6 mol \cdot L^{-1}$ H_2SO_4、2 滴 30% H_2O_2，加热溶解试样并除去过量 H_2O_2，冷却后定量转移至 100mL 容量瓶，定容后得溶液 A。

锌含量测定：用移液管吸取 10.00mL 溶液 A 于 100mL 容量瓶中，加入 2.0mL $1.6 mol \cdot L^{-1}$ H_2SO_4，定容后得溶液 B。吸取 10.00mL 溶液 B 于锥形瓶中，加入约 50.0mL 水和 1 滴甲基橙指示剂，滴加 pH 为 5.8 的 20%六亚甲基四胺至溶液呈浅黄色，再加 1 滴甲基橙指示剂和 5.0mL pH 为 5.8 的 20%六亚甲基四胺溶液，用 $0.01 mol \cdot L^{-1}$ EDTA 标准溶液滴定至溶液由紫红色变为黄色，即为终点。计算样品中 $ZnSO_4·7H_2O$ 的含量。

杂质铁含量的测定：吸取 10.00mL 溶液 A 于 50mL 容量瓶中，用吸量管分别依次加入 7.00mL 1∶4 H_2SO_4、5.00mL 20%KSCN，定容，放置 10min 后于 475nm 处测定吸光度值。

标准曲线的绘制：依次吸取 $100\mu g·mL^{-1}$ 铁标准溶液 0mL、10.00mL、20.00mL、30.00mL、40.00mL、50.00mL 于 6 个 50mL 容量瓶中，按上述操作作标准曲线。根据标准曲线计算样品中杂质铁的质量分数。

【思考题】

(1) 本实验中用硫酸浸取锌焙砂后，如果溶液中 Zn^{2+} 浓度为 $140g·L^{-1}$，试计算 Zn^{2+} 开始沉淀时的 pH，并拟定本实验除 Fe^{3+} 时最合适的 pH。

(2) 用 H_2O_2 氧化 Fe^{2+} 为 Fe^{3+} 时，在酸性和微酸性条件下，反应产物是否相同？写出反应式。氧化后为什么要将溶液煮沸数分钟？

(3) 产品中的铁是以 Fe^{2+} 还是 Fe^{3+} 形式存在？如何定性鉴定硫酸锌溶液中是否存在 Fe^{2+}（或 Fe^{3+}）？

(4) 用锌粉置换法除去硫酸锌溶液中的 Cu^{2+}、Cd^{2+}、Co^{2+} 和 Ni^{2+} 时，如果检验 Ni^{2+} 已除尽，是否可以认为 Cu^{2+}、Cd^{2+} 和 Co^{2+} 也已除尽？

(5) 根据锌焙砂的含锌量（以含 65% 的 ZnO 计算）和加入 ZnO、Zn 的量，计算产品的理论产量。

实验47 配合物键合异构体的红外光谱测定

【实验目的】

(1) 通过 $[Co(NH_3)_5NO_2]Cl_2$ 和 $[Co(NH_3)_5ONO]Cl_2$ 的制备来了解配合物的键合异构现象。

(2) 学习利用红外光谱来鉴别这两种不同的键合异构体。

【实验原理】

键合异构体是配合物异构现象中的一个重要类型。配合物的键合异构体是多齿配体分别以不同配位原子和中心原子配位而形成的组成完全相同的多种配合物。如在亚硝酸根离子和硫氰酸根离子中，它们与中心原子形成配合物，都显示出这种异构现象。当亚硝酸根离子通过氮原子与中心原子配位时，这种配合物叫作硝基配合物，而当亚硝酸根离子通过氧原子与中心原子配位时，这种配合物叫作亚硝酸根配合物。同样，硫氰酸根离子通过硫原子与中心原子配位时，叫作硫氰酸根配合物，而通过氮原子与中心原子配位时，叫作异硫氰酸根配合物。

红外光谱是测定配合物键合异构体最有效的方法，每一个基团都有它自己的特定频率，基团的特征频率是受其原子质量和键力常数等因素所影响的，可用下式来表示：

$$\nu = \frac{1}{2\pi c}\sqrt{\frac{k}{\mu}}$$

式中，ν 为振动频率；k 为基团的化学键力常数；μ 为基团中成键原子的折合质量；c 为光速。由上式可知，基团的化学键力常数 k 越大，折合质量 μ 越小，则基团的特征频率就越高。反之，基团的键力常数越小，折合质量越大，则基团的特征频率就越低。当基团与金属离子形成配合物时，由于配位键的形成不仅引起了金属离子与配位原子之间的振动（这种振动被称为配合物的骨架振动），而且影响配体中原来基团的特征频率。配合物的骨架振动直接反映了配位键的特性和强度，这样，就可以通过骨架振动的测定直接研究配合物的配位键的性质。但是由于配合物中心原子的质量一般都比较大，而且配位键的键力常数比较小，因此这种配位键的振动频率都很低，一般出现在 $500\sim200cm^{-1}$ 的低频范围内，这对研究配位键带来很大困难。因为频率越低，越不容易分为单色光，同时由于配合物的形成，配体中的配位原子与中心原子的配位作用会改变整个配体的对称性和配体中某些原子的电子云密度，可能还会使配体的构型发生变化，这些因素都能引起配体特征频率的变化。因此，可以利用这种配体特征频率的变化来研究配位键的性质。

本实验是测定 $[Co(NH_3)_5NO_2]Cl_2$ 和 $[Co(NH_3)_5ONO]Cl_2$ 配合物的红外光谱，利用它们的谱图可以识别哪一个配合物是通过氮原子配位的硝基配合物，哪一个是通过氧原子配位的亚硝酸根配合物。亚硝酸根离子（NO_2^-）以 N 原子或 O 原子与 Co^{3+} 配位，对 N—O 键影响不同。当 N 原子为配位原子时，则形成 $Co^{3+} \leftarrow N(=O)_2$ 硝基配合物，由于 N 给出电荷，使 N—O 键力常数减弱。因为两个 N—O 键是等价的，所以键力常数的减弱也是平均分配的。N 与中心原子配位，使 N—O 键的伸缩振动频率降低，则在 $1428cm^{-1}$ 左右出现特征吸收峰。但当 O 原子配位形成 $Co^{3+} \leftarrow O{-}N{=}O$ 亚硝酸根配合物时，两个 O—N 键是不等价的，配位的 O—N 键力常数减弱，其特征吸收峰出现在 $1065cm^{-1}$ 附近。而另一个没有配位的 O—N 键力常数比用 N 配位的 N—O 键力常数大，故在 $1468cm^{-1}$ 出现特征吸收峰。因此，我们可以从它们的红外光谱图来识别其键合异构体。

【仪器和试剂】

（1）仪器

日本岛津 IR-440 红外光谱仪，烧杯（100mL、250mL），量筒（10mL、100mL），表面皿，吸滤瓶（附布氏漏斗），pH 试纸。

（2）试剂

亚硝酸钠，盐酸（$4mol\cdot L^{-1}$，浓），无水乙醇，氨水（$2mol\cdot L^{-1}$，浓）。

【实验步骤】

（1）键合异构体的制备

键合异构体（Ⅰ）的制备：在 15.0mL $2.0mol\cdot L^{-1}$ 的氨水中溶解 1.0g $[Co(NH_3)_5Cl]Cl_2$。在水浴上加热使其全部溶解，过滤除去不溶物。滤液冷却后，用 $4mol\cdot L^{-1}$ 的盐酸酸化到 pH 为3～4，加入 1.5g 亚硝酸钠，加热使所生成的沉淀全部溶解。冷却溶液，在通风橱内向冷却液中小心地加入 15.0mL 浓盐酸，再在冰水中冷却使结晶完全，滤出棕黄色晶体，用无水乙醇洗涤，晾干，记录产量。

键合异构体（Ⅱ）的制备：在 20.0mL 水和 7.0mL 的浓氨水的混合液中，溶解 1.0g $[Co(NH_3)_5Cl]Cl_2$，在水浴上加热，使其全部溶解，过滤除去不溶物。滤液冷却后，以 $4mol\cdot L^{-1}$ 盐酸中和溶液，使 pH 为 4～5。冷却后加入 1.0g 亚硝酸钠，搅拌使其溶解，再在冰水中冷却，有橙红色的晶体析出。过滤晶体，再用冰冷却的水和无水乙醇洗涤，在室温下干燥，记录产量。

二氯化亚硝酸根·五氨合钴$[Co(NH_3)_5ONO]Cl_2$不稳定，容易转变为二氯化硝基·五氨合钴$[Co(NH_3)_5NO_2]Cl_2$。因此必须用新制备的样品来测定其红外光谱。

(2) 键合异构体的红外光谱测定

在4000～700cm^{-1}范围内测定这两种异构体的红外光谱。

(3) 实验结果与处理

① 由测定的两种异构体的红外光谱图，标识并解释谱图中的主要特征吸收峰。

② 根据两种异构体的红外光谱图，确认哪个是氮配位的硝基化合物，哪个是氧配位的亚硝酸根配合物。

【思考题】

(1) 为何配合物中配位键的特征频率不易直接测定？

(2) 若能测得配合物中配位键的特征频率，能否利用这种特征频率来鉴别配合物键合异构体？在何种情况下可以直接利用这种特征来鉴别配合物键合异构体(键合异构体)？

实验48 UiO-67金属有机骨架化合物的合成及染料吸附性能研究

【实验目的】

(1) 了解金属有机骨架化合物，掌握多孔MOF的合成及基本表征方法。

(2) 了解微孔材料对有机物分子的吸附行为及原理。

(3) 掌握紫外可见分光光度计的使用方法及原理。

【实验原理】

(1) 金属有机骨架材料概述

金属有机骨架(metal-organic framework，MOF)，是一类由金属离子或金属簇与有机配体通过配位键连接形成的具有周期性网络结构的晶态杂化材料。这类新兴的杂化材料起源于配位化学，一些其他平行的称谓也经常用来指代这类无机有机杂化材料，例如多孔配位聚合物(porous coordination polymer，PCP)、多孔配位网格(porous coordination network，PCN)、微孔配位聚合物(microporous coordination polymer，MCP)、类沸石型金属有机骨架(zeolite-like metal-organic framework，ZMOF)、沸石咪唑骨架(zeolitic imidazolate framework，ZIF)、金属缩氨酸骨架(metal peptide framework，MPF)等。金属有机骨架材料起源于配位化学与固态化学领域，自从1893年瑞士化学家A. Werner提出副价概念以及相关配位化学理论以来，配位化学已有了100多年的发展历史，配位聚合物作为配位化学的一个重要分支，发展十分迅速。而对于多孔配位聚合物的合成直到1989年才真正出现，Hoskins和Robson等人成功地合成了过渡金属与氰基配体构筑的多孔配位聚合物，预示了多孔配位聚合物作为一种固态晶体杂化材料在离子交换、气体吸附以及非均相催化等领域的应用，这一开创性的工作为MOF材料未来的发展奠定了基础。金属有机骨架(MOF)这一称谓是在1995年“Nature”上由美籍化学家O. M. Yaghi所提出，意在强调MOF材料相比于传统沸石分子筛类无机微孔材料，可以精确合理地设计有机构筑单元来实现材料的孔结构、孔尺寸的调变以及孔道的功能化，突出了MOF材料的结构可调性以及易于多功能化的特点。随后MOF材料得到快速的发展，1997年日本化学家Kitagawa等人报道了室温下具有气体吸附能力的三维金属有机骨架材料。1999年由对苯二甲酸与四核锌氧簇构筑的MOF-5以及由均苯三甲酸与双核铜单元构筑的HKUST-1相继在“Nature”与“Science”上被报道，这两例经典的三维多孔刚性MOF材料是目前研究最多、研究领域涉及最广的MOF材料。2002年Férey课题组报道了刚性以及具有呼吸效应的MIL系列MOF材料。同年，咪唑类化合物与过渡金属离子构筑的具有高热稳定性、高化学稳定性的沸石咪唑骨架材料(ZIFs系列）由Yaghi等人报道。

随着研究的深入，从无机与有机构筑单元的多样化到合成策略的逐步改进、从MOF结构的拓扑化到同网格策略的拓展、从结构的理论模拟到目标产物的定向合成、从单纯的晶体结构研究到MOF材料功能性的开发与探索，MOF材料在近二三十年的时间里得到了飞速的发展。金属有机骨架作为一类无机有机晶态杂化材料以其超高孔隙率(最大可达90%)、超大的比表面积(最高可达$6650m^2 \cdot g^{-1}$)，以及结构中无机有机组分灵活的调变性等特点使其在能源气体的存储、气体的选择性拆分、光电传感、药物缓释、分子择型催化、生物成像等众多领域展现出优越的性能以及无可估量的潜力。

(2) 金属有机骨架材料的合成方法

根据所合成的MOF材料用途不同，选择适当的合成方法十分重要。例如耗时较长但节能环保容易得到较大尺寸单晶的常温扩散合成法，操作简单生产周期短的水热/溶剂热合成法，无溶剂的机械研磨合成法，快速合成的超声合成法，易于构筑特殊结构的离子液体合成法，电化学合成法以及微波辅助加热合成法等。利用这些合成方法可以将MOF材料制备成粉体材料、块体材料或薄膜材料在不同的领域加以应用。

金属有机骨架化合物的合成方法目前大多集中在扩散法、水(溶剂）热法或室温溶液法。

水热法又称热液法，属液相化学法的范畴，是指在密封的压力容器中，以水为溶剂，在高温高压的条件下进行的化学反应。水热反应依据反应类型的不同可分为水热氧化、水热还原、水热沉淀、水热合成、水热水解、水热结晶等。

溶剂热法是水热法的发展，它与水热法的不同之处在于所使用的溶剂为有机溶剂而不是水。在溶剂热反应中，通过把一种或几种前驱体溶解在非水溶剂中，在液相或超临界条件下，反应物分散在溶液中变得比较活泼，易于反应。该过程相对简单而且易于控制，并且在密闭体系中可以有效地防止有毒物质的挥发和制备对空气敏感的前驱体。

超声合成法克服了室温溶液法反应时间长的问题，能使产物快速结晶，具有物相选择性高、生成产物粒径分布窄、反应时间短、反应条件温和、产量大、产率高、操作简单、节约能源等独特的优势，但超声合成法所得晶体的结晶程度不如溶剂热及水热合成法所得产品。

(3) UiO-67的结构

UiO-67是由六核锆氧簇与联苯二甲酸构筑而成的三维具有fcu拓扑结构的多孔配位聚合物，结构如图9-1和图9-2所示。

这类大比表面积的微孔化合物可对气体分子、有机小分子、金属离子等进行吸附，在气体分离、水污染处理等方面具有广泛的应用。

(4) 表征MOF化合物的基本方法

观察晶体形貌的方法：光学显微镜、扫描电镜；确定合成的MOF化合物晶体结构的方法：单晶X射线衍射、粉末X射线衍射、透射电镜；确定进一步佐证MOF化合物上的某些官能团的方法：红外光谱；确定MOF化合物分子式的方法：热重(结合单晶X射线衍射提供的信息)；确定多孔MOF化合物的比表面积的方法：氮气吸附脱附等温曲线。

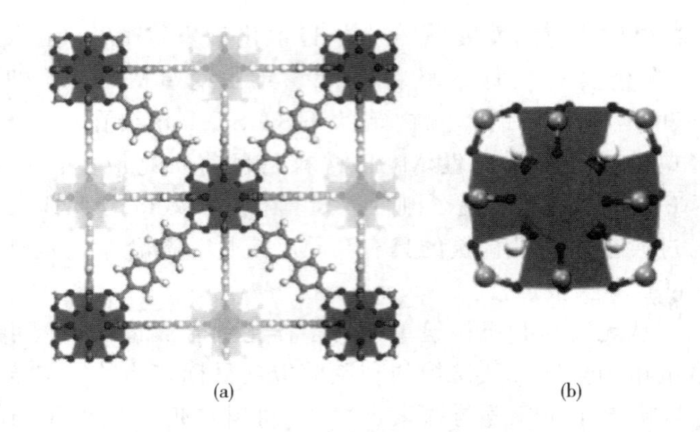

图 9-1 UiO-67 的骨架结构(a) 和六核锆基金属簇的结构(b)

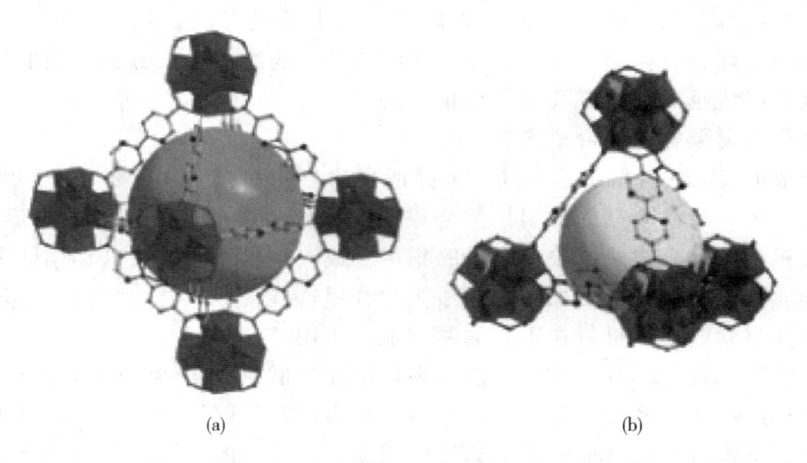

图 9-2 UiO-67 的骨架结构中的八面体笼(a) 和四面体笼(b)

【仪器和试剂】

(1) 仪器

100mL 烧杯(5 人一组，每组 3 个，一共 6 组)，250.0mL、25.0mL 容量瓶(每组 250mL 1 个，25mL 6 个)，移液管(每组 5.00mL、10.00mL、25.00mL 各 1 个)，洗耳球，1cm 磁力搅拌子 12 个，磁力搅拌器(不需加热，3 台)，石英比色皿，紫外-可见分光光度计，电子分析天平，10.0mL 离心试管(每组 2 个，一共 12 个)，离心机，标签纸，反应釜，烘箱。

(2) 试剂

四氯化锆(自备)，联苯二甲酸(自备)，*N*,*N*-二甲基甲酰胺(自备)，苯甲酸(自备)，亚甲基蓝(自备)，无水乙醇。

【实验步骤】

(1) UiO-67 的制备及处理

在分析天平上称取 40.0mg 联苯二甲酸、38.5mg 四氯化锆、400.0mg 苯甲酸于 25mL 聚四氟乙烯的反应釜衬中，加入 4.0mL *N*,*N*-二甲基甲酰胺(DMF) 溶剂，加入 1cm 磁力搅拌子搅拌 20min 后，将反应釜衬盖好，拧紧反应釜。将反应釜放入 100℃烘箱内反应 48h。取出后待反应釜温度降至室温，打开反应釜将产物转移至 10.0mL 离心管中离心分离固体产物，离心后倾倒除去上清液，在剩余固体样品中加入溶剂 DMF 4.0mL 超声，将离心管底部样品重新分散。随后离心、除去上清液，加入无水乙醇 4.0mL 超声分散样品，离心、除去上清液后放入烘箱中干燥。样品干燥完毕后称重，计算产率。

（2）染料溶液的配制及 UV-vis 吸收工作曲线的绘制

采用紫外可见分光光度计进行标准曲线的制作。用 250.0mL 容量瓶配制浓度为 $0.1000mmol \cdot L^{-1}$ 的亚甲基蓝浓溶液[M_r（亚甲基蓝）$=319.9g \cdot mol^{-1}$]。分别准确量取 2.50mL、5.00mL、7.50mL、10.00mL、12.50mL、15.00mL 配制的溶液于 25.0mL 容量瓶中进行定容并贴好标签 1、2、3、4、5、6 待用，测试 1～6 号样品的液体紫外可见光谱，记录其在最大吸收波长（$\lambda=663nm$）下的吸光度，并以浓度为横坐标，吸光度为纵坐标，画出各点所在位置，同时拟合各点得到标准曲线。

（3）UiO-67 吸附染料性能测试

称取制备的 UiO-67 样品 5.0mg，加入 50.0mL $0.10mmol \cdot L^{-1}$ 的亚甲基蓝有机染料溶液当中，搅拌，分别在 5min、10min、15min、20min、25min、30min 取样 4.00mL 溶液于 4.0mL 离心管中，每次取样完毕后，及时用注射器及滤头过滤除去溶液中的沉淀物质，6 个样品取完后，将样品置于比色皿中，测定各个时间所取样品的吸光度并利用工作曲线确定溶液的浓度。再利用当前溶液、原始溶液浓度和溶液的体积计算出不同时间的吸附量 Q_t，作 Q_t 与时间关系曲线，评价吸附剂的吸附性能。

$$Q_t=(c_0-c)\times V$$

式中，c_0 为染料溶液原始浓度；c 为染料溶液当前浓度；V 为染料溶液原始体积。

（4）数据处理

① 计算制备的 UiO-67 的理论产率和实际产率[可以基于配体计算产率，UiO-67 按分子式 $Zr_6O_4(OH)_4L_6$ 计算，其中 L 为去质子化的联苯二甲酸，$M(L)=240g \cdot mol^{-1}$，$M(Zr)=91g \cdot mol^{-1}$]。

② 绘制亚甲基蓝染料的标准曲线。

③ 利用标准曲线计算样品吸附量 Q_t 与时间的关系曲线。

【注意事项】

（1）注意反应釜的正确使用方法。

（2）样品洗涤时注意减少样品的损失。

（3）在制作标准曲线或测定样品的吸光度时，应控制好溶液的浓度，使其符合仪器的测量量程及朗伯-比耳定律。

（4）在吸附实验中，每次取样后一定及时用滤头将 MOF 化合物过滤，否则 MOF 会继续吸附所取样品溶液中的染料。

【培养能力】

学会利用金属离子与有机配体通过溶剂热合成法制备 MOF 化合物，利用紫外-可见分光光度计定量测定多孔材料对染料分子的吸附性能，同时根据吸附曲线可研究该材料对染料分子的吸附动力学。

【思考题】

（1）简述各种合成金属有机骨架（MOF）化合物方法的优缺点。

（2）该实验中为何要加入苯甲酸，加入其他酸是否可以？

(3) 如果将亚甲基蓝换成其他染料，UiO-67 是否还具有吸附能力，如何判断？

(4) 为提高 MOF 材料对有机小分子的吸附性能，应从哪几方面入手？

实验49 微波法合成石墨烯/二氧化锰复合材料及电化学表征

【实验目的】

(1) 掌握微波法制备复合材料的原理，练习抽滤、洗涤等基本操作。

(2) 学习电化学工作站的使用方法，学会使用 Origin 软件。

(3) 了解循环伏安曲线、恒流充放电、交流阻抗的测试原理。

【实验原理】

二氧化锰（MnO_2）因其储量丰富、价格低廉、环境友好、电位窗口宽、理论比电容高等优点，被认为是一种非常具有发展潜力的电极材料，现在已被广泛地用作超级电容器的电极材料。由于 MnO_2 较差的导电性，导致其电化学性能不够理想。石墨烯具有较大的比表面积、较高的导电性和较高的热传导系数，独特的性能使其成为一种具有潜在应用价值的超级电容器电极材料。在中性条件下，高锰酸钾可与石墨烯发生如下反应：

$$4MnO_4^- + 3C + H_2O \longrightarrow 4MnO_2 + CO_3^{2-} + 2HCO_3^-$$

通过微波法可将二氧化锰均匀负载在石墨烯表面，可以有效提高其导电性，利用纳米材料之间的相互协同作用，可使复合材料展现优异的电化学性能。

【仪器和试剂】

(1) 仪器

电子分析天平，烘箱，烧杯(200mL、100mL)，量筒(100mL)，磁力搅拌子，微波炉，抽滤泵，抽滤瓶，滤膜，移液枪，电化学工作站，模拟电解池，玻璃板，铂片电极，电热套，药匙，饱和甘汞电极。

(2) 试剂

蒸馏水，无水乙醇，高锰酸钾，泡沫镍，氧化石墨，炭黑，导电剂，黏结剂，氧化钾溶液，硫酸钠溶液。

【实验步骤】

(1) 活性材料的制备

准确称取 1mmol(158mg) 高锰酸钾分散到 100.0mL 1.3mol·L^{-1} 的氧化石墨分散液中，磁力搅拌 30min，放入微波炉中反应 8min，待冷却至室温，抽滤，用蒸馏水和无水乙醇洗涤三次，放入烘箱中烘干。

(2) 电极的制备

称取 20mg 炭黑分散到 20.0mL 无水乙醇中，超声 60min。将活性材料、导电剂、黏结剂按照 75：20：5 的比例混合，超声 30min，加入适量乙醇搅拌均匀，加热破乳至微干。将涂料用玻璃板均匀涂覆在泡沫镍集流体上，获得 1cm×1cm 电极，于 100℃ 真空烘箱中干燥 3h。

(3) 电化学测试

测试利用三电极体系，对电极是铂片电极，参比电极是饱和甘汞电极，工作电极是所制备的电极材料，电解液为饱和氯化钾溶液和 $1mol \cdot L^{-1}$ 的硫酸钠溶液。在电化学工作站 CHI660C 上进行测试。

循环伏安测试：扫描时的电压范围为 0～0.9V。逐一变化扫速：$0.002V \cdot s^{-1}$、$0.005V \cdot s^{-1}$、$0.01V \cdot s^{-1}$、$0.02V \cdot s^{-1}$、$0.05V \cdot s^{-1}$、$0.075V \cdot s^{-1}$、$0.1V \cdot s^{-1}$。

恒流充放电测试：扫描时的电压范围为 0～0.9V。逐一变化电流密度为 $1A \cdot g^{-1}$、$2A \cdot g^{-1}$、$5A \cdot g^{-1}$、$10A \cdot g^{-1}$、$20A \cdot g^{-1}$、$30A \cdot g^{-1}$。

交流阻抗测试：交流阻抗测试在开路电位下进行，测试频率范围在 0.01Hz～100kHz 之间，交流扰动电位为 5mV。

【注意事项】

涂电极时不要刮掉泡沫镍，称量电极质量一定要准确。

【思考题】

(1) 根据储能机理，超级电容器可以分为几种类型？储能机理分别是什么？

(2) 微波法合成材料具有哪些优点？

(3) 超级电容器由哪些部件组成？

(4) 石墨烯材料具有哪些优点？

【实验相关知识阅读资料】

(1) 微波加热的原理

直流电源提供微波发生器的磁控管所需的直流功率，微波发生器产生交变电场，该电场作用在处于微波场的物体上，由于电荷分布不平衡的小分子迅速吸收电磁波而使极性分子产生 25 亿次/s 以上的转动和碰撞，从而极性分子随外电场变化而摆动并产生热效应；又因为分子本身的热运动和相邻分子之间的相互作用，使分子随电场变化而摆动的规则受到了阻碍，这样就产生了类似于摩擦的效应。一部分能量转化为分子热能，造成分子运动的加剧，分子的高速旋转和振动使分子处于亚稳态，这有利于分子进一步电离或处于反应的准备状态，因此被加热物质的温度在很短的时间内得以迅速升高。

微波加热具有如下优点。

① 加热速度快，由于微波能够深入物质的内部，而不是依靠物质本身的热传导，因此只需要常规方法 1/100～1/10 的时间就可完成整个加热过程。

② 热能利用率高，节省能源，无公害，有利于改善劳动条件。

③ 反应灵敏，常规的加热方法不论是电热、蒸汽、热空气等，要达到一定的温度都需要一段时间，而利用微波加热，调整微波输出功率，物质加热情况立即无惰性地随着改变，这样便于自动化控制。

④ 产品质量高，微波加热温度均匀，表里一致，对于外形复杂的物体，其加热均匀性也比其他加热方法好。

⑤ 对于有的物质还可以产生一些有利的物理或化学作用。

(2) 超级电容器

超级电容器主要由电极、隔膜、集流体和电解液等构成。集流体是超级电容器中电极材料的载体，一般是由导电性好、机械稳定性高的材料构成。比较常见的集流体有泡沫镍、碳纸、不锈钢网等，集流体通常根据电解液的不同来进行选择。电解液主要有三种：有机电解液、水系电解液和离子液体。对于电解液的性能一般有如下要求：①电导率高；②电解质不与电极材料发生反应；③使用温度范围宽；④最好是无毒、无味、廉价、易于制备。水系电解液主要有硫酸溶液、氢氧化钾溶液、硫酸钠溶液等。由于水的分解电压较低(1.23V)，因此水系电解液超级电容器的工作电压一般小于1V。对于有机电解液来说，常用的有机溶剂主要有碳酸丙烯酯(PC)、*N*,*N*-二甲基甲酰胺(DMF)、乙腈(AN)等。常用的电解质主要有季铵盐(R_4N^+)和锂盐(Li^+)等。在有机体系下工作电压一般为2～4V。此外，目前有报道碳材料双电层电容器的电解液中引入氧化还原物质，以增加额外赝电容，这种体系在较小的电流密度下氧化还原物质，才能发挥其赝电容的贡献，可以有效提高比容量，但是仍面临倍率性和循环稳定性较差等问题。隔膜一般应具有良好的电化学稳定性、较高孔隙率、较低的电阻等特性。常用作超级电容器隔膜的材料主要有聚乙烯(PE)、玻璃纤维膜和聚丙烯(PP)微孔膜等。此外，电极材料是超级电容器最关键的部分，其自身的电化学性能直接决定着超级电容器的性能。

双电层电容器(electrochemical double layer capacitor，EDLC)：是利用电极材料表面和电解液之间形成的界面双电层来存储能量的装置，其储能机理是依靠双电层理论来存储能量的。

法拉第赝电容：是指在电极材料表面或体相中的二维或准二维空间上，发生高度可逆的吸附/脱附过程或氧化还原反应，产生法拉第赝电容。

超级电容器具有如下优点：

① 具有较快的充放电时间，根据超级电容器储能机理可知，主要通过双电层或电极界面上快速可逆的吸脱附或氧化还原反应来储存能量，因此，相比于电池充电的时间通常可达几或几十小时，而超级电容器通常只需几十秒就可以完成充电。

② 具有较大的功率密度，超级电容器功率密度是电池的10～100倍，可在瞬间内放出较大的电流，此特性为超级电容器的应用提供了更广阔的空间。

③ 具有较高的充放电效率(>95%)，循环寿命好，通常人们所用的手机电池在充放电500次后，其容量就大幅度下降，导致其使用时间明显变短。而超级电容器通常在充放电次数达到10^5以上后，仍能够释放出较高的能量，平均使用寿命可达30年。

④ 具有较高的比容量，由于双电层电极材料具有较大的比表面积以及纳米级别的电荷间距，因而具有比传统电容器更大的比容量。

⑤ 具有较宽的使用温度范围，超级电容器的储能机理决定其储能过程一般在电极表面或近表面进行，环境温度对双电层储存电荷的转移影响不大，超级电容器使用温度范围一般在-40～70℃，而电池的使用温度范围一般在-20～60℃。

⑥ 环境友好，安全性高，超级电容器包装材料中不涉及重金属，电极材料通常为碳材料，安全性能良好，且对环境无污染。

超级电容器的电极材料大致可以分为三大类，即碳基材料、过渡金属氧化物(氢氧化物)和导电聚合物。

碳基材料具有较大的比表面积、优异的导电性、资源丰富、成本低、化学稳定性高、机械性能好以及原料来源广泛等优点，是一种具有广泛应用前景的超级电容器电极材料。目前用作超级电容器的碳基材料主要包括活性炭、模板碳、碳纳米管、石墨烯等。

活性炭具有丰富的孔隙结构、较大比表面积、价格低廉和来源丰富等特点。

赝电容电极材料可以分为过渡金属氧化物(氢氧化物)和导电聚合物。赝电容材料不仅可以发生在电极/溶液界面，还可以发生在电极的近表面，因而材料的利用率大大得到提升，其产生的电容通常为同等比表面积下双电层电容的10～100倍。对金属氧化物(氢氧化物)超级电容器电极材料的研究，主要是一些过渡的氧化物/氢氧化物，如钌、锰、铁、钴、镍等。

与碳基材料相比较，导电聚合物可以发生法拉第反应进而产生更高的比电容。与过渡金属氧化物相比较，导电聚合物优异的导电性可以有利于电子快速转移，是一种非常有发展潜力的超级电容器电极材料。目前，用作超级电容器电极材料的导电聚合物主要包括聚苯胺、聚吡咯、聚噻吩及其衍生物。

将二氧化锰用作超级电容器电极材料的研究已经受到国内外广泛的关注。到目前为止，不同晶型结构(无定形，α-、β-、γ-、λ-和δ-)和形态(纳米线、纳米管、纳米锥、中空球)的二氧化锰用于超级电容器电极材料。Liu等通过电沉积法在泡沫镍集流体上负载超薄二氧化锰形成纳米网络状核壳结构。这种电极材料不需要额外加入导电剂和黏结剂，当电流密度为$20A \cdot g^{-1}$时，比容量可达$214F \cdot g^{-1}$。Jiang等通过水热法合成超薄的二氧化锰纳米线，在电流密度为$1A \cdot g^{-1}$时，比容量可达$279F \cdot g^{-1}$，电流密度增大至$20A \cdot g^{-1}$时，比容量能保持54.5%，电化学循环测试1000次后，比容量仅衰减了1.7%。Subramanian等采用水热法制备了纳米结构的α-MnO_2，较小的纳米结构使其具有较大的比表面积($132m^2 \cdot g^{-1}$)、较短的离子扩散距离。当扫描速度为$1mV \cdot s^{-1}$时比容量为$168F \cdot g^{-1}$，电化学循环测试100次后，比容量相对于初始容量仅衰减了13%。通常纯二氧化锰导电性较差，不利于其在法拉第赝电容反应过程中电子的快速转移。单独将二氧化锰作为超级电容器的电极材料，其各项电化学性能并不能满足实际应用的需求。而将二氧化锰与电导率高、表面积大、电化学性能稳定的碳基材料结合形成复合材料，是一种可行的改善方法。研究者将二氧化锰沉积到不同类型的导电性碳基材料(碳纳米管、石墨烯等)表面可以有效提高二氧化锰的电化学性能。Yan等通过微波法在石墨烯表面负载二氧化锰纳米颗粒，独特的纳米结构有利于离子的扩散和电子的运输，在扫描速度为$2mV \cdot s^{-1}$时，比容量为$310F \cdot g^{-1}$，是纯石墨烯的三倍，同时具有较高的倍率性(在$500mV \cdot s^{-1}$时，仍能保持74%)和优异的电化学稳定性(循环测试15000圈，此后比容量相对于初始容量仅衰减4.6%)。Jin等通过高锰酸钾与碳纳米管在低温下反应制备复合材料，反应过程中高锰酸钾对碳纳米管进行刻蚀，因此，二氧化锰不仅可以在碳纳米管的表面进行生长，而且还可以生长在管壁之间，增大负载量，进而提高材料的比容量。当负载65%二氧化锰时，复合材料比容可达$144F \cdot g^{-1}$。

实验50 层状二氧化锰δ-MnO_2胶体K-Birnessite的制备及其活性研究

【实验目的】

(1) 了解层状二氧化锰δ-MnO_2胶体K-Birnessite的基本结构。

(2) 了解和掌握层状二氧化锰δ-MnO_2胶体K-Birnessite的合成规律与基础理论。

(3) 了解层状二氧化锰δ-MnO_2胶体K-Birnessite的氧化活性。

【实验原理】

无机合成主要注重晶体或其他凝聚态结构上的精雕细琢。开发新合成反应、制备路线与技术，把这类材料精雕细琢成具有特定结构与聚集态的无机物或其相关材料，并进一步用来指导具有特定结构或聚集态的无机材料的合成。材料的性能与物质的结构密切相关，结构不同，即使由相同的元素组成的物质其性质也会有明显的不同，如 α-Fe_2O_3 和 γ-Fe_2O_3 等。在过渡金属元素中，锰的价态最为多样，所以锰的氧化物结构也多种多样，因此，锰的氧化物在电池、催化、离子交换和磁性材料等诸多领域有着广泛的应用。近年来，各种结构和形貌的锰氧化物的合成受到了极大的关注。Mn 的简单二元氧化物主要包括 MnO、Mn_3O_4、Mn_2O_3、Mn_5O_8、MnO_2 和 Mn_2O_7 等。具有简单四方金红石结构的软锰矿 MnO_2 很早就被发现了，并且在实验室还合成出许多组分近似 MnO_2 的化合物，它们被描绘为 MnO_2 的各种晶相，例如 α-MnO_2、β-MnO_2、γ-MnO_2、λ-MnO_2 和 δ-MnO_2 等。根据孔结构的空间分布，二氧化锰可分为一维隧道形、二维层状、三维多孔。

（1）层状二氧化锰 δ-MnO_2 胶体 K-Birnessite 的基本结构

层状结构 δ-MnO_2 原本是用来表示水轻锰矿（vemadite），目前为止结构还不十分清楚的一种层状结构矿物。XRD 研究表明，报道合成的 δ-MnO_2 大多是结晶度差的水钠锰矿，而不是水轻锰矿。水钠锰矿在自然界中广泛存在于土壤和沉积物中，是一类二维层状锰氧化物。其中 MnO_6 八面体在 *a*、*b* 轴方向共边联结成层，并沿 *c* 轴方向堆积为层状化合物。层状锰氧化物为 Birnessite 型锰氧化物，其结构是由共边的 MnO_6 八面体结构单元组成，结构单元的价态大多为 Mn(Ⅳ)O_6，同时也含有一定量的 Mn(Ⅲ)O_6 和 Mn(Ⅱ)O_6。片层结构上每隔 6 个锰氧八面体 MnO_6 就有一个空位，由于晶格缺陷以及同晶置换现象的存在，使 Birnessite 整个八面体片层结构带负电荷。带负电的锰氧八面体与嵌入层间的阳离子通过静电作用形成稳定的层状结构，相邻片层间夹有一定量的阳离子（如 Na^+、K^+、Mg^{2+}、Ca^{2+} 等）和水分子，使其具有良好的离子交换性能。不同的阳离子插于层间时，分别称为 Na-Birnessite、K-Birnessite、Li-Birnessite 等。带负电的锰氧八面体与嵌入层间的阳离子通过静电作用形成稳定的层状结构锰氧化物被广泛用作电极材料、催化材料，作为胶体前驱物多用于多晶格及孔道化合物等功能化合物的设计与合成，及作为金属及金属氧化物的载体。另外，此类化合物对某些金属的吸附能力较强，可应用于环境污染的治理，同时也可以作为其他锰氧化物的前驱体，制备出催化活性更高的氧化物锰催化剂。

（2）层状二氧化锰 δ-MnO_2 胶体 K-Birnessite 的活性

K-Birnessite 这种一维层状锰酸盐也通常来作为水热反应的锰源，这种化合物有很好的反应活性。近年来，以 MnO_2 为代表的高价锰氧化物因其具有较高的活性和较大的比表面积，在印染废水处理中的应用前景受到广泛的重视，如 MnO_2 催化双氧水分解，产生多种活性自由基，这些自由基可高效氧化分解亚甲基蓝、苯酚、罗丹明等有机物质。而在没有加入双氧水的溶液中 MnO_2 通过自身的吸附和氧化性能来达到对有机污染物去除的目的。

【仪器和试剂】

（1）仪器

天平，烧杯（50mL 和 100mL 各 2 个），容量瓶（100mL 和 50mL 各 2 个），移液管（25mL 2 个），布氏漏斗，吸滤瓶，真空泵，滴液漏斗，漏斗架，磁力搅拌器，搅拌子，10 支试管，滤纸，pH 试纸，剪刀，冰块，塑料小盆。

（2）试剂

去离子水，KOH 固体，$KMnO_4$ 固体，$MnCl_2$ 固体，$(NH_4)_2SO_4 \cdot FeSO_4 \cdot 6H_2O$ 固体，NH_4SCN 固体，0.2mol·L^{-1} 的稀 HCl。

【实验步骤】

(1) 配制溶液

配制 0.12mol·L^{-1} $KMnO_4$溶液、0.56mol·L^{-1}的 $MnCl_2$溶液各 100mL；0.2mol·L^{-1}的$(NH_4)_2SO_4 \cdot FeSO_4 \cdot 6H_2O$ 溶液和 0.1mol·L^{-1}的 NH_4SCN 溶液各 50mL。

(2) K-Birnessite 的制备

量取 40mL 0.12mol·L^{-1} $KMnO_4$溶液于 200mL 烧杯上，将烧杯放在放有冰块的塑料小盆内，然后放在磁力搅拌器上，分多次逐渐加入 20g KOH，将溶液配制成碱性溶液，待其完全冷却。将 12.8mL $MnCl_2$逐滴向 $KMnO_4$溶液中滴加，为了保证充分冷却与混合，每滴一滴要搅拌充分，直至滴完为止(全部滴完时间控制在 1.5～2h)，形成 K-Birnessite 凝胶前驱体。将上述烧杯中物质抽滤，在抽滤过程中用去离子水冲洗多次，直至为中性，得到纯净的 K-Birnessite 凝胶，烘箱干燥待用。

(3) K-Birnessite 粉体的氧化活性研究

K-Birnessite 比表面积较大，且表面含有较多的活性羟基，对污染物的吸附能力及氧化降解能力很强，因而 K-Birnessite 具有重要的应用价值。在两个试管中分别加入 5mL 0.2mol·L^{-1}的$(NH_4)_2SO_4 \cdot FeSO_4 \cdot 6H_2O$ 溶液，分别滴加 10 滴 0.2mol·L^{-1}稀 HCl，然后分别加入 5g 制备的样品和 5mL H_2O_2后充分振荡，静置，提取上层清液 1mL 于试管中。将从制备样品的试管中取得的溶液稀释一倍后，分别从两支试管中取 1 滴溶液又分别滴入另外两支试管中，然后滴入几滴 0.1mol·L^{-1}的 NH_4SCN 溶液，比较其颜色。证明其具有氧化活性。

【注意事项】

(1) 实验中用到的碱具有腐蚀性，要注意防护。

(2) 抽滤过程中滤纸会收缩，要剪得大点。

【思考题】

(1) K-Birnessite 的基本结构是什么？

(2) 列举 δ-MnO_2的制备方法。

实验51 碱式碳酸铜的制备

【实验目的】

本实验为自行设计实验，通过对碱式碳酸铜制备条件的探求和生成物颜色、状态的分析，研究反应物的合理配料比并确定制备反应合适的温度条件，以培养独立设计实验的能力。

【实验原理】

碱式碳酸铜 $Cu_2(OH)_2CO_3$ 为暗绿色或淡蓝绿色晶体。将铜盐和碳酸盐混合后，由于 $Cu(OH)_2$和 $CuCO_3$二者溶解度相近，同时达到析出条件，同时析出。

$$2CuSO_4 + 2Na_2CO_3 + H_2O \longrightarrow Cu_2(OH)_2CO_3 \downarrow + 2Na_2SO_4 + CO_2 \uparrow$$

【仪器和试剂】

学生自行列出仪器、试剂、材料清单。

【实验步骤】

(1) 反应物溶液配制

配制 0.5mol·L^{-1} $CuSO_4$溶液和 0.5mol·L^{-1} Na_2CO_3溶液各 100mL。

(2) 探讨反应条件

① $CuSO_4$和 Na_2CO_3溶液的合适比例　在 4 支试管中分别加入 2.0mL 0.5mol·L^{-1} $CuSO_4$溶液，在另外 4 支编号的试管中分别加入 1.6mL、2.0mL、2.4mL 及 2.8mL 0.5mol·L^{-1} Na_2CO_3溶液，将 8 支试管置于 75℃的恒温水浴中。几分钟后，依次将 $CuSO_4$溶液分别倒入 Na_2CO_3溶液中，振荡试管，比较各试管中沉淀生成的速度、沉淀的颜色及数量，确定两种反应物溶液的最佳反应比。

② 反应温度　在 4 支试管中分别加入 2.0mL 0.5mol·L^{-1} $CuSO_4$溶液，在另外 4 支试管中分别加入由上述实验得到的合适用量的 0.5mol·L^{-1} Na_2CO_3溶液。从这两列试管中各取一支，将它们分别置于室温、50℃、75℃、100℃的恒温水浴中。数分钟后，依次将 $CuSO_4$溶液分别倒入 Na_2CO_3溶液中，振荡并观察现象，由实验结果确定合成反应的合适温度。

③ 反应 pH　在上述实验最佳反应物配比与最佳温度下，取用 NaOH 或 H_2SO_4溶液调节 pH 范围在 6～10，找出反应体系最佳 pH。

④ 反应时间　在上述实验最佳反应条件下，探索最佳反应时间（10min、20min、30min、60min）。

⑤ 投料顺序　探索相同反应物不同加料顺序对制备碱式碳酸铜的影响。

⑥ 反应物种类　探索使用不同反应物对制备碱式碳酸铜的影响。

【思考题】

(1) 哪些铜盐适合制备碱式碳酸铜？

(2) 估计哪些反应条件(反应物种类、反应物配料比、反应温度、反应物浓度、反应时间）对产物有影响。

(3) 反应在什么温度下进行会出现褐色物质？这种褐色物质是什么？

实验52 从铬盐生产的废渣中提取无水硫酸钠

硫酸钠俗称元明粉，是维尼纶、玻璃、合成洗涤剂、造纸、染料等工业的重要原材料，通常可从生产某些化工产品所产生的副产品获得。例如，生产重铬酸钠时就可获得副产品硫酸钠，但由于含有重铬酸钠而限制其用途，成为废渣。利用生产钛白粉的副产品硫酸亚铁可以把铬盐厂的废渣中的硫酸钠分离提纯，以废治废，变废为宝。

【设计要求】

(1) 以 25g 铬盐废渣(废渣的质量分数为：Na_2SO_4 98.4%，$Na_2Cr_2O_7$ 1%，$CaCl_2$ 0.2%，$MgCl_2$ 0.2%，$FeCl_3$ 0.22%）和七水硫酸亚铁为主要原料，制备无水硫酸钠。

(2) 定性检验产品中是否含有 $Cr_2O_7^{2-}$、Cr^{3+}、Fe^{3+}、Ca^{2+}、Mg^{2+}、Cl^-等离子？

【提示】

(1) 本实验从铬盐生产的废渣中提取硫酸钠的基本原理是什么？

（2）为了使杂质容易分离除去，本实验应采取何种操作方法？

实验53 硝酸钾溶解度的测定与提纯

【设计要求】

（1）测定 KNO_3 在不同温度下的溶解度。

（2）提纯 10g 含有少量 NaCl 的粗硝酸钾。

（3）定性检验纯化后的产品。

【提示】

（1）测定溶解度时，硝酸钾的用量及水的体积是否需要准确？测定装置选用什么样的玻璃器皿较为合适？

（2）在测定溶解度时，水的蒸发对实验结果有何影响？应采取什么预防措施？

（3）溶解和结晶过程是否需要搅拌？

（4）纯化粗硝酸钾应采取什么样的操作步骤？

实验54 由废铝箔制备硫酸铝钾大晶体

【设计要求】

（1）主要原料：自己收集的废铝箔（如食品及药品包装、易拉罐、铝质牙膏壳等）。

（2）利用 2g 废铝箔制备硫酸铝钾。

（3）用自制的硫酸铝钾制备硫酸铝钾大晶体。

【提示】

（1）在水溶液中培养某种盐的大晶体，一般可先制得籽晶（即较透明的小晶体），然后把籽晶植入饱和溶液中培养。籽晶的生长受溶液的饱和度、温度、湿度及时间等因素影响，必须控制好实验条件，使饱和溶液缓慢蒸发，才能获得大晶体。

（2）一般的废铝箔表面有一薄层塑料膜，应如何处理？

（3）如何把籽晶植入饱和溶液？

（4）若在饱和溶液中，籽晶长出一些小晶体或烧杯底部出现少量晶体时，对大晶体的培养有何影响？应如何处理？

实验55 印刷电路腐蚀废液回收铜和氯化亚铁

印刷电路的废腐蚀液，通常含有大量 $CuCl_2$、$FeCl_2$ 及 $FeCl_3$。因此，将铜与铁化合物分离并回收是有实际意义的。因为它既可以减少污染，消除公害，又能化废为宝。

【设计要求】

（1）取约含 $2mol \cdot L^{-1}$ $FeCl_3$、$2mol \cdot L^{-1}$ $FeCl_2$、$1mol \cdot L^{-1}$ $CuCl_2$ 的废腐蚀液 50mL，回收铜和氯化亚铁。

（2）检验回收所得氯化亚铁的纯度。

【提示】

(1) 氯化亚铁的水合物及其脱水温度如下：

$$FeCl_3 \cdot 6H_2O \xrightarrow{12.3℃} FeCl_2 \cdot 4H_2O \xrightarrow{76.5℃} FeCl_2 \cdot 2H_2O$$

(2) 本实验根据铜、铁单质和化合物什么性质回收铜和氯化亚铁？

(3) 经放置的废三氯化铁腐蚀液，常常浑浊不清，为什么？如何处理？

(4) 回收操作过程应采取什么步骤才能得到较纯产品？

实验56 微波辐射法制备磷酸锌纳米材料

所谓纳米材料，一般指至少有一维尺寸介于1～100nm的材料。物质尺寸的减少会使物质产生许多新性质，因此有关纳米材料与技术的研究仍是目前的热门领域。科学家预言，纳米技术将在21世纪发挥巨大的作用。

纳米材料的制备方法很多。微波辐射法不同于传统加热方法，可以对反应物的外部与内部同时进行加热，升温速度快，因而能加快反应速率，有利于制备纳米材料。磷酸锌通常带有两个结晶水，是一种新型防锈颜料，配制成防锈涂料后可代替有毒的氧化铅作为底漆。

【设计要求】

(1) 以硫酸锌($ZnSO_4 \cdot 7H_2O$)、尿素和磷酸为主要原料，利用微波辐射法制备纳米磷酸锌[$Zn_3(PO_4)_2 \cdot 2H_2O$]，理论产量为5g。

(2) 对产品进行定性检验。

【提示】

(1) 硫酸锌、尿素和磷酸加热反应后，产物为$Zn_3(PO_4)_2 \cdot 4H_2O$、$(NH_4)_2SO_4$和CO_2。

(2) $Zn_3(PO_4)_2 \cdot 4H_2O$在110℃脱去两个结晶水即得磷酸锌产品。

(3) 微波辐射法为什么能显著缩短反应时间？使用微波炉时应注意哪些问题？

(4) 纳米材料制备方法一般有哪些？微波辐射法除了能显著缩短反应时间外，还有哪些优点？

(5) 本实验中加入尿素的目的是什么？其水解产物是什么？

实验57 离子鉴定和未知物的鉴别

【实验目的】

运用所学的元素及化合物的基本性质，进行常见物质的鉴定或鉴别，进一步巩固常见阳离子和阴离子重要反应的基本知识。

【实验原理】

当一个试样需要鉴定或者一组未知物需要鉴别时，通常可以根据以下几个方面进行判断。

(1) 物态

物态包括常温时状态(固体观察晶形)、颜色、气味等。

(2) 溶解性

溶解性包括在冷水中、热水中、盐酸(稀、浓)中和硝酸(稀、浓)中的溶解情况。

(3) 酸碱性

根据不同的情况可通过指示剂、酸碱反应等方法确定酸碱性。

(4) 热稳定性

物质的热稳定性是有差别的。注意有的物质受热时易挥发和升华。

(5) 鉴定或鉴别反应

经过前面对试样的观察和初步试验,再进行相应的鉴定或鉴别反应,就能给出更准确的判断。在基础无机化学实验中坚定反应大致采用以下几种方式:

① 通过与某试剂反应,生成沉淀、沉淀溶解或放出气体。必要时再对生成的沉淀和气体做性质试验。

② 显色反应。

③ 焰色反应。

④ 硼砂珠试验。

⑤ 其他特征反应。

【实验步骤】(可选做)

(1) 根据下述实验内容列出实验用品及分析步骤。

(2) 区分两片白色金属:一是铝片,一是锌片。

(3) 鉴别四种黑色和近乎黑色的氧化物:CuO、Co_2O_3、PbO_2、MnO_2。

(4) 未知液1,2,3分别含有Cr^{3+}、Mn^{2+}、Fe^{3+}、Co^{2+}、Ni^{2+}中的大部分或全部,设计一实验方案以确定未知液中含有哪几种离子,哪几种不存在。

(5) 盛有以下十种硝酸盐溶液的试剂瓶标签被腐蚀,试加以鉴别。

$AgNO_3$、$Hg(NO_3)_2$、$Hg_2(NO_3)_2$、$Pb(NO_3)_2$、$NaNO_3$、$Cd(NO_3)_2$、$Zn(NO_3)_2$、$Al(NO_3)_3$、KNO_3、$Mn(NO_3)_2$。

(6) 盛有下列十种固体钠盐的试剂瓶标签脱落,试加以鉴别。

$NaNO_3$、Na_2S、$Na_2S_2O_3$、Na_3PO_4、$NaCl$、Na_2CO_3、$NaHCO_3$、Na_2SO_4、$NaBr$、Na_2SO_3。

附录

附录1 气体在水中的溶解度

气体	t/℃	溶解度/(mL/100mLH_2O)	气体	t/℃	溶解度/(mL/100mLH_2O)	气体	t/℃	溶解度/(mL/100mLH_2O)
H_2	0	2.14	N_2	0	2.33	O_2	0	4.89
	20	0.85		40	1.42		25	3.16
CO	0	3.5	NO	0	7.34	H_2S	0	437
	20	2.32		60	2.37		40	186
CO_2	0	171.3	NH_3	0	89.9	Cl_2	10	310
	20	90.1		100	7.4		30	177
SO_2	0	22.8						

注：摘自 Weast R C. Handbook of Chemistry and Physics. 66th Ed. 1985～1986. B68～161.

附录2 常用酸、碱的浓度

试剂名称	密度/g·cm^{-3}	质量分数/%	物质的量浓度/mol·L^{-1}	试剂名称	密度/g·cm^{-3}	质量分数/%	物质的量浓度/mol·L^{-1}
浓硫酸	1.84	98	18	氢溴酸	1.38	40	7
稀硫酸	1.1	9	2	氢碘酸	1.70	57	7.5
浓盐酸	1.19	38	12	冰醋酸	1.05	99	17.5
稀盐酸	1.0	7	2	稀乙酸	1.04	30	5
浓硝酸	1.4	68	16	稀乙酸	1.0	12	2
稀硝酸	1.2	32	6	浓氢氧化钠	1.44	约41	约14.4
稀硝酸	1.1	12	2	稀氢氧化钠	1.1	8	2
浓磷酸	1.7	85	14.7	浓氨水	0.91	约28	14.8
稀磷酸	1.05	9	1	稀氨水	1.0	3.5	2
浓高氯酸	1.67	70	11.6	氢氧化钙水溶液		0.15	
稀高氯酸	1.12	19	2	氢氧化钙水溶液		2	约0.1
浓氢氟酸	1.13	40	23				

注：摘自北京师范大学化学系无机化学教研室编．简明化学手册．北京：北京出版社，1980。

附录3 弱电解质的解离常数

表 1 弱酸的电离常数(离子强度等于零的稀溶液)

酸	t/℃	级	K_a	pK_a
砷酸(H_3AsO_4)	25	1	5.5×10^{-2}	2.26
	25	2	1.7×10^{-7}	6.76
	25	3	5.1×10^{-12}	11.29
亚砷酸(H_3AsO_3)	25		5.1×10^{-10}	9.29
硼酸(H_3BO_3)	20		5.4×10^{-10}	9.27
碳酸(H_2CO_3)	25	1	4.5×10^{-7}	6.35
	25	2	4.7×10^{-11}	10.33
铬酸(H_2CrO_4)	25	1	1.8×10^{-1}	0.74
	25	2	3.2×10^{-7}	6.49
氢氰酸(HCN)	25		6.2×10^{-10}	9.21
氢氟酸(HF)	25		6.3×10^{-4}	3.20
氢硫酸(H_2S)	25	1	1.1×10^{-7}	6.97
	25	2	1.3×10^{-13}	12.90
过氧化氢(H_2O_2)	25	1	2.4×10^{-12}	11.62
次溴酸(HBrO)	18		2.8×10^{-9}	9.55
次氯酸(HClO)	25		2.9×10^{-8}	7.53
次碘酸(HIO)	25		3.0×10^{-11}	10.52
碘酸(HIO_3)	25		1.7×10^{-1}	0.78
亚硝酸(HNO_2)	25		5.6×10^{-4}	3.25
高碘酸(HIO_4)	25		2.3×10^{-2}	1.64
正磷酸(H_3PO_4)	25	1	6.9×10^{-3}	2.16
	25	2	6.3×10^{-8}	7.20
	25	3	4.8×10^{-13}	12.32
亚磷酸(H_3PO_3)	20	1	5.0×10^{-2}	1.30
	20	2	2.0×10^{-7}	6.70
焦磷酸($H_4P_2O_7$)	25	1	1.2×10^{-1}	0.91
	25	2	7.9×10^{-3}	2.10

续表

酸	t/℃	级	K_a	pK_a
焦磷酸($H_4P_2O_7$)	25	3	2.0×10^{-7}	6.70
	25	4	4.8×10^{-10}	9.32
硒酸(H_2SeO_4)	25	2	2×10^{-2}	1.70
亚硒酸(H_2SeO_3)	25	1	2.4×10^{-3}	2.62
	25	2	4.8×10^{-9}	8.32
硅酸(H_2SiO_3)	30	1	2.5×10^{-10}	9.60
	30	2	1.6×10^{-12}	11.8
硫酸(H_2SO_4)	25	2	1.0×10^{-2}	1.99
亚硫酸(H_2SO_3)	25	1	1.4×10^{-2}	1.85
	25	2	6.0×10^{-8}	7.2
甲酸(HCOOH)	20		1.8×10^{-4}	3.75
乙酸(HAc)	25		1.8×10^{-5}	4.75
草酸($H_2C_2O_4$)	25	1	5.9×10^{-2}	1.23
	25	2	6.4×10^{-5}	4.19

表 2　弱碱的电离常数(离子强度等于零的稀溶液)

碱	t/℃	级	K_b	pK_b
氨水($NH_3\cdot H_2O$)	25		1.8×10^{-5}	4.75
氢氧化铍 [$Be(OH)_2$]	25	2	5.0×10^{-11}	10.30
氢氧化钙 [$Ca(OH)_2$]	25	1	3.7×10^{-3}	2.43
	30	2	4.0×10^{-2}	1.4
联氨(NH_2NH_2)	20		1.2×10^{-6}	5.9
羟胺(NH_2OH)	25		8.7×10^{-9}	8.06
氢氧化铅 [$Pb(OH)_2$]	25		9.6×10^{-4}	3.02
氢氧化银(AgOH)	25		1.1×10^{-4}	3.96
氢氧化锌 [$Zn(OH)_2$]	25		9.6×10^{-4}	3.02

注：摘译自 Lide D R，Handbook of Chemistry and Physics，8-43～8-44，78 th Ed . 1997～1998 和 Weast R C，Handbook of Chemistry and Physics，D159～163，66 th Ed. 1985～1986。

附录4 溶度积常数

化合物		溶度积(温度/℃)
铝	铝酸 $H_3AlO_3$①	4×10^{-13}(15)
		1.1×10^{-15}(18)
		3.7×10^{-15}(25)
	氢氧化铝①	1.9×10^{-33}(18～20)
钡	碳酸钡	2.58×10^{-9}(25)
	铬酸钡	1.17×10^{-10}(25)
	氟化钡	1.84×10^{-7}(25)
	碘酸钡 $Ba(IO_3)_2\cdot2H_2O$	1.67×10^{-9}(25)
	碘酸钡	4.01×10^{-9}(25)
	草酸钡 $BaC_2O_4\cdot2H_2O$①	1.2×10^{-7}(18)
	硫酸钡①	1.08×10^{-10}(25)
镉	草酸镉 $CdC_2O_4\cdot3H_2O$	1.42×10^{-8}(25)
	氢氧化镉	7.2×10^{-15}(25)
	硫化镉①	3.6×10^{-29}(18)
钙	碳酸钙	3.36×10^{-9}(25)
	氟化钙	3.36×10^{-9}(25)
	碘酸钙 $Ca(IO_3)_2\cdot6H_2O$	7.10×10^{-7}(25)
	碘酸钙	6.47×10^{-6}(25)
	草酸钙	2.32×10^{-9}(25)
	草酸钙 $CaC_2O_4\cdot H_2O$①	2.57×10^{-9}(25)
	硫酸钙	4.93×10^{-5}(25)
钴	硫化钴(Ⅱ) α-CoS①	4.0×10^{-21}(18～25)
	β-CoS①	2.0×10^{-25}(18～25)
铜	一水合碘酸铜	6.94×10^{-8}(25)

化合物		溶度积(温度/℃)
铜	草酸铜	4.43×10^{-10}(25)
	硫化铜①	8.5×10^{-45}(18)
	溴化亚铜	6.27×10^{-9}(25)
	氯化亚铜	1.72×10^{-7}(25)
	碘化亚铜	1.27×10^{-12}(25)
	硫化亚铜①	2×10^{-47}(16～18)
	硫氰酸亚铜	1.77×10^{-13}(25)
	亚铁氰化铜①	1.3×10^{-16}(18～25)
铁	氢氧化铁	2.79×10^{-39}(25)
	氢氧化亚铁	4.87×10^{-17} (18)
	草酸亚铁	2.1×10^{-7}(25)
	硫化亚铁①	3.7×10^{-19}(18)
铅	碳酸铅	7.4×10^{-14}(25)
	铬酸铅①	1.77×10^{-14}(18)
	氟化铅	3.3×10^{-8}(25)
	碘酸铅	3.69×10^{-13}(25)
	碘化铅	9.8×10^{-9}(25)
	草酸铅①	2.74×10^{-11}(18)
	硫酸铅	2.53×10^{-8}(25)
	硫化铅①	3.4×10^{-28}(18)
锂	碳酸锂	8.15×10^{-4}(25)
镁	磷酸镁铵①	2.5×10^{-13}(25)
	碳酸镁	6.82×10^{-6}(25)
	氟化镁	5.16×10^{-11}(25)

续表

化合物		溶度积(温度/℃)	化合物		溶度积(温度/℃)
镁	氢氧化镁	5.61×10^{-12}(25)	银	重铬酸银①	2×10^{-7}(25)
	二水合草酸镁	4.83×10^{-6}(25)		氢氧化银	1.52×10^{-8}(20)
锰	氢氧化锰①	4×10^{-14}(18)		碘酸银	3.17×10^{-8}(25)
	硫化锰①	1.4×10^{-15}(18)		碘化银①	3.2×10^{-17}(13)
汞	氢氧化汞①②	3.0×10^{-26}(18～25)		碘化银	8.52×10^{-17}(25)
	硫化汞(红)①	4.0×10^{-53}(18～25)		硫化银①	1.6×10^{-49}(18)
	硫化汞(黑)①	1.6×10^{-52}(18～25)		溴酸银	5.38×10^{-5}(25)
	氯化亚汞	1.43×10^{-18}(25)		硫氰酸银①	4.9×10^{-13}(18)
	碘化亚汞	5.2×10^{-29}(25)		硫氰酸银	1.03×10^{-12}(25)
	溴化亚汞	6.4×10^{-23}(25)	锶	碳酸锶	5.60×10^{-10}(25)
镍	硫化镍(Ⅱ) α-NiS①	3.2×10^{-19}(18～25)		氟化锶	4.33×10^{-9}(25)
	β-NiS①	1.0×10^{-24}(18～25)		草酸锶①	5.61×10^{-8}(18)
	γ-NiS①	2.0×10^{-26}(18～25)		硫酸锶①	3.44×10^{-7}(25)
银	溴化银	5.35×10^{-13}(25)		铬酸锶①	2.2×10^{-5}(18～25)
	碳酸银	8.46×10^{-12}(25)	锌	氢氧化锌	3.0×10^{-17}(25)
	氯化银	1.77×10^{-10}(25)		草酸锌 $ZnC_2O_4\cdot2H_2O$	1.38×10^{-9}(25)
	铬酸银①	1.2×10^{-12}(14.8)		硫化锌①	1.2×10^{-23}(18)
	铬酸银	1.12×10^{-12}(25)			

①为摘译自 Weast R C，Handbook of Chemistry and Physics，B-222，66th Ed. 1985～1986。

② 为 $1/2Ag_2O(s)+1/2H_2O = Ag^{+}+OH^{-}$ 和 $HgO+H_2O = Hg^{2+}+2OH^{-}$。

注：本表主要摘译自 Lide D R，Handbook of Chemistry and Physics，8-106～8-109，78th Ed. 1997～1998。

附录5 常见沉淀物的 pH

(1) 金属氢氧化物沉淀的 pH(包括形成氢氧配离子的大约值)

氢氧化物	开始沉淀时的 pH 初浓度 $[M^{n+}]$		沉淀完全时的 pH(残留离子浓度 $<10^{-5}mol \cdot L^{-1}$)	沉淀开始溶解时的 pH	沉淀完全溶解时的 pH
	$1mol \cdot L^{-1}$	$0.01mol \cdot L^{-1}$			
$Sn(OH)_4$	0	0.5	1	13	15
$TiO(OH)_2$	0	0.5	2.0	—	—
$Sn(OH)_2$	0.9	2.1	4.7	10	13.5
$ZrO(OH)_2$	1.3	2.3	3.8	—	—
HgO	1.3	2.4	5.0	11.5	—
$Fe(OH)_3$	1.5	2.3	4.1	14	
$Al(OH)_3$	3.3	4.0	5.2	7.8	10.8
$Cr(OH)_3$	4.0	4.9	6.8	12	15
$Be(OH)_2$	5.2	6.2	8.8	—	—
$Zn(OH)_2$	5.4	6.4	8.0	10.5	12～13
Ag_2O	6.2	8.2	11.2	12.7	—
$Fe(OH)_2$	6.5	7.5	9.7	13.5	—
$Co(OH)_2$	6.6	7.6	9.2	14.1	—
$Ni(OH)_2$	6.7	7.7	9.5	—	—
$Cd(OH)_2$	7.2	8.2	9.7	—	—
$Mn(OH)_2$	7.8	8.8	10.4	14	—
$Mg(OH)_2$	9.4	10.4	12.4	—	—
$Pb(OH)_2$		7.2	8.7	10	13
$Ce(OH)_4$		0.8	1.2	—	—
$Th(OH)_4$		0.5			
$Tl(OH)_3$		约 0.6	约 1.6	—	—
H_2WO_4		约 0	约 0	—	—
H_2MoO_4				约 8	约 9
稀土		6.8～8.5	约 9.5	—	—
H_2UO_4		3.6	5.1	—	—

(2) 金属硫化物沉淀的 pH

pH	被 H_2S 所沉淀的金属	pH	被 H_2S 所沉淀的金属
1	Cu, Ag, Hg, Pb, Bi, Cd, Rh, Os As, Au, Pt, Sb, Ir, Ge, Se, Te, Mo	5～6	Co, Ni
2～3	Zn, Ti, In, Ga	>7	Mn, Fe

注：摘自北京师范大学化学系无机化学教研室编．简明化学手册．北京：北京出版社，1980。

附录6 某些离子和化合物的颜色

一、离子

1. 无色离子

Na^+、K^+、NH_4^+、Mg^{2+}、Ca^{2+}、Sr^{2+}、Ba^{2+}、Al^{3+}、Sn^{2+}、Sn^{4+}、Pb^{2+}、Bi^{3+}、Ag^+、Zn^{2+}、Cd^{2+}、Hg_2^{2+}、Hg^{2+}等阳离子。

$[B(OH)_4]^-$、$B_4O_7^{2-}$、$C_2O_4^{2-}$、Ac^-、CO_3^{2-}、SiO_3^{2-}、NO_3^-、NO_2^-、PO_4^{3-}、AsO_3^{3-}、AsO_4^{3-}、$[SbCl_6]^{3-}$、$[SbCl_6]^-$、SO_3^{2-}、SO_4^{2-}、S^{2-}、$S_2O_3^{2-}$、F^-、Cl^-、ClO_3^-、Br^-、BrO_3^-、I^-、SCN^-、$[CuCl_2]^-$、TiO^{2+}、VO_3^-、VO_4^{3-}、MoO_4^{2-}、WO_4^{2-}等阴离子。

2. 有色离子

$[Cu(H_2O)_4]^{2+}$	$[CuCl_4]^{2-}$	$[Cu(NH_3)_4]^{2+}$	$[Ti(H_2O)_6]^{3+}$
浅蓝色	黄色	深蓝色	紫色
$[TiCl(H_2O)_6]^{2+}$	$[TiO(H_2O_2)]^{2+}$	$[V(H_2O)_6]^{2+}$	$[V(H_2O)_6]^{3+}$
绿色	橘黄色	紫色	绿色
VO^{2+}	VO_2^+	$[VO_2(O_2)_2]^{3-}$	$[V(O_2)]^{3+}$
蓝色	浅黄色	黄色	深红色
$[Cr(H_2O)_6]^{2+}$	$[Cr(H_2O)_6]^{3+}$	$[Cr(H_2O)_5Cl]^{2+}$	$[Cr(H_2O)_4Cl_2]^+$
蓝色	紫色	浅绿色	暗绿色
$[Cr(NH_3)_2(H_2O)_4]^{3+}$	$[Cr(NH_3)_3(H_2O)_3]^{3+}$	$[Cr(NH_3)_4(H_2O)_2]^{3+}$	
紫红色	浅红色	橙红色	
$[Cr(NH_3)_5H_2O]^{2+}$	$[Cr(NH_3)_6]^{3+}$	CrO_2^-	CrO_4^{2-}
橙黄色	黄色	绿色	黄色
$Cr_2O_7^{2-}$	$[Mn(H_2O)_6]^{2+}$	MnO_4^{2-}	MnO_4^-
橙色	肉色	绿色	紫红色
$[Fe(H_2O)_6]^{2+}$	$[Fe(H_2O)_6]^{3+}$	$[Fe(CN)_6]^{4-}$	$[Fe(CN)_6]^{3-}$
浅绿色	淡紫色	黄色	浅橘黄色
$[Fe(NCS)_n]^{3-n}$	$[Co(H_2O)_6]^{2+}$	$[Co(NH_3)_6]^{2+}$	$[Co(NH_3)_6]^{3+}$
血红色	粉红色	黄色	橙黄色
$[CoCl(NH_3)_5]^{2+}$	$[Co(NH_3)_5(H_2O)]^{3+}$	$[Co(NH_3)_4CO_3]^+$	$[Co(CN)_6]^{3-}$
红紫色	粉红色	紫红色	紫色
$[Co(SCN)_4]^{2-}$	$[Ni(H_2O)_6]^{2+}$	$[Ni(NH_3)_6]^{2+}$	I_3^-
蓝色	亮绿色	蓝色	浅棕黄色

二、化合物

1. 氧化物

CuO	Cu_2O	Ag_2O	ZnO	CdO	Hg_2O	HgO	TiO_2	VO
黑色	暗红色	暗棕色	白色	棕红色	黑褐色	红色或黄色	白色	亮灰色
V_2O_3	VO_2	V_2O_5	Cr_2O_3	CrO_3	MnO_2	MoO_2	WO_2	FeO
黑色	深蓝色	红棕色	绿色	红色	棕褐色	铅灰色	棕红色	黑色

Fe_2O_3	Fe_3O_4	CoO	Co_2O_3	NiO	Ni_2O_3	PbO	Pb_3O_4
砖红色	黑色	灰绿色	黑色	暗绿色	黑色	黄色	红色

2. 氢氧化物

$Zn(OH)_2$	$Pb(OH)_2$	$Mg(OH)_2$	$Sn(OH)_2$	$Sn(OH)_4$	$Mn(OH)_2$
白色	白色	白色	白色	白色	白色
$Fe(OH)_2$	$Fe(OH)_3$	$Cd(OH)_2$	$Al(OH)_3$	$Bi(OH)_3$	$Sb(OH)_3$
白色	红棕色	白色	白色	白色	白色
$Cu(OH)_2$	$Cu(OH)$	$Ni(OH)_2$	$Ni(OH)_3$	$Co(OH)_2$	$Co(OH)_3$
浅蓝色	黄色	浅绿色	黑色	粉红色	褐棕色
$Cr(OH)_3$					
灰绿色					

3. 氯化物

AgCl	Hg_2Cl_2	$PbCl_2$	CuCl	$CuCl_2$	$CuCl_2 \cdot 2H_2O$
白色	白色	白色	白色	棕色	蓝色
$Hg(NH_2)Cl$	$CoCl_2$	$CoCl_2 \cdot H_2O$	$CoCl_2 \cdot 2H_2O$	$CoCl_2 \cdot 6H_2O$	$FeCl_3 \cdot 6H_2O$
白色	蓝色	蓝紫色	紫红色	粉红色	黄棕色
$TiCl_3 \cdot 6H_2O$	$TiCl_2$				
紫色或绿色	黑色				

4. 溴化物

AgBr	AsBr	$CuBr_2$
淡黄色	浅黄色	黑紫色

5. 碘化物

AgI	Hg_2I_2	HgI_2	PbI_2	CuI	SbI_3
黄色	黄绿色	红色	黄色	白色	红黄色
BiI_3	TiI_4				
绿黑色	暗棕色				

6. 卤酸盐

$Ba(IO_3)_2$	$AgIO_3$	$KClO_4$	$AgBrO_3$
白色	白色	白色	白色

7. 硫化物

Ag_2S	HgS	PbS	CuS	Cu_2S	FeS
灰黑色	红色或黑色	黑色	黑色	黑色	黑色
Fe_2S_3	CoS	NiS	Bi_2S_3	SnS	SnS_2
黑色	黑色	黑色	黑褐色	棕黑色	金黄色
CdS	Sb_2S_3	Sb_2S_5	MnS	ZnS	As_2S_3
黄色	橙色	橙红色	肉色	白色	黄色

8. 硫酸盐

Ag_2SO_4	Hg_2SO_4	$PbSO_4$	$CaSO_4 \cdot 2H_2O$	$SrSO_4$	$BaSO_4$
白色	白色	白色	白色	白色	白色

$[Fe(NO)]SO_4$	$Cu_2(OH)_2SO_4$	$CuSO_4 \cdot 5H_2O$	$CoSO_4 \cdot 7H_2O$
深褐色	浅蓝色	蓝色	红色

$Cr_2(SO_4)_3\cdot 6H_2O$	$Cr_2(SO_4)_3$	$Cr_2(SO_4)_3\cdot 18H_2O$	$KCr(SO_4)_2\cdot 12H_2O$
绿色	紫色或红色	蓝紫色	紫色

9. 碳酸盐

Ag_2CO_3	$CaCO_3$	$SrCO_3$	$BaCO_3$	$MnCO_3$	$CdCO_3$	$Zn_2(OH)_2CO_3$
白色	白色	白色	白色	白色	白色	白色

$BiOHCO_3$	$Hg_2(OH)_2CO_3$	$Co_2(OH)_2CO_3$	$Cu_2(OH)_2CO_3$
白色	红褐色	红色	暗绿色

$Ni_2(OH)_2CO_3$
浅绿色

10. 磷酸盐

Ca_3PO_4	$CaHPO_3$	$Ba_3(PO_4)_2$	$FePO_4$	Ag_3PO_4	NH_4MgPO_4
白色	白色	白色	浅黄色	黄色	白色

11. 铬酸盐

Ag_2CrO_4	$PbCrO_4$	$BaCrO_4$	$FeCrO_4\cdot 2H_2O$
砖红色	黄色	黄色	黄色

12. 硅酸盐

$BaSiO_3$	$CuSiO_3$	$CoSiO_3$	$Fe_2(SiO_3)_3$	$MnSiO_3$	$NiSiO_3$	$ZnSiO_3$
白色	蓝色	紫色	棕红色	肉色	翠绿色	白色

13. 草酸盐

CaC_2O_4	$Ag_2C_2O_4$	$FeC_2O_4\cdot 2H_2O$
白色	白色	黄色

14. 类卤化合物

$AgCN$	$Ni(CN)_2$	$Cu(CN)_2$	$CuCN$	$AgSCN$	$Cu(SCN)_2$
白色	浅绿色	浅棕黄色	白色	白色	黑绿色

15. 其他含氧化合物

NH_4MgAsO_4	Ag_3AsO_4	$Ag_2S_2O_3$	$BaSO_3$	$SrSO_3$
白色	红褐色	白色	白色	白色

16. 其他化合物

$Fe_4^{III}[Fe^{II}(CN)_6]_3\cdot xH_2O$	$Cu_2[Fe(CN)_6]$	$Ag_3[Fe(CN)_6]$	$Zn_3[Fe(CN)_6]_2$
黄色	红褐色	橙色	黄褐色
$Co_2[Fe(CN)_6]$	$Ag_4[Fe(CN)_6]$	$Zn_2[Fe(CN)_6]$	$K_3[Co(NO_2)_6]$
绿色	白色	白色	黄色

$K_2Na[Co(NO_2)_6]$	$(NH_4)_2Na[Co(NO_2)_6]$	$K_2[PtCl_6]$
黄色	黄色	黄色
$KHC_4H_4O_8$	$Na[Sb(OH)_6]$	
白色	白色	

$Na_2[Fe(CN)_5NO]\cdot 2H_2O$	$NaAc\cdot Zn(Ac)_2\cdot 3[UO_2(Ac)_2]\cdot 9H_2O$
红色	黄色

$$\left[\begin{array}{ccc} & Hg & \\ O & & NH_2^+ \\ & Hg & \end{array}\right]I$$

红褐色

$$\left[\begin{array}{ccc} & Hg & \\ O & & NH \\ & Hg & \end{array}\right]I$$

白色

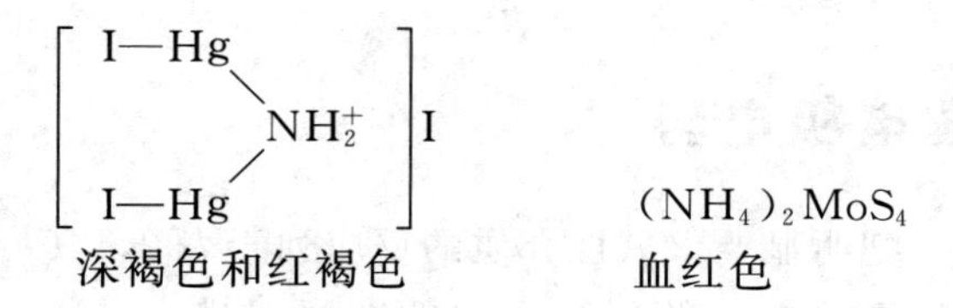
I—Hg
NH_2^+
I—Hg
I
$(NH_4)_2MoS_4$
深褐色和红褐色
血红色

附录7 标准电极电势

由于电极反应处于一定的介质条件下，因此，把明显要求碱性介质的反应列于表 2，其余列入表 1；另外以元素符号的英文字母序号和氧化数由低到高变化的次序编排，以便查阅。

表 1 在非碱性介质中

电偶氧化态	电极反应	$E^{\ominus}/V$
Ag(Ⅰ)—(0)	$Ag^{+}+e^{-} \rightleftharpoons Ag$	+0.7996
(Ⅰ)—(0)	$AgBr+e^{-} \rightleftharpoons Ag+Br^{-}$	+0.07133
(Ⅰ)—(0)	$AgCl+e^{-} \rightleftharpoons Ag+Cl^{-}$	+0.22233
(Ⅰ)—(0)	$AgI+e^{-} \rightleftharpoons Ag+I^{-}$	−0.15224
(Ⅰ)—(0)	$[Ag(S_2O_3)_2]^{3-}+e^{-} \rightleftharpoons Ag+2S_2O_3^{2-}$	+0.01
(Ⅱ)—(Ⅰ)	$AgCrO_4+2e^{-} \rightleftharpoons Ag+CrO_4^{2-}$	+0.4470
(Ⅱ)—(Ⅰ)	$Ag^{2+}+e^{-} \rightleftharpoons Ag^{+}$	+1.980
(Ⅲ)—(Ⅱ)	$Ag_2O_3(s)+6H^{+}+6e^{-} \rightleftharpoons 2Ag+3H_2O$	+1.76
(Ⅲ)—(Ⅱ)	$Ag_2O_3(s)+2H^{+}+2e^{-} \rightleftharpoons 2AgO(s)+H_2O$	+1.71
Al(Ⅲ)—(0)	$Al^{3+}+3e^{-} \rightleftharpoons Al$	−1.662
(Ⅲ)—(0)	$[AlF_6]^{3-}+3e^{-} \rightleftharpoons Al+6F^{-}$	−2.069
As(0)—(−Ⅲ)	$As+3H^{+}+3e^{-} \rightleftharpoons AsH_3$	−0.608
(Ⅲ)—(0)	$HAsO_2(aq)+3H^{+}+3e^{-} \rightleftharpoons As+2H_2O$	+0.248
(Ⅴ)—(Ⅲ)	$H_3AsO_4+2H^{+}+2e^{-} \rightleftharpoons HAsO_2+2H_2O$	+0.560
Au(Ⅰ)—(0)	$Au^{+}+e^{-} \rightleftharpoons Au$	+1.692
(Ⅰ)—(0)	$[AuCl_2]^{-}+e^{-} \rightleftharpoons Au(s)+2Cl^{-}$	+1.15
(Ⅲ)—(0)	$Au^{3+}+3e^{-} \rightleftharpoons Au$	+1.498
(Ⅲ)—(0)	$[AuCl_4]^{-}+3e^{-} \rightleftharpoons Au(s)+4Cl^{-}$	+1.002
(Ⅲ)—(Ⅰ)	$Au^{3+}+2e^{-} \rightleftharpoons Au^{+}$	+1.401
B(Ⅲ)—(0)	$H_3BO_3+3H^{+}+3e^{-} \rightleftharpoons B+3H_2O$	−0.8698
Ba(Ⅱ)—(0)	$Ba^{2+}+2e^{-} \rightleftharpoons Ba$	−2.912
Be(Ⅱ)—(0)	$Be^{2+}+2e^{-} \rightleftharpoons Be$	−1.847
Bi(Ⅲ)—(0)	$Bi^{3+}+3e^{-} \rightleftharpoons Bi(s)$	+0.308
(Ⅲ)—(0)	$BiO^{+}+2H^{+}+3e^{-} \rightleftharpoons Bi+H_2O$	+0.320
(Ⅲ)—(0)	$BiOCl+2H^{+}+3e^{-} \rightleftharpoons Bi+Cl^{-}+H_2O$	+0.1583
(Ⅴ)—(Ⅲ)	$Bi_2O_3+6H^{+}+4e^{-} \rightleftharpoons 2BiO^{+}+3H_2O$	+1.6
Br(0)—(−Ⅰ)	$Br_2(aq)+2e^{-} \rightleftharpoons 2Br^{-}$	+1.0873
(0)—(−Ⅰ)	$Br_2(l)+2e^{-} \rightleftharpoons 2Br^{-}$	+1.066

续表

电偶氧化态	电极反应	$E^{\ominus}/V$
(Ⅰ)—(－Ⅰ)	$HBrO+H^{+}+2e^{-} \rightleftharpoons Br^{-}+H_2O$	+1.331
(Ⅰ)—(0)	$HBrO+H^{+}+e^{-} \rightleftharpoons 1/2Br_2(l)+H_2O$	+1.596
Br(Ⅴ)—(－Ⅰ)	$BrO_3^{-}+6H^{+}+6e^{-} \rightleftharpoons Br^{-}+3H_2O$	(+1.432)
(Ⅴ)—(0)	$BrO_3^{-}+6H^{+}+6e^{-} \rightleftharpoons 1/2\ Br_2+3H_2O$	(+1.482)
C(Ⅳ)—(Ⅱ)	$CO_2(g)+2H^{+}+2e^{-} \rightleftharpoons HCOOH(aq)$	−0.199
(Ⅳ)—(Ⅱ)	$CO_2(g)+2H^{+}+2e^{-} \rightleftharpoons CO(g)+H_2O$	−0.12
(Ⅳ)—(Ⅲ)	$2HCNO+2H^{+}+2e^{-} \rightleftharpoons (CN)_2+2H_2O$	+0.33
Ca(Ⅱ)—(0)	$Ca^{2+}+2e^{-} \rightleftharpoons Ca$	−2.868
Cd(Ⅱ)—(0)	$Cd^{2+}+2e^{-} \rightleftharpoons Cd$	−0.4030
(Ⅱ)—(0)	$Cd^{2+}+Hg_{饱和}+2e^{-} \rightleftharpoons Cd(Hg_{饱和})$	−0.3521
Ce(Ⅲ)—(0)	$Ce^{3+}+3e^{-} \rightleftharpoons Ce$	−2.336
(Ⅳ)—(Ⅲ)	$Ce^{4+}+e^{-} \rightleftharpoons Ce^{3+}(1mol\cdot L^{-1}\ H_2SO_4)$	+1.443
(Ⅳ)—(Ⅲ)	$Ce^{4+}+e^{-} \rightleftharpoons Ce^{3+}(0.5\sim 2mol\cdot L^{-1}\ HNO_3)$	+1.616
(Ⅳ)—(Ⅲ)	$Ce^{4+}+e^{-} \rightleftharpoons Ce^{3+}(1mol\cdot L^{-1}\ HClO_4)$	+1.70
Cl(0)—(－Ⅰ)	$Cl_2+2e^{-} \rightleftharpoons 2Cl^{-}$	+1.35827
(Ⅰ)—(－Ⅰ)	$HClO+H^{+}+2e^{-} \rightleftharpoons Cl^{-}+H_2O$	+1.482
(Ⅰ)—(0)	$HClO+H^{+}+2e^{-} \rightleftharpoons 1/2Cl_2+H_2O$	+1.611
(Ⅲ)—(Ⅰ)	$HClO_2+2H^{+}+2e^{-} \rightleftharpoons HClO+H_2O$	+1.645
(Ⅳ)—(Ⅲ)	$ClO_2+H^{+}+e^{-} \rightleftharpoons HClO_2$	+1.277
(Ⅴ)—(－Ⅰ)	$ClO_3^{-}+6H^{+}+6e^{-} \rightleftharpoons Cl^{-}+3H_2O$	(+1.451)
(Ⅴ)—(0)	$ClO_3^{-}+6H^{+}+5e^{-} \rightleftharpoons 1/2Cl_2+3H_2O$	(+1.47)
(Ⅴ)—(Ⅲ)	$ClO_3^{-}+3H^{+}+2e^{-} \rightleftharpoons HClO_2+H_2O$	(+1.214)
(Ⅴ)—(Ⅳ)	$ClO_3^{-}+2H^{+}+e^{-} \rightleftharpoons ClO_2+H_2O$	(+1.152)
(Ⅶ)—(－Ⅰ)	$ClO_4^{-}+8H^{+}+8e^{-} \rightleftharpoons Cl^{-}+4H_2O$	(+1.389)
(Ⅶ)—(0)	$ClO_4^{-}+8H^{+}+7e^{-} \rightleftharpoons 1/2Cl_2+4H_2O$	(+1.39)
(Ⅶ)—(Ⅴ)	$ClO_4^{-}+2H^{+}+2e^{-} \rightleftharpoons ClO_3^{-}+H_2O$	(+1.189)
Co(Ⅱ)—(0)	$Co^{2+}+2e^{-} \rightleftharpoons Co$	−0.24
(Ⅲ)—(Ⅱ)	$Co^{3+}+e^{-} \rightleftharpoons Co^{2+}(3mol\cdot L^{-1}\ HNO_3)$	(+1.842)
Cr(Ⅲ)—(0)	$Cr^{3+}+3e^{-} \rightleftharpoons Cr$	−0.744
(Ⅱ)—(0)	$Cr^{2+}+2e^{-} \rightleftharpoons Cr$	−0.913
(Ⅲ)—(Ⅱ)	$Cr^{3+}+e^{-} \rightleftharpoons Cr^{2+}$	−0.407
(Ⅵ)—(Ⅲ)	$CrO_7^{2-}+14H^{+}+6e^{-} \rightleftharpoons 2Cr^{3+}+7H_2O$	+1.232

续表

电偶氧化态	电极反应	$E^\ominus/V$
(Ⅵ)—(Ⅲ)	$HCrO_4^- + 7H^+ + 3e^- \rightleftharpoons Cr^{3+} + 4H_2O$	+1.35
Cs(Ⅰ)—(0)	$Cs^+ + e^- \rightleftharpoons Cs$	−3.026
Cu(Ⅰ)—(0)	$Cu^+ + e^- \rightleftharpoons Cu$	+0.521
(Ⅰ)—(0)	$Cu_2O(s) + 2H^+ + 2e^- \rightleftharpoons 2Cu + H_2O$	−0.36
(Ⅰ)—(0)	$CuI + e^- \rightleftharpoons Cu + I^-$	−0.185
(Ⅰ)—(0)	$CuBr + e^- \rightleftharpoons Cu + Br^-$	+0.033
(Ⅰ)—(0)	$CuCl + e^- \rightleftharpoons Cu + Cl^-$	+0.137
(Ⅱ)—(0)	$Cu^{2+} + 2e^- \rightleftharpoons Cu$	+0.3419
(Ⅱ)—(Ⅰ)	$Cu^{2+} + e^- \rightleftharpoons Cu^+$	+0.153
(Ⅱ)—(Ⅰ)	$Cu^{2+} + Br^- + e^- \rightleftharpoons CuBr$	+0.640
(Ⅱ)—(Ⅰ)	$Cu^{2+} + Cl^- + e^- \rightleftharpoons CuCl$	+0.538
(Ⅱ)—(Ⅰ)	$Cu^{2+} + I^- + e^- \rightleftharpoons CuI$	+0.86
F(0)—(−Ⅰ)	$F_2 + 2e^- \rightleftharpoons 2F^-$	+2.866
(0)—(−Ⅰ)	$F_2(g) + 2H^+ + 2e^- \rightleftharpoons 2HF(aq)$	+3.053
Fe(Ⅱ)—(0)	$Fe^{2+} + 2e^- \rightleftharpoons Fe$	−0.447
(Ⅲ)—(0)	$Fe^{3+} + 3e^- \rightleftharpoons Fe$	−0.037
(Ⅲ)—(Ⅱ)	$Fe^{3+} + e^- \rightleftharpoons Fe^{2+}$ ($1mol \cdot L^{-1}$ HCl)	+0.771
(Ⅲ)—(Ⅱ)	$[Fe(CN)_6]^{3-} + e^- \rightleftharpoons [Fe(CN)_6]^{4-}$	+0.358
(Ⅵ)—(Ⅲ)	$FeO_4^{2-} + 8H^+ + 3e^- \rightleftharpoons Fe^{3+} + 4H_2O$	+2.20
(8/3)—(Ⅱ)	$Fe_3O_4(s) + 8H^+ + 2e^- \rightleftharpoons 3Fe^{2+} + 4H_2O$	+1.23
Ga(Ⅲ)—(0)	$Ga^{3+} + 3e^- \rightleftharpoons Ga$	−0.549
Ge(Ⅳ)—(0)	$H_2GeO_3 + 4H^+ + 4e^- \rightleftharpoons Ge + 3H_2O$	−0.182
H(0)—(−Ⅰ)	$H_2(g) + 2e^- \rightleftharpoons 2H^-$	−2.25
(Ⅰ)—(0)	$2H^+ + 2e^- \rightleftharpoons H_2(g)$	0
(Ⅰ)—(0)	$2H^+([H^+]=10^{-7}mol \cdot L^{-1}) + 2e^- \rightleftharpoons H_2$	−0.414
Hg(Ⅰ)—(0)	$Hg_2^{2+} + 2e^- \rightleftharpoons 2Hg$	(+0.7973)
(Ⅰ)—(0)	$Hg_2Cl_2 + 2e^- \rightleftharpoons 2Hg + 2Cl^-$	+0.26808
(Ⅰ)—(0)	$Hg_2I_2 + 2e^- \rightleftharpoons 2Hg + 2I^-$	−0.0405
(Ⅱ)—(0)	$Hg^{2+} + 2e^- \rightleftharpoons Hg$	+0.851
(Ⅱ)—(0)	$[HgI_4]^{2-} + 2e^- \rightleftharpoons Hg + 4I^-$	−0.04
(Ⅱ)—(Ⅰ)	$2Hg^{2+} + 2e^- \rightleftharpoons Hg_2^{2+}$	(+0.920)
Ⅰ(0)—(−Ⅰ)	$I_2 + 2e^- \rightleftharpoons 2I^-$	+0.5355

续表

电偶氧化态	电极反应	$E^{\ominus}$/V
(0)—(−Ⅰ)	$I_3^- + 2e^- \rightleftharpoons 3I^-$	(+0.536)
(Ⅰ)—(−Ⅰ)	$HIO + H^+ + 2e^- \rightleftharpoons I^- + H_2O$	+0.987
(Ⅰ)—(0)	$HIO + H^+ + e^- \rightleftharpoons \frac{1}{2}I_2 + H_2O$	(+1.439)
(Ⅴ)—(−Ⅰ)	$IO_3^- + 6H^+ + 6e^- \rightleftharpoons I^- + 3H_2O$	(+1.085)
(Ⅴ)—(0)	$IO_3^- + 6H^+ + 5e^- \rightleftharpoons \frac{1}{2}I_2 + 3H_2O$	(+1.195)
(Ⅶ)—(Ⅴ)	$H_5IO_6 + H^+ + 2e^- \rightleftharpoons IO_3^- + 3H_2O$	(+1.601)
In(Ⅰ)—(0)	$In^+ + e^- \rightleftharpoons In$	−0.14
(Ⅲ)—(0)	$In^{3+} + 3e^- \rightleftharpoons In$	−0.3382
K(Ⅰ)—(0)	$K^+ + e^- \rightleftharpoons K$	−2.931
La(Ⅲ)—(0)	$La^{3+} + 3e^- \rightleftharpoons La$	−2.379
Li(Ⅰ)—(0)	$Li^+ + e^- \rightleftharpoons Li$	−3.0401
Mg(Ⅱ)—(0)	$Mg^{2+} + 2e^- \rightleftharpoons Mg$	−2.372
Mn(Ⅱ)—(0)	$Mn^{2+} + 2e^- \rightleftharpoons Mn$	−1.185
(Ⅲ)—(Ⅱ)	$Mn^{3+} + e^- \rightleftharpoons Mn^{2+}$	+1.5415
(Ⅳ)—(Ⅱ)	$MnO_2 + 4H^+ + 2e^- \rightleftharpoons Mn^{2+} + 2H_2O$	+1.224
(Ⅳ)—(Ⅲ)	$2MnO_2(s) + 2H^+ + 2e^- \rightleftharpoons Mn_2O_3(s) + H_2O$	+1.04
(Ⅶ)—(Ⅳ)	$MnO_4^- + 4H^+ + 3e^- \rightleftharpoons MnO_2 + 2H_2O$	(+1.679)
(Ⅶ)—(Ⅵ)	$MnO_4^- + e^- \rightleftharpoons MnO_4^{2-}$	(+0.558)
Mo(Ⅲ)—(0)	$Mo^{3+} + 3e^- \rightleftharpoons Mo$	−0.200
(Ⅵ)—(0)	$H_2MoO_4 + 6H^+ + 6e^- \rightleftharpoons Mo + 4H_2O$	0.0
N(Ⅰ)—(0)	$N_2O + 2H^+ + 2e^- \rightleftharpoons N_2 + H_2O$	+1.766
(Ⅱ)—(Ⅰ)	$2NO + 2H^+ + 2e^- \rightleftharpoons N_2O + H_2O$	+1.591
(Ⅲ)—(Ⅰ)	$2HNO_2 + 4H^+ + 4e^- \rightleftharpoons N_2O + 3H_2O$	+1.297
(Ⅲ)—(Ⅱ)	$HNO_2 + H^+ + e^- \rightleftharpoons NO + H_2O$	+0.983
(Ⅳ)—(Ⅱ)	$N_2O_4 + 4H^+ + 4e^- \rightleftharpoons 2NO + 2H_2O$	+1.035
(Ⅳ)—(Ⅲ)	$N_2O_4 + 2H^+ + 2e^- \rightleftharpoons 2HNO_2$	+1.065
(Ⅴ)—(Ⅲ)	$NO_3^- + 3H^+ + 2e^- \rightleftharpoons HNO_2 + H_2O$	(+0.934)
(Ⅴ)—(Ⅱ)	$NO_3^- + 4H^+ + 3e^- \rightleftharpoons NO + 2H_2O$	(+0.957)
(Ⅴ)—(Ⅳ)	$2NO_3^- + 4H^+ + 2e^- \rightleftharpoons N_2O_4 + 2H_2O$	(+0.803)
Na(Ⅰ)—(0)	$Na^+ + e^- \rightleftharpoons Na$	−2.71
(Ⅰ)—(0)	$Na^+ + (Hg) + e^- \rightleftharpoons Na(Hg)$	−1.84
Ni(Ⅱ)—(0)	$Ni^{2+} + 2e^- \rightleftharpoons Ni$	−0.257

续表

电偶氧化态	电极反应	$E^\ominus$/V
(Ⅲ)—(Ⅱ)	$Ni(OH)_3+3H^++e^- \rightleftharpoons Ni^{2+}+3H_2O$	+0.208
(Ⅳ)—(Ⅱ)	$NiO_2+4H^++2e^- \rightleftharpoons Ni^{2+}+2H_2O$	+1.678
O(0)—(−Ⅱ)	$O_3+2H^++2e^- \rightleftharpoons O_2+H_2O$	+2.076
(0)—(−Ⅱ)	$O_2+4H^++4e^- \rightleftharpoons 2H_2O$	+1.229
(0)—(−Ⅱ)	$O(g)+2H^++2e^- \rightleftharpoons H_2O$	+2.421
(0)—(−Ⅱ)	$\frac{1}{2}O_2+2H^+(10^{-7}mol \cdot L^{-1})+2e^- \rightleftharpoons H_2O$	(+0.815)
(0)—(−Ⅰ)	$O_2+2H^++2e^- \rightleftharpoons H_2O_2$	+0.695
(−Ⅰ)—(−Ⅱ)	$H_2O_2+2H^++2e^- \rightleftharpoons 2H_2O$	+1.776
(Ⅱ)—(−Ⅱ)	$F_2O+2H^++4e^- \rightleftharpoons H_2O+2F^-$	+2.153
P(0)—(−Ⅲ)	$P+3H^++3e^- \rightleftharpoons PH_3(g)$	−0.063
(Ⅰ)—(0)	$H_3PO_2+H^++e^- \rightleftharpoons P+2H_2O$	−0.508
(Ⅲ)—(Ⅰ)	$H_3PO_3+2H^++2e^- \rightleftharpoons H_3PO_2+H_2O$	−0.499
(Ⅴ)—(Ⅲ)	$H_3PO_4+2H^++2e^- \rightleftharpoons H_3PO_3+H_2O$	−0.276
Pb(Ⅱ)—(0)	$Pb^{2+}+2e^- \rightleftharpoons Pb$	−0.1262
(Ⅱ)—(0)	$PbCl_2+2e^- \rightleftharpoons Pb+2Cl^-$	−0.2675
(Ⅱ)—(0)	$PbI_2+2e^- \rightleftharpoons Pb+2I^-$	−0.365
(Ⅱ)—(0)	$PbSO_4+2e^- \rightleftharpoons Pb+SO_4^{2-}$	(−0.3588)
(Ⅱ)—(0)	$PbSO_4+(Hg)+2e^- \rightleftharpoons Pb(Hg)+SO_4^{2-}$	(−0.3505)
(Ⅳ)—(Ⅱ)	$PbO_2+4H^++2e^- \rightleftharpoons Pb^{2+}+2H_2O$	+1.455
(Ⅳ)—(Ⅱ)	$PbO_2+SO_4^{2-}+4H^++2e^- \rightleftharpoons PbSO_4+2H_2O$	(+1.6913)
(Ⅳ)—(Ⅱ)	$PbO_2+2H^++2e^- \rightleftharpoons PbO(s)+H_2O$	+0.28
Pd(Ⅱ)—(0)	$Pd^{2+}+2e^- \rightleftharpoons Pd$	+0.951
(Ⅳ)—(Ⅱ)	$[PdCl_6]^{2-}+2e^- \rightleftharpoons [PdCl_4]^{2-}+2Cl^-$	+1.228
Pt(Ⅱ)—(0)	$Pt^{2+}+2e^- \rightleftharpoons Pt$	+1.118
(Ⅱ)—(0)	$[PtCl_4]^{2-}+2e^- \rightleftharpoons Pt+4Cl^-$	+0.7555
(Ⅱ)—(0)	$Pt(OH)_2+2H^++2e^- \rightleftharpoons Pt+2H_2O$	+0.98
(Ⅳ)—(Ⅱ)	$[PtCl_6]^{2-}+2e^- \rightleftharpoons [PtCl_4]^{2-}+2Cl^-$	+0.68
Rb(Ⅰ)—(0)	$Rb^++e^- \rightleftharpoons Rb$	−2.98
S(−Ⅰ)—(−Ⅱ)	$(CNS)_2+2e^- \rightleftharpoons 2CNS^-$	+0.77
(0)—(−Ⅱ)	$S+2H^++2e^- \rightleftharpoons H_2S(aq)$	+0.142
(Ⅳ)—(0)	$H_2SO_3+4H^++4e^- \rightleftharpoons S+3H_2O$	+0.449
(Ⅳ)—(0)	$S_2O_3^{2-}+6H^++4e^- \rightleftharpoons 2S+3H_2O$	(+0.50)

续表

电偶氧化态	电极反应	$E^{\ominus}/V$
(Ⅳ)—(Ⅱ)	$2H_2SO_3+2H^++4e^- \rightleftharpoons S_2O_3^{2-}+3H_2O$	(+0.40)
(Ⅳ)—(5/2)	$4H_2SO_3+4H^++6e^- \rightleftharpoons S_4O_6^{2-}+6H_2O$	(+0.51)
(Ⅵ)—(Ⅳ)	$SO_4^{2-}+4H^++2e^- \rightleftharpoons H_2SO_3+H_2O$	(+0.172)
(Ⅶ)—(Ⅵ)	$S_2O_8^{2-}+2e^- \rightleftharpoons 2SO_4^{2-}$	(+2.010)
Sb(Ⅲ)—(0)	$Sb_2O_3+6H^++6e^- \rightleftharpoons 2Sb+3H_2O$	+0.152
(Ⅲ)—(0)	$SbO^++2H^++3e^- \rightleftharpoons Sb+H_2O$	+0.212
(Ⅴ)—(Ⅲ)	$Sb_2O_5+6H^++4e^- \rightleftharpoons 2SbO^++3H_2O$	+0.581
Se(0)—(−Ⅱ)	$Se+2e^- \rightleftharpoons Se^{2-}$	−0.924
(0)—(−Ⅱ)	$Se+2H^++2e^- \rightleftharpoons H_2Se(aq)$	−0.399
(Ⅳ)—(0)	$H_2SeO_3+4H^++2e^- \rightleftharpoons Se+3H_2O$	+0.74
(Ⅵ)—(Ⅳ)	$SeO_4^{2-}+4H^++2e^- \rightleftharpoons H_2SeO_3+H_2O$	(+1.151)
Si(0)—(−Ⅳ)	$Si+4H^++4e^- \rightleftharpoons SiH_4(g)$	+0.102
(Ⅳ)—(0)	$SiO_2+4H^++4e^- \rightleftharpoons Si+2H_2O$	−0.857
(Ⅳ)—(0)	$[SiF_6]^{2-}+4e^- \rightleftharpoons Si+6F^-$	−0.124
Sn(Ⅱ)—(0)	$Sn^{2+}+2e^- \rightleftharpoons Sn$	−0.1375
(Ⅳ)—(Ⅱ)	$Sn^{4+}+2e^- \rightleftharpoons Sn^{2+}$	+0.151
Sr(Ⅱ)—(0)	$Sr^{2+}+2e^- \rightleftharpoons Sr$	−2.899
Ti(Ⅱ)—(0)	$Ti^{2+}+2e^- \rightleftharpoons Ti$	−1.630
(Ⅳ)—(0)	$TiO^{2+}+2H^++4e^- \rightleftharpoons Ti+H_2O$	−0.89
(Ⅳ)—(0)	$TiO_2+4H^++4e^- \rightleftharpoons Ti+2H_2O$	−0.86
(Ⅳ)—(Ⅲ)	$TiO^{2+}+2H^++e^- \rightleftharpoons Ti^{3+}+H_2O$	+0.1
(Ⅲ)—(Ⅱ)	$Ti^{3+}+e^- \rightleftharpoons Ti^{2+}$	−0.9
V(Ⅱ)—(0)	$V^{2+}+2e^- \rightleftharpoons V$	−1.175
(Ⅲ)—(Ⅱ)	$V^{3+}+e^- \rightleftharpoons V^{2+}$	−0.255
(Ⅳ)—(Ⅱ)	$V^{4+}+2e^- \rightleftharpoons V^{2+}$	−1.186
(Ⅳ)—(Ⅲ)	$VO^{2+}+2H^++e^- \rightleftharpoons V^{3+}+H_2O$	+0.337
(Ⅴ)—(0)	$V(OH)_4^++4H^++5e^- \rightleftharpoons V+4H_2O$	(−0.254)
(Ⅴ)—(Ⅳ)	$V(OH)_4^++2H^++e^- \rightleftharpoons VO^{2+}+3H_2O$	(+1.00)
(Ⅵ)—(Ⅳ)	$VO_2^{2+}+4H^++2e^- \rightleftharpoons V^{4+}+2H_2O$	(+0.62)
Zn(Ⅱ)—(0)	$Zn^{2+}+2e^- \rightleftharpoons Zn$	−0.7618

表 2　在碱性介质中

电偶氧化态	电极反应	$E^{\ominus}/V$
Ag(Ⅰ)—(0)	$AgCN+e^- \rightleftharpoons Ag+CN^-$	−0.017
(Ⅰ)—(0)	$[Ag(CN)_2]^-+e^- \rightleftharpoons Ag+2CN^-$	−0.31
(Ⅰ)—(0)	$[Ag(NH_3)_2]^++e^- \rightleftharpoons Ag+2NH_3$	+0.373

续表

电偶氧化态	电极反应	$E^{\ominus}$/V
(Ⅰ)—(0)	$Ag_2O+H_2O+2e^- \rightleftharpoons 2Ag+2OH^-$	+0.342
(Ⅰ)—(0)	$Ag_2S+2e^- \rightleftharpoons 2Ag+S^{2-}$	−0.691
(Ⅱ)—(Ⅰ)	$2AgO+H_2O+2e^- \rightleftharpoons Ag_2O+2OH^-$	+0.607
Al(Ⅲ)—(0)	$H_2AlO_3^-+H_2O+3e^- \rightleftharpoons Al+4OH^-$	(−2.33)
As(Ⅲ)—(0)	$AsO_2^-+2H_2O+3e^- \rightleftharpoons As+4OH^-$	(−0.68)
(Ⅴ)—(Ⅲ)	$AsO_4^{3-}+2H_2O+3e^- \rightleftharpoons AsO_2^-+4OH^-$	(−0.71)
Au(Ⅰ)—(0)	$[Au(CN)_2]^-+e^- \rightleftharpoons Au+2CN^-$	−0.60
B(Ⅲ)—(0)	$H_2BO_3^-+H_2O+3e^- \rightleftharpoons B+4OH^-$	(−1.79)
Ba(Ⅱ)—(0)	$Ba(OH)_2 \cdot 8H_2O+2e^- \rightleftharpoons Ba+2OH^-+8H_2O$	(−2.99)
Be(Ⅱ)—(0)	$Be_2O_3^{2-}+3H_2O+4e^- \rightleftharpoons 2Be+6OH^-$	(−2.63)
Bi(Ⅲ)—(0)	$Bi_2O_3+3H_2O+6e^- \rightleftharpoons 2Bi+6OH^-$	−0.46
Br(Ⅰ)—(−Ⅰ)	$BrO^-+H_2O+2e^- \rightleftharpoons Br^-+2OH^-$ (1mol·L^{-1} NaOH)	+0.761
(Ⅰ)—(0)	$2BrO^-+2H_2O+2e^- \rightleftharpoons Br_2+4OH^-$	+0.45
(Ⅴ)—(−Ⅰ)	$BrO_3^-+3H_2O+6e^- \rightleftharpoons Br^-+6OH^-$	(+0.61)
Ca(Ⅱ)—(0)	$Ca(OH)_2+2e^- \rightleftharpoons Ca+2OH^-$	−3.02
Cd(Ⅱ)—(0)	$Cd(OH)_2+2e^- \rightleftharpoons Cd+2OH^-$	−0.809
Cl(Ⅰ)—(−Ⅰ)	$ClO^-+H_2O+2e^- \rightleftharpoons Cl^-+2OH^-$	+0.81
(Ⅲ)—(−Ⅰ)	$ClO_2^-+2H_2O+4e^- \rightleftharpoons Cl^-+4OH^-$	(+0.76)
(Ⅲ)—(Ⅰ)	$ClO_2^-+H_2O+2e^- \rightleftharpoons ClO^-+2OH^-$	(+0.66)
(Ⅴ)—(−Ⅰ)	$ClO_3^-+3H_2O+6e^- \rightleftharpoons Cl^-+6OH^-$	(+0.62)
(Ⅴ)—(Ⅲ)	$ClO_3^-+H_2O+2e^- \rightleftharpoons ClO_2^-+2OH^-$	(+0.33)
(Ⅶ)—(Ⅴ)	$ClO_4^-+H_2O+2e^- \rightleftharpoons ClO_3^-+2OH^-$	(+0.36)
Co(Ⅱ)—(0)	$Co(OH)_2+2e^- \rightleftharpoons Co+2OH^-$	−0.73
(Ⅲ)—(Ⅱ)	$Co(OH)_3+e^- \rightleftharpoons Co(OH)_2+OH^-$	+0.17
(Ⅲ)—(Ⅱ)	$[Co(NH_3)_6]^{3+}+e^- \rightleftharpoons [Co(NH_3)_6]^{2+}$	+0.108
Cr(Ⅲ)—(0)	$Cr(OH)_3+3e^- \rightleftharpoons Cr+3OH^-$	−1.48
(Ⅲ)—(0)	$CrO_2^-+2H_2O+3e^- \rightleftharpoons Cr+4OH^-$	(−1.2)
(Ⅵ)—(Ⅲ)	$CrO_4^{2-}+4H_2O+3e^- \rightleftharpoons Cr(OH)_3+5OH^-$	(−0.13)
Cu(Ⅰ)—(0)	$[Cu(CN)_2]^-+e^- \rightleftharpoons Cu+2CN^-$	−0.429
(Ⅰ)—(0)	$[Cu(NH_3)_2]^++e^- \rightleftharpoons Cu+2NH_3$	−0.12
(Ⅰ)—(0)	$Cu_2O+H_2O+2e^- \rightleftharpoons 2Cu+2OH^-$	−0.360
Fe(Ⅱ)—(0)	$Fe(OH)_2+2e^- \rightleftharpoons Fe+2OH^-$	−0.877
(Ⅲ)—(Ⅱ)	$Fe(OH)_3+e^- \rightleftharpoons Fe(OH)_2+OH^-$	−0.56
(Ⅲ)—(Ⅱ)	$[Fe(CN)_6]^{3-}+e^- \rightleftharpoons [Fe(CN)_6]^{4-}$ (0.01mol·L^{-1} NaOH)	(+0.358)
H(Ⅰ)—(0)	$2H_2O+2e^- \rightleftharpoons H_2+2OH^-$	−0.8277
Hg(Ⅱ)—(0)	$HgO+H_2O+2e^- \rightleftharpoons Hg+2OH^-$	+0.0977
I(Ⅰ)—(−Ⅰ)	$IO^-+H_2O+2e^- \rightleftharpoons I^-+2OH^-$	+0.485
(Ⅴ)—(−Ⅰ)	$IO_3^-+3H_2O+6e^- \rightleftharpoons I^-+6OH^-$	(+0.26)

续表

电偶氧化态	电极反应	$E^{\ominus}/V$
(Ⅶ)—(Ⅴ)	$H_3IO_6^{2-}+2e^- \rightleftharpoons IO_3^-+3OH^-$	(+0.7)
La(Ⅲ)—(0)	$La(OH)_3+3e^- \rightleftharpoons La+3OH^-$	−2.90
Mg(Ⅱ)—(0)	$Mg(OH)_2+2e^- \rightleftharpoons Mg+2OH^-$	−2.690
Mn(Ⅱ)—(0)	$Mn(OH)_2+2e^- \rightleftharpoons Mn+2OH^-$	−1.56
(Ⅳ)—(Ⅱ)	$MnO_2+2H_2O+2e^- \rightleftharpoons Mn(OH)_2+2OH^-$	−0.05
(Ⅵ)—(Ⅳ)	$MnO_4^{2-}+2H_2O+2e^- \rightleftharpoons MnO_2+4OH^-$	(+0.60)
(Ⅶ)—(Ⅳ)	$MnO_4^-+2H_2O+3e^- \rightleftharpoons MnO_2+4OH^-$	(+0.595)
Mo(Ⅴ)—(Ⅳ)	$MoO_4^{2-}+4H_2O+6e^- \rightleftharpoons Mo+8OH^-$	(−0.92)
N(Ⅴ)—(Ⅲ)	$NO_3^-+H_2O+2e^- \rightleftharpoons NO_2^-+2OH^-$	(+0.01)
(Ⅴ)—(Ⅳ)	$2NO_3^-+2H_2O+2e^- \rightleftharpoons N_2O_4+4OH^-$	(−0.85)
Ni(Ⅱ)—(0)	$Ni(OH)_2+2e^- \rightleftharpoons Ni+2OH^-$	−0.72
(Ⅲ)—(Ⅱ)	$Ni(OH)_3+e^- \rightleftharpoons Ni(OH)_2+OH^-$	+0.48
O(0)—(−Ⅱ)	$O_2+2H_2O+4e^- \rightleftharpoons 4OH^-$	+0.401
(0)—(−Ⅱ)	$O_3+H_2O+2e^- \rightleftharpoons O_2+2OH^-$	+1.24
P(0)—(−Ⅲ)	$P+3H_2O+3e^- \rightleftharpoons PH_3(g)+3OH^-$	−0.87
(Ⅴ)—(Ⅲ)	$PO_4^{3-}+2H_2O+2e^- \rightleftharpoons HPO_3^{2-}+3OH^-$	(−1.05)
Pb(Ⅳ)—(Ⅱ)	$PbO_2+H_2O+2e^- \rightleftharpoons PbO+2OH^-$	+0.47
Pt(Ⅱ)—(0)	$Pt(OH)_2+2e^- \rightleftharpoons Pt+2OH^-$	+0.14
S(0)—(−Ⅱ)	$S+2e^- \rightleftharpoons S^{2-}$	−0.47627
(5/2)—(Ⅱ)	$S_4O_6^{2-}+2e^- \rightleftharpoons 2S_2O_3^{2-}$	(+0.08)
(Ⅳ)—(−Ⅱ)	$SO_3^{2-}+3H_2O+6e^- \rightleftharpoons S^{2-}+6OH^-$	(−0.66)
(Ⅳ)—(Ⅱ)	$2SO_3^{2-}+3H_2O+4e^- \rightleftharpoons S_2O_3^{2-}+6OH^-$	(−0.571)
(Ⅵ)—(Ⅳ)	$SO_4^{2-}+H_2O+2e^- \rightleftharpoons SO_3^{2-}+2OH^-$	(−0.93)
Sb(Ⅲ)—(0)	$SbO_2^-+2H_2O+3e^- \rightleftharpoons Sb+4OH^-$	(−0.66)
(Ⅴ)—(Ⅲ)	$H_3SbO_6^{4-}+2e^-+H_2O \rightleftharpoons SbO_2^-+5OH^-$	(−0.40)
Se(Ⅵ)—(Ⅳ)	$Se_4^{2-}+H_2O+2e^- \rightleftharpoons SeO_3^{2-}+2OH^-$	(+0.05)
Si(Ⅳ)—(0)	$SiO_3^{2-}+3H_2O+4e^- \rightleftharpoons Si+6OH^-$	(−1.697)
Sn(Ⅱ)—(0)	$SnS+2e^- \rightleftharpoons Sn+S^{2-}$	−0.94
(Ⅱ)—(0)	$HSnO_2^-+H_2O+2e^- \rightleftharpoons Sn+3OH^-$	(−0.909)
(Ⅵ)—(Ⅱ)	$[Sn(CH_6)]^{2-}+2e^- \rightleftharpoons HSnO_2^-+3OH^-+H_2O$	(−0.93)
Zn(Ⅱ)—(0)	$[Zn(CN)_4]^{2-}+2e^- \rightleftharpoons Zn+4CN^-$	−1.26
(Ⅱ)—(0)	$[Zn(NH_3)_4]^{2+}+2e^- \rightleftharpoons Zn+4NH_3(aq)$	−1.04
(Ⅱ)—(0)	$Zn(OH)_2+2e^- \rightleftharpoons Zn+2OH^-$	−1.249
(Ⅱ)—(0)	$ZnO_2^{2-}+2H_2O+2e^- \rightleftharpoons Zn+4OH^-$	(−1.216)
(Ⅱ)—(0)	$ZnS+2e^- \rightleftharpoons Zn+S^{2-}$	−1.44

注：以上数据大部分摘自 Lide D R. Handbook of Chemistry and Physics，8-20～8-25，78th Ed. 1997～1998。

附录8 常见配离子的稳定常数

配离子	$K_{稳}$	$\lg K_{稳}$	配离子	$K_{稳}$	$\lg K_{稳}$
1∶1			1∶3		
$[NaY]^{3-}$	5.0×10^{1}	1.69	$[Fe(NCS)_3]$	2.0×10^{3}	3.30
$[AgY]^{3-}$	2.0×10^{7}	7.30	$[CdI_3]^{-}$	1.2×10^{1}	1.07
$[CuY]^{2-}$	6.8×10^{18}	18.79	$[Cd(CN)_3]^{-}$	1.1×10^{4}	4.04
$[MgY]^{2-}$	4.9×10^{8}	8.69	$[Ag(CN)_3]^{2-}$	5.0×10^{0}	0.69
$[CaY]^{2-}$	3.7×10^{10}	10.56	$[Ni(en)_3]^{2+}$	3.9×10^{18}	18.59
$[SrY]^{2-}$	4.2×10^{8}	8.62	$[Al(C_2O_4)_3]^{3-}$	2.0×10^{16}	16.30
$[BaY]^{2-}$	6.0×10^{7}	7.77	$[Fe(C_2O_4)_3]^{3-}$	1.6×10^{20}	20.20
$[ZnY]^{2-}$	3.1×10^{16}	16.49	1∶4		
$[CdY]^{2-}$	3.8×10^{16}	16.57	$[Cu(NH_3)_4]^{2+}$	4.8×10^{12}	12.68
$[HgY]^{2-}$	6.3×10^{21}	21.79	$[Zn(NH_3)_4]^{2+}$	5.0×10^{8}	8.69
$[PbY]^{2-}$	1.0×10^{18}	18.00	$[Cd(NH_3)_4]^{2+}$	3.6×10^{6}	6.55
$[MnY]^{2-}$	1.0×10^{14}	14.00	$[Zn(CNS)_4]^{2-}$	2.0×10^{1}	1.30
$[FeY]^{2-}$	2.1×10^{14}	14.32	$[Zn(CN)_4]^{2-}$	1.0×10^{16}	16.00
$[CoY]^{2-}$	1.6×10^{16}	16.20	$[Cd(SCN)_4]^{2-}$	1.0×10^{3}	3.00
$[NiY]^{2-}$	4.1×10^{18}	18.61	$[CdCl_4]^{2-}$	3.1×10^{2}	2.49
$[FeY]^{-}$	1.2×10^{25}	25.07	$[CdI_4]^{2-}$	3.0×10^{6}	6.48
$[CoY]^{-}$	1.0×10^{36}	36.00	$[Cd(CN)_4]^{2-}$	1.3×10^{18}	18.11
$[GaY]^{-}$	1.8×10^{20}	20.25	$[Hg(CN)_4]^{2-}$	3.1×10^{41}	41.51
$[InY]^{-}$	8.9×10^{24}	24.94	$[Hg(SCN)_4]^{2-}$	7.7×10^{21}	21.88
$[TlY]^{-}$	3.2×10^{22}	22.51	$[HgCl_4]^{2-}$	1.6×10^{15}	15.20
$[TlHY]$	1.5×10^{23}	23.17	$[HgI_4]^{2-}$	7.2×10^{29}	29.80
$[CuOH]^{+}$	1.0×10^{5}	5.00	$[Co(SCN)_4]^{2-}$	3.8×10^{2}	2.58
$[AgNH_3]^{+}$	2.0×10^{3}	3.30	$[Ni(CN)_4]^{2-}$	1.0×10^{22}	22.00
1∶2			1∶6		
$[Cu(NH_3)_2]^{+}$	7.4×10^{10}	10.87	$[Cd(NH_3)_6]^{2+}$	1.4×10^{6}	6.15
$[Cu(CN)_2]^{-}$	2.0×10^{38}	38.30	$[Co(NH_3)_6]^{2+}$	2.4×10^{4}	4.38
$[Ag(NH_3)_2]^{+}$	1.7×10^{7}	7.24	$[Ni(NH_3)_6]^{2+}$	1.1×10^{8}	8.04
$[Ag(en)_2]^{+}$	7.0×10^{7}	7.84	$[Co(NH_3)_6]^{3+}$	1.4×10^{35}	35.15
$[Ag(NCS)_2]^{-}$	4.0×10^{8}	8.60	$[AlF_6]^{3-}$	6.9×10^{19}	19.84
$[Ag(CN)_2]^{-}$	1.0×10^{21}	21.00	$[Fe(CN)_6]^{3-}$	1.0×10^{42}	42.00
$[Au(CN)_2]^{-}$	2.0×10^{38}	38.3	$[Fe(CN)_6]^{4-}$	1.0×10^{35}	35.00
$[Cu(en)_2]^{2+}$	4.0×10^{19}	19.60	$[Co(CN)_6]^{3-}$	1.0×10^{64}	64.00
$[Ag(S_2O_3)_2]^{3-}$	1.6×10^{13}	13.20	$[FeF_6]^{3-}$	1.0×10^{16}	16.00

注：1. 表中 Y 表示 EDTA 的酸根；en 表示乙二胺。

2. 摘自 О. Д. Куриленко. Краткий Справочник По Химии. 增订四版，1974。

附录9 某些试剂溶液的配制

试剂	浓度/$mol \cdot L^{-1}$	配制方法
三氯化铋 $BiCl_3$	0.1	溶解 31.6g $BiCl_3$ 于 330mL 6$mol \cdot L^{-1}$ HCl 中，加水稀释至 1L
三氯化锑 $SbCl_3$	0.1	溶解 22.8g $SbCl_3$ 于 330mL 6$mol \cdot L^{-1}$ HCl 中，加水稀释至 1L
氯化亚锡 $SnCl_2$	0.1	溶解 22.6g $SnCl_2 \cdot 2H_2O$ 于 330mL 6$mol \cdot L^{-1}$ HCl 中，加水稀释至 1L，加入数粒纯锡，以防氧化
硝酸汞 $Hg(NO_3)_2$	0.1	溶解 33.4g $Hg(NO_3)_2 \cdot \frac{1}{2}H_2O$ 于 0.6$mol \cdot L^{-1}$ HNO_3 中，加水稀释至 1L
硝酸亚汞 $Hg_2(NO_3)_2$	0.1	溶解 56.1g $Hg_2(NO_3)_2 \cdot 2H_2O$ 于 0.6$mol \cdot L^{-1}$ HNO_3 中，加水稀释至 1L，并加入少许金属汞
碳酸铵 $(NH_4)_2CO_3$	1	96g 研细的 $(NH_4)_2CO_3$ 溶于 1L 2$mol \cdot L^{-1}$ 氨水中
硫酸铵 $(NH_4)_2SO_4$	饱和	50g $(NH_4)_2SO_4$ 溶于 100mL 热水，冷却后过滤
硫酸亚铁 $FeSO_4$	0.5	溶解 69.5g $FeSO_4 \cdot 7H_2O$ 于适量水中，加入 5mL 18$mol \cdot L^{-1}$ H_2SO_4，再用水稀释至 1L，置入小铁钉数枚
六羟基锑酸钠 $Na[Sb(OH)_6]$	0.1	溶解 12.2g 锑粉于 50mL 浓 HNO_3 中微热，使锑粉全部作用成白色粉末，用倾析法洗涤数次，然后加入 50mL 6$mol \cdot L^{-1}$ NaOH，使之溶解，稀释至 1L
六硝基钴酸钠 $Na_3[Co(NO_2)_6]$		溶解 230g $NaNO_2$ 于 500mL H_2O 中，加入 165mL 6$mol \cdot L^{-1}$ HAc 和 30g $Co(NO_3)_2 \cdot 6H_2O$ 放置 24h，取其清液，稀释至 1L，并保存于棕色瓶中。此溶液应呈橙色，若变成红色，表示已分解，应重新配制
硫化钠 Na_2S	2	溶解 240g $Na_2S \cdot 9H_2O$ 和 40g NaOH 于水中，稀释至 1L
仲钼酸铵 $(NH_4)_6Mo_7O_{24} \cdot 4H_2O$	0.1	溶解 124g $(NH_4)_6Mo_7O_{24} \cdot 4H_2O$ 于 1L H_2O 中，将所得溶液倒入 1L 6$mol \cdot L^{-1}$ HNO_3 中，放置 24h，取其澄清液
硫化铵 $(NH_4)_2S$	3	取一定量氨水，将其均分成两份，往其中一份通硫化氢至饱和，然后与另一份氨水混合
铁氰化钾 $K_3[Fe(CN)_6]$		取铁氰化钾 0.7～1g 溶解于水，稀释至 100mL(使用前临时配制)
铬黑 T		将铬黑 T 和烘干的 NaCl 按 1∶100 的比例研细，均匀混合，储于棕色瓶中
二苯胺		将 1g 二苯胺在搅拌下溶于 100mL 密度为 1.84$g \cdot cm^{-3}$ 硫酸或 100mL 密度为 1.70$g \cdot cm^{-3}$ 磷酸中(该溶液可保存较长时间)

续表

试剂	浓度/$mol \cdot L^{-1}$	配制方法
镍试剂		溶解 10g 镍试剂(二乙酰二肟)于 1L 95%的乙醇中
镁试剂		溶解 0.01g 镁试剂于 1L $1mol \cdot L^{-1}$ NaOH 溶液中
铝试剂		1g 铝试剂溶于 1L 水中
镁铵试剂		将 100g $MgCl_2 \cdot 6H_2O$ 和 100g NH_4Cl 溶于水中，加 50mL 浓氨水，用水稀释至 1L
奈氏试剂		溶解 115g HgI_2 和 80g KI 于水中，稀释至 500mL，加入 500mL $6mol \cdot L^{-1}$ NaOH 溶液，静置后，取其清液，保存于棕色瓶中
亚硝酰铁氰酸钠 $Na_2[Fe(CN)_5NO]$		10g 亚硝酰铁氰酸钠溶解于 100mL 水中，保存于棕色瓶内，如果溶液变绿则不能使用
格里斯试剂		(1) 在加热下溶解 0.5g 对氨基苯磺酸于 50mL 30% HAc 中，储于暗处保存； (2) 将 0.4g α-萘胺与 100mL 水混合煮沸，再向蓝色渣滓中倾出的无色溶液中加入 6mL 80% HAc； (3) 使用前将(1)、(2) 两液等体积混合
打萨宗(二苯缩氨硫脲)		溶解 0.1g 打萨宗于 1L CCl_4 或 $CHCl_3$ 中
甲基红		每升 60%乙醇中溶解 2g 甲基红
甲基橙	0.1%	每升水中溶解 1g 甲基橙
酚酞		每升 90%乙醇中溶解 1g 酚酞
溴甲酚蓝（溴甲酚绿）		0.1g 该指示剂与 2.9mL $0.05mol \cdot L^{-1}$ NaOH 一起搅匀，用水稀释至 250mL，或每升 20%乙醇中溶解 1g 该指示剂
石蕊		2g 石蕊溶于 50mL 水中，静置一昼夜后过滤，在滤液中加 30mL 95%乙醇，再加水稀释至 100mL
氯水		在水中通入氯气直至饱和，该溶液使用时临时配制
溴水		在水中滴入液溴至饱和
碘液	0.01	溶解 1.3g 碘和 5g KI 于尽可能少的水中，加水稀释至 1L
品红溶液		0.1%的水溶液(称取 0.1g 品红溶于 100mL 水中)
淀粉溶液	0.2%	将 0.2g 淀粉和少量冷水调成糊状，倒入 100mL 沸水中，煮沸后冷却即可
NH_3-NH_4Cl 缓冲溶液		2g NH_4Cl 溶于适量水中，加入 100mL 氨水（密度为 $0.9g \cdot cm^{-3}$），混合后稀释至 1L，即为 pH=10 的缓冲溶液

附录10 危险药品的分类、性质和管理

一、危险药品是指受光、热、空气、水或撞击等外界因素的影响，可能引起燃烧、爆炸的药品，或具有强腐蚀性、剧毒性的药品。常用危险药品按危害性分类见表1。

表1 常用危险药品

类别		举例	性质	注意事项
爆炸品		硝酸铵、苦味酸、三硝基甲苯	遇高热、摩擦、撞击等，引起剧烈反应，放出大量气体和热量，产生猛烈爆炸	存放于阴凉、位置较低处，轻拿、轻放
易燃品	易燃液体	丙酮、乙醚、甲醇、乙醇、苯等有机溶剂	沸点低，易挥发，遇火则燃烧，甚至引起爆炸	存放于阴凉处，远离热源。使用时注意通风，不得有明火
	易燃固体	赤磷、硫、萘、硝化纤维	燃点低，受热、摩擦、撞击或遇氧化剂，可引起剧烈连续燃烧、爆炸	存放于阴凉处，远离热源。使用时注意通风，不得有明火
	易燃气体	氢气、乙炔、甲烷	因撞击、受热引起燃烧。与空气按一定比例混合，则会爆炸	使用时注意通风。如为钢瓶气，不得在实验室存放
	遇水易燃品	钠、钾	遇水剧烈反应，产生可燃气体并放出热量，此反应热会引起燃烧	保存于煤油中，切勿与水接触
	自燃物品	黄磷	在适当温度下被空气氧化、放热，达到燃点而引起自燃	保存于水中
氧化剂		硝酸钾、氯酸钾、过氧化氢、过氧化钠、高锰酸钾	具有强氧化性，遇酸，受热，与有机物、易燃品、还原剂等混合时，因反应引起燃烧或爆炸	不得与易燃品、爆炸品、还原剂等一起存放
剧毒品		氰化钾、三氧化二砷、升汞、氯化钡、六六六	剧毒，少量侵入人体（误食或接触伤口）引起中毒，甚至死亡	专人、专柜保管，使用现领，用后的剩余物，不论是固体或液体都应交回保管人，并应设有使用登记制度
腐蚀性药品		强酸、氟化氢、强碱、溴、酚	具有强腐蚀性，触及物品造成腐蚀、破坏，触及人体皮肤，引起化学烧伤	不要与氧化剂、易燃品、爆炸品放在一起

二、中华人民共和国公安部1993年发布并实施了中华人民共和国公共安全行业标准GA 58—93。将剧毒药品分为A、B两级（表2）。

表2 剧毒物品急性毒性分级标准

级别	口服剧毒药品的半致死量/$mg \cdot kg^{-1}$	皮肤接触剧毒药品的半致死量/$mg \cdot kg^{-1}$	吸入剧毒药品粉尘烟雾的半致死浓度/$mg \cdot L^{-1}$	吸入剧毒药品液体的蒸气或气体的半致死浓度/$mL \cdot m^{-3}$
A	≤5	≤40	≤0.5	≤1000
B	5～50	40～200	0.5～2	≤3000(A级除外)

A 级无机剧毒药品表见表 3。

表 3　A 级无机剧毒药品表

品名	别名	品名	别名	品名	别名
氰化钠	山柰	氰化锌		亚砷酸钾	
氰化钡		氰化铅		硒酸钠	
氰化钴钾	钴氰化钾	氰化金钾		亚硒酸钾	
氰化铜	氰化高铜	氢氰酸		氧氰化汞	氰氧化汞
五羰基铁	羰基铁	五氧化（二）砷	砷（酸）酐	氰化汞	氰化高汞
叠氮酸		硒酸钾		氰化亚铜	
磷化钠		氧氯化硒	氯化亚硒酰，二氯氧化硒	氰化氢（液化的）	无水氢氰酸
磷化铝		氧化铬（粉状）		亚砷酸钠	偏亚砷酸钠
氯（液化的）	液氯	叠氮（化）钠		三氯化砷	氯化亚砷
硒化氢		氟化氢（无水）	无水氢氟酸	亚硒酸钠	
四氧化二氮（液化的）	二氧化氮	磷化钾		氯化汞	氯化高汞
二氟化氧		磷化铝农药		羰基镍	四羰基镍，四碳酰镍
四氟化硫		磷化氢	磷化三氢，膦	叠氮（化）钡	
五氟化磷		锑化氢	锑化三氢	黄磷	白磷
六氟化钨		二氧化硫（液化的）	亚硫酸酐	磷化镁	二磷化三镁
溴化羰	溴光气	三氟化氯		氟	
氰化钾		四氟化硅	氟化硅	砷化氢	砷化三氢，胂
氰化钴		六氟化硒		一氧化氮	
氰化镍	氰化亚镍	氯化溴		二氧化氯	
氰化银		氰（液化的）		三氟化磷	
氰化铬		氰化钙		五氟化氯	
氰化铈		氰化亚钴		六氟化碲	
氰化溴	溴化氰	氰化镍钾	氰化钾镍	氯化氰	氰化氯，氯甲腈
三氧化（二）砷	白砒、砒霜、亚砷（酸）酐	氰化银钾	银氰化钾	氰化汞钾	氰化钾汞，汞氰化钾

三、化学实验室毒品管理规定

（1）实验室使用毒品和剧毒品（无论 A 类或 B 类毒品）应预先计算使用量，按用量到毒品库领取，尽量做到用多少领多少。使用后剩余毒品应送回毒品库统一管理。毒品库对领取和退回毒品要详细登记。

（2）实验室在领用毒品和剧毒品后，由两位老师（辅导人员）共同负责保证领用毒品的安全管理，实验室建立毒品使用账目。账目包括：药品名称、领用日期、领用量、使用日期、使用量、剩余量、使用人签名、两位管理人签名。

（3）实验室使用毒品时，如剩余量较少且近期仍需使用须存放实验室内，此药品必须放于实验室毒品保险柜内，钥匙由两位管理老师掌握，保险柜上锁和开启均须两人同时在场。实验室配制有毒药品溶液时也应按用量配制，该溶液的使用、归还和存放也必须履行使用账目登记制度。

附录11 国际原子量表

(按原子序数排列)

序数	名称	符号	原子量	序数	名称	符号	原子量
1	氢	H	1.00794	32	锗	Ge	72.61
2	氦	He	4.002602	33	砷	As	74.92160
3	锂	Li	6.941	34	硒	Se	78.96
4	铍	Be	9.012182	35	溴	Br	79.904
5	硼	B	10.811	36	氪	Kr	83.80
6	碳	C	12.0107	37	铷	Rb	85.4678
7	氮	N	14.00674	38	锶	Sr	87.62
8	氧	O	15.9994	39	钇	Y	88.90585
9	氟	F	18.9984032	40	锆	Zr	91.224
10	氖	Ne	20.1797	41	铌	Nb	92.90638
11	钠	Na	22.989770	42	钼	Mo	95.94
12	镁	Mg	24.3050	43	锝	Tc	(98)
13	铝	Al	26.981538	44	钌	Ru	101.07
14	硅	Si	28.0855	45	铑	Rh	102.90550
15	磷	P	30.973761	46	钯	Pd	106.42
16	硫	S	32.066	47	银	Ag	107.8682
17	氯	Cl	35.4527	48	镉	Cd	112.411
18	氩	Ar	39.948	49	铟	In	114.818
19	钾	K	39.0983	50	锡	Sn	118.710
20	钙	Ca	40.078	51	锑	Sb	121.760
21	钪	Sc	44.955910	52	碲	Te	127.60
22	钛	Ti	47.867	53	碘	I	126.90447
23	钒	V	50.9415	54	氙	Xe	131.29
24	铬	Cr	51.9961	55	铯	Cs	132.90543
25	锰	Mn	54.938049	56	钡	Ba	137.327
26	铁	Fe	55.845	57	镧	La	138.9055
27	钴	Co	58.933200	58	铈	Ce	140.116
28	镍	Ni	58.6934	59	镨	Pr	140.90765
29	铜	Cu	63.546	60	钕	Nd	144.23
30	锌	Zn	65.39	61	钷	Pm	(145)
31	镓	Ga	69.723	62	钐	Sm	150.36

续表

序数	名称	符号	原子量	序数	名称	符号	原子量
63	铕	Eu	151.964	91	镤	Pa	231.03588
64	钆	Gd	157.25	92	铀	U	238.0289
65	铽	Tb	158.92534	93	镎	Np	(237)
66	镝	Dy	162.50	94	钚	Pu	(244)
67	钬	Ho	164.93032	95	镅	Am	(243)
68	铒	Er	167.26	96	锔	Cm	(247)
69	铥	Tm	168.93421	97	锫	Bk	(247)
70	镱	Yb	173.04	98	锎	Cf	(251)
71	镥	Lu	174.967	99	锿	Es	(252)
72	铪	Hf	178.49	100	镄	Fm	(257)
73	钽	Ta	180.9479	101	钔	Md	(258)
74	钨	W	183.84	102	锘	No	(259)
75	铼	Re	186.207	103	铹	Lr	(260)
76	锇	Os	190.23	104	𬬻	Rf	(261)
77	铱	Ir	192.217	105	𬭊	Db	(262)
78	铂	Pt	195.078	106	𬭳	Sg	(263)
79	金	Au	196.96655	107	𬭛	Bh	(264)
80	汞	Hg	200.59	108	𬭶	Hs	(265)
81	铊	Tl	204.3833	109	鿏	Mt	(266)
82	铅	Pb	207.2	110	𫟼	Ds	(269)
83	铋	Bi	208.98038	111	𬬭	Rg	(272)
84	钋	Po	(209)	112	鿔	Cn	(277)
85	砹	At	(210)	113	鿭	Nh	(278)
86	氡	Rn	(222)	114	𫓧	Fl	(289)
87	钫	Fr	(223)	115	镆	Mc	(288)
88	镭	Ra	(226)	116	𫟷	Lv	(292)
89	锕	Ac	(227)	117	石田	Ts	(293)
90	钍	Th	232.0381	118	气奥	Og	(294)

附录12 一些常用的 Internet 信息资源

化学专业信息网

1. 化学信息网 http：//www. chinweb. com. cn/
2. 中国化工信息网 http：//www. cheminfo. gov. cn/
3. 中国化工网 http：//china. chemnet. com/
4. 美国化学学会 http：//portal. acs. org/portal/acs/corg/content
5. 英国皇家化学会 http：//www. rsc. org/

和化学学科相关的信息网

1. 中国生物信息网 http：//www. biosino. org
2. 中国医药信息网 http：//www. cpi. gov. cn/
3. 中国材料研究学会 http：//www. c-mrs. org. cn/
4. 资源环境学科信息门户网站 http：//www. resip. ac. cn/

科技文献数据库

1. CNKI 全文期刊数据库-中国期刊全文数据库 http：//www. cnki. net
2. 维普《中文科技期刊数据库》 http：//cqvip. com
3. Elsevier《期刊全文数据库》 http：//www. sciencedirect. com

专利数据库

1. 欧洲专利数据库 http：//ep. espacenet. com
2. 美国专利数据库 http：//www. uspto. gov/patft/index. html
3. 日本专利数据库 http：//www. ipdl. inpit. go. jp/homepg _ e. ipdl
4. 中国专利信息中心 http：//www. cnpat. com. cn/
5. 中国知识产权网 www. cnipr. com

化学信息数据库

1. 剑桥结构数据库（Cambridge Structural Data，CSD）
   http：//www. ccdc. cam. ac. uk/pages/Home•aspx
2. 蛋白质数据库（RCSB Protein Data Bank）
   http：//www. rcsb. org
3. Rutgers 大学核酸数据库 http：//chemfinder. cambridgesoft. com/
4. 中科院科学数据库 http：//www. cas. cn/ky/kcc/kysjk/

图书馆网站

1. 中国国家图书馆 http：//www. nlc. gov. cn
2. 国家科技图书文献情报中心 http：//www. nstl. gov. cn
3. 中国科学院国家科学图书馆 http：//www. las. ac. cn
4. 超星数字图书馆 http：//www. chaoxing. com/
5. 书生之家数字图书馆 http：//edu. 21dmedia. com/

参考文献

[1] Aravamuidan G, et al. J Chem Educ, 1974(51): 129.

[2] 王伯康．新编无机化学实验．南京：南京大学出版社，1998.

[3] 北京师范大学无机化学教研室，等．无机化学实验．北京：高等教育出版社，1991.

[4] 高小霞，等．电分析化学导论．北京：科学出版社，1986.

[5] 陆根土，王中庸．无机化学实验教学指导丛书．北京：高等教育出版社，1992.

[6] 奚治文，等．电分析化学原理及仪器使用技术．成都：四川科学技术出版社，1988.

[7] Blanch A A. Inorganic Synthesis. Vol 2. New York: McGlaw Hill. 211.

[8] G. 帕斯，H. 萨克利夫．实验无机化学．郑汝骊，译．北京：科学出版社，1980.

[9] Pass G, Sutcliffe H. Practical Inorganic Chemistry, 2nd Ed. 1974.

[10] Penland R B. J Amer Chem, Soc, 1956(78): 887.

[11] Hehman W H. J Chem Edue, 1974(51): 553.

[12] Jackson W G, et al J Chem Edue, 1981(58): 734.

[13] Yaghi O M, Li G, Li H. Selective binding and removal of guests in a microporous metal-organic framework. Nature, 1995, 378, 703.

[14] Stock N, Biswas S. Synthesis of Metal-Organic Frameworks(MOFs): Routes to Various MOF Topologies, Morphologies, and Composites. Chem Rev, 2012, 112, 933.

[15] Tranchemontagne D J, Mendoza-Cortes J L, O'Keeffe M, et al. Secondary building units, nets and bonding in the chemistry of metal-organic frameworks. Chem Soc Rev, 2009, 38, 1257.

[16] Stephen S Y Chui, et al. A Chemically Functionalizable Nanoporous Material[$Cu_3(TMA)_2(H_2O)_3]_n$. Science 1999, 283, 1148.

[17] 游佳泳，等．金属有机骨架化合物 HKUST-1 的快速合成．高校化学工程学报，2015，05，1126.

[18] 于吉红，闫文付．纳米孔材料化学．北京：科学出版社，2013.

[19] Jiang H, Sun T, Li C, et al. Hierarchical porous nanostructures assembled from ultrathin MnO_2 nanoflakes with enhanced supercapacitive performances. J Mater Chem, 2012, 22(6): 2751-2756.

[20] Zhang G, Zheng L, Zhang M, et al. Preparation of Ag-nanoparticle-loaded MnO_2 nanosheets and their capacitance behavior. Energy Fuel, 2012, 26(1): 618-623.

[21] Lang X, Hirata A, Fujita T, et al. Nanoporous metal/oxide hybrid electrodes for electrochemical supercapacitors. Nat Nanotechnol. 2011, 6(4): 232-236.

[22] Yan W, Kim J Y, Xing W, et al. Lithographically patterned gold/manganese dioxide core/shell nanowires for high capacity, high rate, and high cyclability hybrid electrical energy storage. Chem Mater, 2012, 24(12): 2382-2390.

[23] Liu D, Wang Q, Qiao L, et al. Preparation of nano-networks of MnO_2 shell/Ni current collector core for high-performance supercapacitor electrodes. J Mater Chem, 2012, 22(2): 483-487.

[24] Jiang H, Zhao T, Ma J, et al. Ultrafine manganese dioxide nanowire network for high-performance supercapacitors. Chem Commun, 2011, 47: 1264-1266.

[25] Subramanian V, Zhu H W, Wei B Q. Nanostructured MnO_2: Hydrothermal synthesis and electrochemical properties as a supercapacitor electrode material. J Power Sources, 2006, 159(1): 361-364.

[26] Yan J, Fan Z J, Wei T, et al. Fast and reversible surface redox reaction of graphene-MnO_2 composites as supercapacitor electrodes. Carbon, 2010 48(13): 3825-3833.

[27] Jin X, Zhou W, Zhang S. Nanoscale micro-electrochemical cells on carbon nanotubes. Small, 2007, 3(9): 1513-1517.

[28] 曹锡章，宋天佑，王杏乔．无机化学．北京：高等教育出版社，1992.

[29] Hosono E, Matsuda H, Honma L, et al. Synthesis of single crystallille electro-conductive $Na_{0.44}MnO_2$ nanowires

with high aspect ratio for the fast charge-discharge Li ion battery. Journal of Power Sources，2008，182：349-352.

[30] Jin S，Tiefel T H，MeCormaek M，et al. Thousandfold ehange in resistivity in magnetoresistive La-Ca-Mn-O films. Science，1994，264：413-415.

[31] Brock S L，Duan N，Rian Z R，et al. Areview of Porous manganese oxide materials. Chemistry of Materials，1998，10：2619-2628.

[32] EsPinal L，Suib S L，Rusling J F . Electrochemical catalysis of styrene epoxidation with film of MnO_2 nanoparticles and H_2O_2. Journal of the American Chemical Society，2004，126：7676-7682.

[33] Gao T，Krumeich F，NesPer R，et，al. Microstructures，surface Properties，and topotactic transitions of manganite nanorods. Inorganic Chemistry，2009，48：6242-6250.

[34] Ma R，Bando Y，Zhang L，et al. Layered MnO_2 nanobelts: hydrothermal synthesis and electrochemical measurements. Advanced Materials，2004，16：918-922.

[35] Fei J，Cui Y，Yan X，et al，Controlled PreParation of MnO_2 hieraxehical hollow nanostructures and their application in water treatment. Advanced Material，2008，20：452-456.

[36] Smith A E，Mizoguchi H，Delaney K，et al. Mn^{3+} in trigonal bipyramidal coordination: A new blue chromophore. Journal of the American Chemical Society，2009，131(47)：17084-17086.

[37] 孟妍．合成锰矿物及其对稀土元素的吸附作用研究．广州：中国科学院广州地球化学研究所，2006：3-13.

[38] 李景虹．先进电池材料．北京：化学工业出版社，2004.

[39] Frias D，Nousir S，Barrio I. Synthesis and characterization of cryp-to melane and birnessite-typeoxides: Precursoreffect. Materials Characterization，2007，58(8)：776-781.

[40] 安家驹，王伯英．实用精细化工辞典．北京：轻工业出版社，1988.

[41] 天津化工研究院，等．无机盐工业手册(上)．北京：化学工业出版社，1979.

[42] 西恩科，等．化学实验．北京：人民教育出版社，1981.

[43] 张克从．近代晶体学基础(下册)．北京：科学出版社，1987.

[44] 周效贤．大学化学新实验(二)．兰州：兰州大学出版社，1993.

[45] 苏迪，等．单晶生长．刘光，译．北京：科学技术出版社，1979.

[46] 冯世昌，等．无机化合物辞典．西安：陕西科技出版社，1987.

[47] 西丁．金属与无机废物回收百科全书(金属分册)．李怀先，译．北京：冶金工业出版社，1989.

[48] 胡希明，李兴，谷云骊，等．微波诱导快速磷酸锌合成研究．化学通报，1998，12：33.

[49] 宋宝玲，廖森，吴文伟，等．固相反应制备磷酸锌纳米晶体．广西大学学报(自然科学版)，2003，4：314.